大学数学简明教程

主 编 曾 亮 李亚男 林秋红

副主编 王旭坡 高德超 赖怡冰

刘倩倩 梁静静

北京大学出版社
PEKING UNIVERSITY PRESS

前　言

数学是一门重要且应用广泛的学科,被誉为锻炼思维的体操和人类智慧之冠上最明亮的宝石.学好大学数学这门课程,不仅对学生学习后续专业课程起着基础作用,而且还有利于学生思维能力、研究问题能力和创新能力的提高,在提高人才综合素质上具有长远的作用和意义.我们根据多年的教学改革实践经验,结合应用型本科院校人才培养目标和学生学习特点,编写了本教材.与同类教材相比,本教材突出了以下几个方面:

1. 采用“案例驱动式”方式引入知识点,在保证科学性的基础上和不影响数学基本理论体系的前提下,淡化了逻辑论证和烦琐的推理过程,注重学生数学技能和应用能力的培养.

2. 展示了数学应用的广泛性,通过大量新颖的数学应用例题和习题,使学生能体会到数学应用的现实可能性,更明确了学习数学的目的.

3. 编写时力求简明扼要、通俗易懂、突出重点、便于自学.充分考虑了应用型本科院校学生的数学基础,较好地处理了初等数学与高等数学之间的过渡和衔接.

本书可以满足应用型本科院校经管类专业不同课时的数学教学要求,全书建议80学时,课时数较少时可不讲加“*”的内容.

本书由广东理工学院曾亮、李亚男和林秋红担任主编,广东理工学院王旭坡、高德超、赖怡冰、刘倩倩和梁静静担任副主编,其中第1章由王旭坡编写,第2章由梁静静编写,第3章由高德超编写,第4章由林秋红编写,第5章由李亚男编写,第6章由赖怡冰编写,第7章由刘倩倩编写,第8章由曾亮编写.全书由曾亮统稿并负责审定.袁晓辉筹备了教学资源,魏楠、苏娟提供了版式和装帧设计方案.在此一并感谢.

由于水平有限,书中难免有疏漏和错误之处,欢迎广大读者给予批评指正.

编　者

目　　录

第 1 章

函　　数

函数是高等数学的主要研究对象，它从数量方面反映了一切客观事物之间的相互联系、相互影响. 初等函数是高等数学中主要讨论的函数类型. 本章将介绍函数的概念，函数的几种特性和常见的初等函数、分段函数，以及它们的一些性质.

§1.1 函　数

1.1.1 集合、区间和邻域的概念

集合是数学中的一个基本概念. 一般地，所谓**集合**，是指具有某种特定性质的事物的总体，其中组成这个集合的事物称为该集合的**元素**. 本书用到的集合主要是数集，即元素都是数的集合. 如果没有特别声明，以后提到的数都是实数.

全体自然数的集合记作 **N**，全体整数的集合记作 **Z**，全体有理数的集合记作 **Q**，全体实数的集合记作 **R**.

区间是使用得较多的一类数集.

设 a 和 b 都是实数，且 $a<b$，称数集 $\{x \mid a<x<b\}$ 为**开区间**，记作 (a,b)，即

$$(a,b)=\{x \mid a<x<b\},$$

其中 a 和 b 称为开区间 (a,b) 的**端点**.

称数集 $\{x \mid a \leqslant x \leqslant b\}$ 为**闭区间**，记作 $[a,b]$，即

$$[a,b]=\{x \mid a \leqslant x \leqslant b\},$$

其中 a 和 b 称为闭区间 $[a,b]$ 的端点.

类似地，$[a,b)=\{x \mid a \leqslant x<b\}$，$(a,b]=\{x \mid a<x \leqslant b\}$，$[a,b)$ 和 $(a,b]$ 都称为**半开区间**.

以上这些区间都称为**有限区间**，此外还有**无限区间**. 引进记号 $+\infty$（读作正无穷大）及 $-\infty$（读作负无穷大），则可类似地表示无限区间. 例如，

$$[a,+\infty)=\{x \mid x \geqslant a\}, \quad (-\infty,b)=\{x \mid x<b\}.$$

全体实数的集合 **R** 也可记作 $(-\infty,+\infty)$，它也是无限区间. 以后常用 I 表示区间.

邻域也是一个经常使用的概念. 以点 a 为中心的任何开区间称为点 a 的**邻域**，记作 $U(a)$.

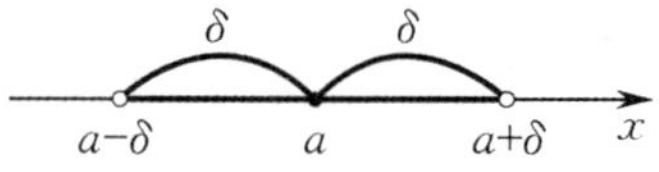

图 1-1

设 δ 是任一正数，则开区间 $(a-\delta,a+\delta)$ 就是点 a 的一个邻域，这个邻域称为点 a 的 δ 邻域，如图 1-1 所示，记作 $U(a,\delta)$，即

$$U(a,\delta)=\{x \mid a-\delta<x<a+\delta\},$$

其中点 a 称为该邻域的**中心**，δ 称为该邻域的**半径**.

由于 $a-\delta<x<a+\delta$ 相当于 $|x-a|<\delta$，因此 $U(a,\delta)$ 还可以表示为

$$U(a,\delta)=\{x \mid |x-a|<\delta\}.$$

因为 $|x-a|$ 表示点 x 与点 a 之间的距离，所以 $U(a,\delta)$ 表示与点 a 的距离小于 δ 的一切点 x 的全体.

有时在使用邻域时需要把邻域的中心去掉. 点 a 的 δ 邻域去掉中心点 a 后，称为点 a 的**去心 δ 邻域**，记作 $\mathring{U}(a,\delta)$，即

$$\mathring{U}(a,\delta)=\{x \mid 0<|x-a|<\delta\}.$$

这里，$0<|x-a|$ 表示 $x \neq a$.

1.1.2 函数的概念

函数表达了两个变量之间的相互依赖关系，这种相互依赖关系给出了一种对应法则. 根据这一法则，当其中一个变量在其变化范围内任意取定一个数值时，另一个变量就有确定的数值与之对应. 两个变量之间的这种对应关系就是函数概念的实质.

定义 1.1 设 x 和 y 是两个变量，D 是一个给定的数集. 如果对于每个数 $x \in D$，变量 y 按照一定法则总有唯一确定的数值与之对应，则称 y 是 x 的**函数**，记作

$$y=f(x),$$

其中数集 D 叫作这个函数的**定义域**，x 叫作**自变量**，y 叫作**因变量**.

当 x 取数值 $x_0 \in D$ 时，与 x 对应的 y 的数值称为函数 $y=f(x)$ 在点 x_0 处的**函数值**，记作 $f(x_0)$. 当 x 遍取 D 中的各个数值时，对应的全体函数值组成的数集

$$W=\{y \mid y=f(x), x \in D\}$$

称为函数 $y=f(x)$ 的**值域**.

函数 $y=f(x)$ 中表示对应关系的记号 f 也可改用其他字母，如 φ, F 等. 这时，函数就记作 $y=\varphi(x)$，$y=F(x)$ 等. 如果两个函数的定义域相同，对应法则也相同，那么这两个函数就是相同的，否则就是不同的.

在数学中，有时不考虑函数的实际意义，而抽象地研究用算式表达的函数，这时我们约定函数的定义域就是自变量所能取得的使算式有意义的一切实数值.

例如，函数 $y=\sqrt{1-x^2}$ 的定义域是闭区间 $[-1,1]$，函数 $y=\dfrac{1}{\sqrt{1-x^2}}$ 的定义域是开区间 $(-1,1)$，函数 $y=\ln(x-1)$ 的定义域是无限区间 $(1,+\infty)$.

1.1.3 几个特殊的分段函数

下面给出几个特殊的分段函数.

1. 绝对值函数

函数

$$y=|x|=\begin{cases} x, & x \geqslant 0, \\ -x, & x<0 \end{cases}$$

称为**绝对值函数**，它的定义域为 $D=(-\infty,+\infty)$，值域为 $W=[0,+\infty)$，图形如图 1-2 所示.

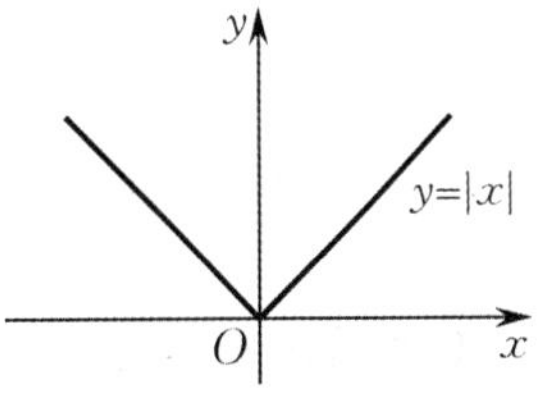

图 1-2

2. 符号函数

函数

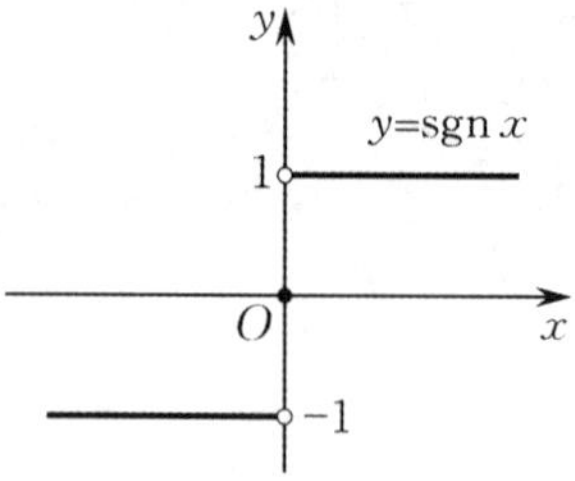

图 1-3

$$y=\operatorname{sgn} x=\begin{cases}1, & x>0,\\ 0, & x=0,\\ -1, & x<0\end{cases}$$

称为**符号函数**,它的定义域为 $D=(-\infty,+\infty)$,值域为 $W=\{-1,0,1\}$,图形如图 1-3 所示. 对于任一实数 x,有下列关系式成立:

$$x=\operatorname{sgn} x\cdot|x|.$$

3. 取整函数

设 x 为任一实数,称不超过 x 的最大整数为 x 的整数部分,记作 $[x]$. 例如,$\left[\frac{5}{7}\right]=0$,$[2]=2$,$[\pi]=3$,$[-1]=-1$,$[-3.5]=-4$. 把 x 看作自变量,则函数

$$y=[x]$$

称为**取整函数**. 该函数的定义域为 $D=(-\infty,+\infty)$,值域为 $W=\mathbf{Z}$. 它的图形如图 1-4 所示,该图形称为**阶梯曲线**. 在 x 为整数值处,图形发生跳跃,跃度为 1.

有时一个函数要用几个式子表示. 这种在自变量的不同变化范围内,对应法则用不同式子来表示的函数,通常称为**分段函数**. 绝对值函数、符号函数与取整函数均为分段函数.

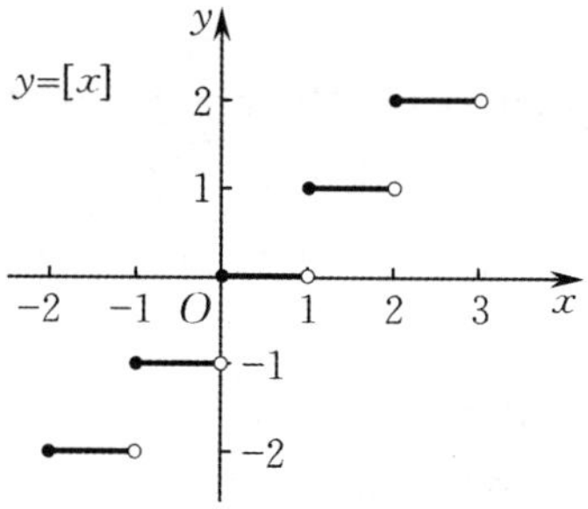

图 1-4

例 1 函数

$$y=f(x)=\begin{cases}2\sqrt{x}, & 0\leqslant x\leqslant 1,\\ 1+x, & x>1\end{cases}$$

是一个分段函数,它的定义域为 $D=[0,+\infty)$. 当 $x\in[0,1]$ 时,对应法则为 $f(x)=2\sqrt{x}$;当 $x\in(1,+\infty)$ 时,对应法则为 $f(x)=1+x$.

例如,$\frac{1}{2}\in[0,1]$,所以 $f\left(\frac{1}{2}\right)=2\sqrt{\frac{1}{2}}=\sqrt{2}$;$1\in[0,1]$,所以 $f(1)=2\sqrt{1}=2$;$3\in(1,+\infty)$,所以 $f(3)=1+3=4$. 该函数的图形如图 1-5 所示.

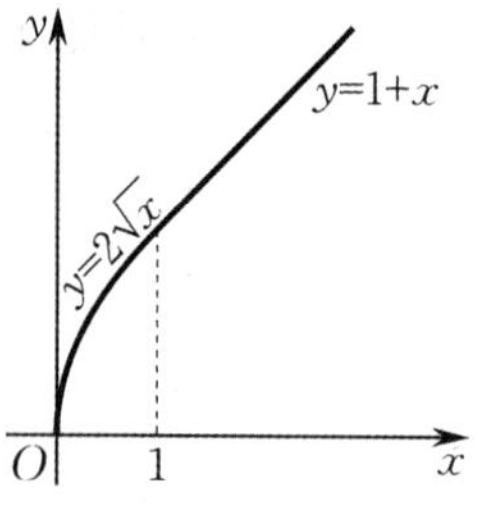

图 1-5

1.1.4 函数的几种特性

1. 函数的有界性

定义 1.2 设函数 $f(x)$ 的定义域为 D,数集 $X\subset D$. 如果存在正数 M,使得

$$|f(x)|\leqslant M$$

对任一 $x\in X$ 都成立,则称函数 $f(x)$ 在 X 上**有界**;反之,如果这样的 M 不存在,就称函数

$f(x)$ 在 X 上**无界**. 也就是说,如果对于任意正数 M,总存在 $x_1 \in X$,使得 $|f(x_1)| > M$,那么函数 $f(x)$ 在 X 上无界.

例如,函数 $f(x) = \sin x$ 在$(-\infty, +\infty)$ 上,$|\sin x| \leqslant 1$ 对任意实数 x 都成立,故函数 $f(x) = \sin x$ 在$(-\infty, +\infty)$ 上是有界的. 这里 $M = 1$(当然也可取大于1的任意数作为 M 而使得 $|f(x)| \leqslant M$ 成立).

又如,函数 $f(x) = \dfrac{1}{x}$ 在开区间$(0,1)$ 内是无界的,因为不存在这样的正数 M,使得 $\left|\dfrac{1}{x}\right| \leqslant M$ 对于$(0,1)$ 内的一切 x 都成立. 但是函数 $f(x) = \dfrac{1}{x}$ 在区间$(1,2)$ 内是有界的,因为可取 $M = 1$ 而使得 $\left|\dfrac{1}{x}\right| \leqslant 1$ 对于一切 $x \in (1,2)$ 都成立.

2. 函数的单调性

定义 1.3 设函数 $y = f(x)$ 的定义域为 D,区间 $I \subset D$. 如果对于区间 I 上任意两点 x_1 及 x_2,当 $x_1 < x_2$ 时,恒有

$$f(x_1) < f(x_2),$$

则称函数 $y = f(x)$ 在区间 I 上是**单调递增**的[见图 1-6(a)];如果对于区间 I 上任意两点 x_1 及 x_2,当 $x_1 < x_2$ 时,恒有

$$f(x_1) > f(x_2),$$

则称函数 $y = f(x)$ 在区间 I 上是**单调递减**的[见图 1-6(b)].

在定义域上单调递增或单调递减的函数统称为**单调函数**.

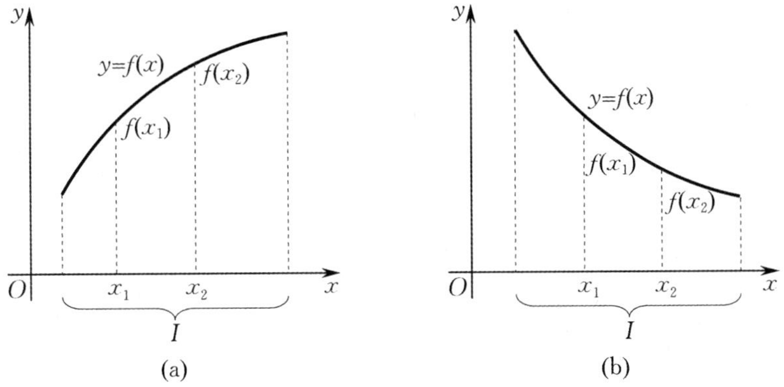

图 1-6

例如,函数 $y = x^2$ 在区间$[0, +\infty)$ 上是单调递增的,在区间$(-\infty, 0)$ 上是单调递减的,但在区间$(-\infty, +\infty)$ 上不是单调的[见图 1-7(a)]. 又如,函数 $y = x^3$ 在区间$(-\infty, +\infty)$ 上是单调递增的[见图 1-7(b)].

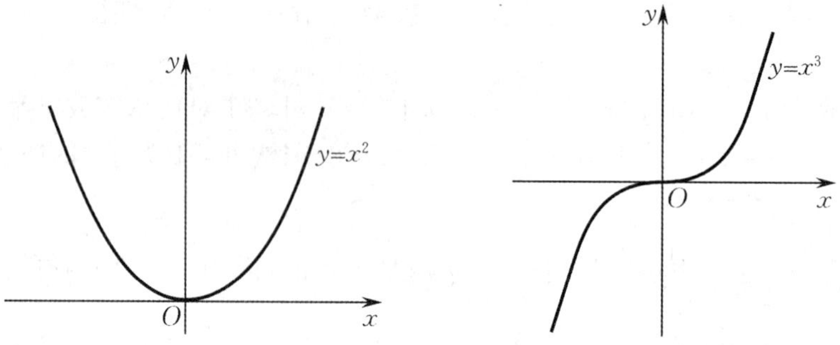

(a) (b)

图 1-7

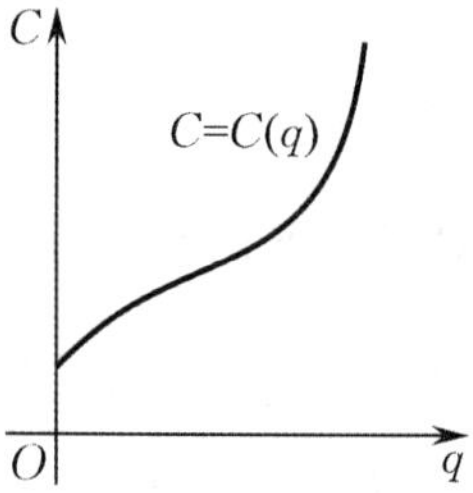

图 1-8

再如,工业企业的经营需要计算成本,今用 $C=C(q)$ 表示**成本函数**,其中 q 是产品的数量,用整数表示.但由于产品数量很大,经济学家把 $C=C(q)$ 的图形当作连续曲线,如图 1-8 所示.成本函数 $C=C(q)$ 在区间 $[0,+\infty)$ 上是单调递增的.

3. 函数的奇偶性

定义 1.4 设函数 $y=f(x)$ 的定义域 D 关于坐标原点对称(若 $x\in D$,则必有 $-x\in D$).如果对于任一 $x\in D$,有

$$f(-x)=f(x)$$

恒成立,则称 $y=f(x)$ 为**偶函数**;如果对于任一 $x\in D$,有

$$f(-x)=-f(x)$$

恒成立,则称 $y=f(x)$ 为**奇函数**.

例如,$f(x)=x^2$ 是偶函数,因为 $f(-x)=(-x)^2=x^2=f(x)$.又如,$f(x)=x^3$ 是奇函数,因为 $f(-x)=(-x)^3=-x^3=-f(x)$.

偶函数的图形关于 y 轴是对称的[见图 1-9(a)],奇函数的图形关于坐标原点是对称的[见图 1-9(b)].

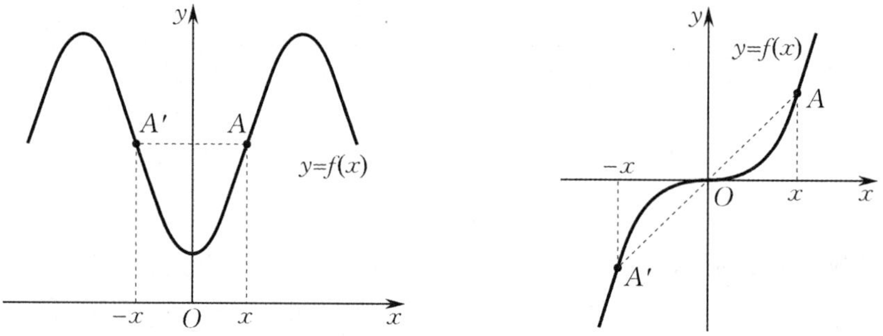

(a) (b)

图 1-9

需要注意的是,函数 $y=\sin x$ 是奇函数,函数 $y=\cos x$ 是偶函数,但函数 $y=\sin x+\cos x$ 既不是奇函数,也不是偶函数,称为**非奇非偶函数**.

4. 函数的周期性

定义 1.5 设函数 $y=f(x)$ 的定义域为 D. 如果存在一个正数 l,使得对于任一 $x\in D$,有 $x\pm l\in D$,且

$$f(x+l)=f(x)$$

恒成立,则称 $y=f(x)$ 为**周期函数**,其中 l 称为 $y=f(x)$ 的**周期**.

通常我们说周期函数的周期是指**最小正周期**.

例如,函数 $\sin x$,$\cos x$ 都是以 2π 为周期的周期函数;函数 $\tan x$ 是以 π 为周期的周期函数.

如图 1-10 所示,该函数是一个周期为 l 的周期函数,在该函数定义域内每个长度为 l 的区间上,函数图形有相同的形状.

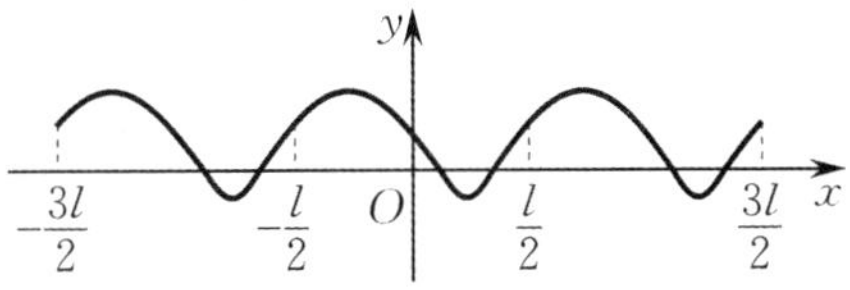

图 1-10

5. 反函数

在实际问题中,自变量与因变量常常不是固定不变的,而是会发生变化. 在什么情况下,自变量与因变量可以互相交换呢? 先看一个简单的例子

$$y=2x+3.$$

在这一表达式中,x 是自变量,其定义域为$(-\infty,+\infty)$,y 是因变量,其值域为$(-\infty,+\infty)$. 通过反解方程,我们得到

$$x=\frac{1}{2}(y-3).$$

在新的表达式中,自变量与因变量互相交换了. 现在 y 变成自变量,而 x 变成因变量,即 x 是 y 的函数. 对每一个 $y\in(-\infty,+\infty)$,有且只有一个 $x\in(-\infty,+\infty)$ 与之对应.

为什么在这个例子中,y 可以作为自变量呢? 因为函数

$$y=2x+3$$

建立了定义域$(-\infty,+\infty)$ 与值域$(-\infty,+\infty)$ 之间的一一对应关系,对每一个 x,有且只有一个 y 与之对应,不同的 x 值对应于不同的 y 值. 换言之,对每一个 y,有且只有一个 x 与之对应. 由此我们得出结论:凡是函数 $y=f(x)$ 建立了定义域 D 和值域 W 之间的一一对应关系,自变量和因变量都可以互相交换.

$y=2x+3$ 和 $x=\frac{1}{2}(y-3)$ 是同一个关系的两种写法,但从函数的角度来看,由于对应法则不同,因此它们是两个不同的函数,并称它们互为反函数.

定义 1.6 设函数 $y=f(x)$,其定义域为 D,值域为 W. 如果对于 W 中的每一个 y 值,在 D 中都有唯一一个确定的且满足 $y=f(x)$ 的 x 值与之对应,则可得到一个定义在 W 上的以 y 为自变量,x 为因变量的新函数,并称它为 $y=f(x)$ 的**反函数**,记作

$$x=f^{-1}(y),$$

其中 $y=f(x)$ 称为**直接函数**.

当然也可以说 $y=f(x)$ 是 $x=f^{-1}(y)$ 的反函数,也就是说,它们互为反函数. 习惯上,我

们总是用 x 表示自变量，y 表示因变量，所以通常把 $x=f^{-1}(y)$ 改写为

$$y=f^{-1}(x).$$

注 这时 $y=f^{-1}(x)$ 与 $y=f(x)$ 表示的不再是同一个函数关系. 那么，什么样的函数关系一定能建立定义域 D 与值域 W 之间的一一对应关系呢？对此，有以下定理.

定理 1.1(反函数存在定理) **若函数 $y=f(x)$ 在区间 (a,b) 内是单调的(单调递增或单调递减)，值域为 (c,d)，则函数 $y=f(x)$ 存在反函数 $y=f^{-1}(x)$，其定义域为 (c,d)，值域为 (a,b).**

注 区间 (a,b)，(c,d) 也可以都是闭区间 $[a,b]$，$[c,d]$，并且 a,b,c,d 都可以是无穷大，如 $(-\infty,+\infty)$.

例 2 函数 $y=x^2$ 存在反函数吗？

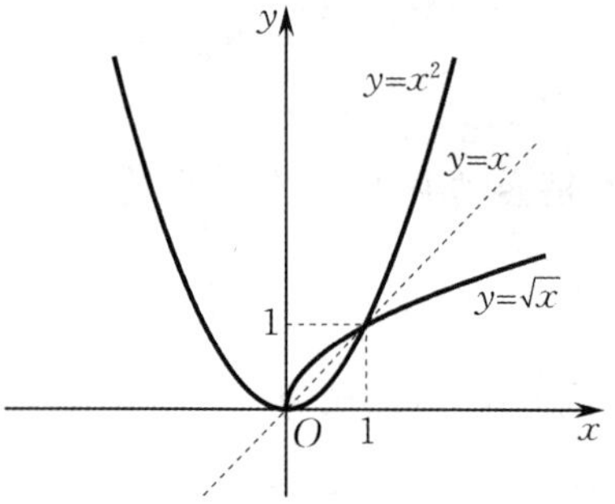

图 1-11

解 不存在，因为函数在定义域 $(-\infty,+\infty)$ 上不单调，如图 1-11 所示.

如果我们限定 $x\in(0,+\infty)$，则函数 $y=x^2$ 的反函数就存在. 它的反函数是

$$y=\sqrt{x},\quad x\in(0,+\infty).$$

如果一个函数有解析表达式 $y=f(x)$，则求其反函数的过程可以分为两步：

(1) 从 $y=f(x)$ 中解出 $x=f^{-1}(y)$；

(2) 交换字母 x 和 y，从而得到 $y=f(x)$ 的反函数为 $y=f^{-1}(x)$.

例 3 求函数 $y=\ln x+1$ 的反函数.

解 易知，函数 $y=\ln x+1$ 为单调函数，故反函数存在.

由 $y=\ln x+1$，得 $\ln x=y-1$，则 $x=e^{y-1}$. 交换字母 x 和 y，得所求反函数为

$$y=e^{x-1}.$$

注 由于自变量与因变量的位置交换，所以函数 $y=f(x)$ 与其反函数 $y=f^{-1}(x)$ 的图形关于直线 $y=x$ 对称.

§1.2 初等函数

1.2.1 基本初等函数

高等数学研究的对象就是初等函数，而初等函数是由基本初等函数借助四则运算、复合运算(见 1.2.2 小节)而得到的. **基本初等函数**包括常数函数、幂函数、指数函数、对数函数、三角函数和反三角函数六大类. 尽管大部分基本初等函数在中学已经学过，但在这里我们还是

对它们做系统复习.

1. 常数函数

函数 $y=C$(C 为常数) 称为**常数函数**. 它的定义域为$(-\infty,+\infty)$.

无论 x 取何值,都有 $y=C$,则它的图形是过点$(0,C)$ 且平行于 x 轴的一条直线,如图 1-12 所示,它是偶函数.

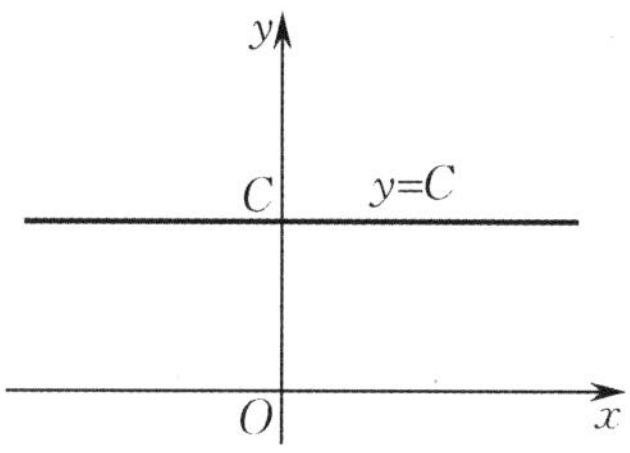

图 1-12

2. 幂函数

函数 $y=x^a$(a 为实数) 称为**幂函数**.

幂函数的情况比较复杂. 当 a 取不同值时,幂函数的定义域不同,但无论 a 取何值,幂函数的图形都通过点$(1,1)$. 下面按 a 取值的不同情况分别讨论幂函数的性质.

(1) 当 $a=0$ 时,$y=x^0=1$ 是常数函数.

(2) 当 $a>0$ 时,幂函数的图形通过坐标原点.

a 为整数时是一种常用的幂函数,此时定义域为$(-\infty,+\infty)$. 当 a 为奇数时,$y=x^a$ 是单调递增的奇函数,值域为$(-\infty,+\infty)$,如图 1-13 所示;当 a 为偶数时,$y=x^a$ 是偶函数,在$(-\infty,0)$ 上单调递减,在$[0,+\infty)$ 上单调递增,值域为$[0,+\infty)$,其图形如图 1-14 所示.

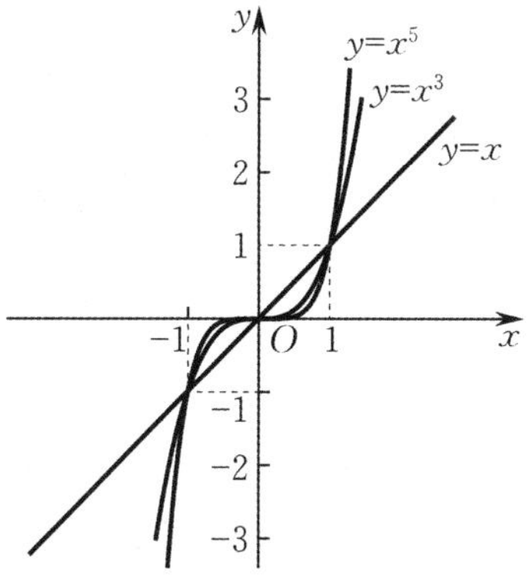

图 1-13

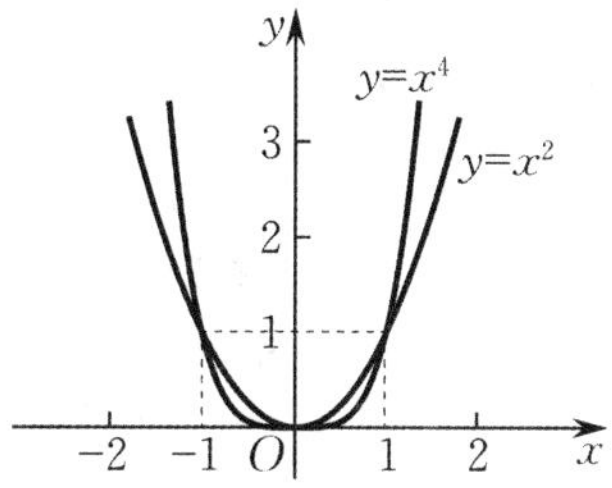

图 1-14

a 为分数:当 $a=\frac{1}{n}$,n 为奇数时,$y=x^{\frac{1}{n}}$ 的定义域为$(-\infty,+\infty)$,值域为$(-\infty,+\infty)$,是单调递增的奇函数;当 $a=\frac{1}{n}$,n 为偶数时,$y=x^{\frac{1}{n}}$ 的定义域为$[0,+\infty)$,值域为$(0,+\infty)$,是单调递增函数,其图形如图 1-15 所示.

(3) 当 $a<0$ 时,幂函数的图形不过坐标原点.

a 为负整数时也是一种常用的幂函数,此时定义域为$(-\infty,0)\cup(0,+\infty)$. 当 $a=-n$,n 为奇数时,$y=x^{-n}$ 的值域为$(-\infty,0)\cup(0,+\infty)$,是奇函数,在$(-\infty,0)$ 及$(0,+\infty)$ 上分别单调递减,但在整个定义域上不是单调函数.

当 $a=-n$,n 为偶数时,$y=x^{-n}$ 的值域为$(0,+\infty)$,是偶函数,在$(-\infty,0)$ 上单调递增,在$(0,+\infty)$ 上单调递减. 函数$y=x^{-1}$ 和 $y=x^{-2}$ 的图形如图 1-16 所示.

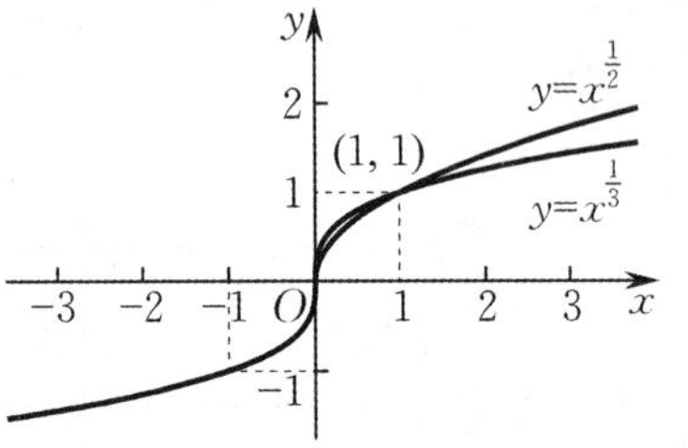

图 1-15

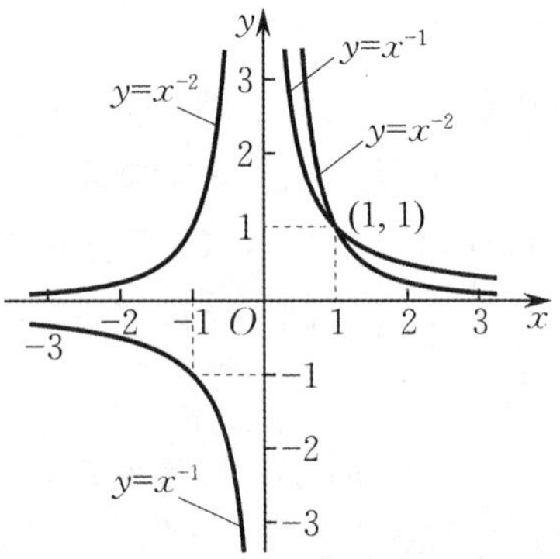

图 1-16

3. 指数函数

函数 $y=a^x(a>0$ 且 $a\neq 1)$ 称为**指数函数**.

指数函数的定义域为$(-\infty,+\infty)$,由于无论 x 取何值,总有 $a^x>0$,且 $a^0=1$,因此它的图形全部位于 x 轴上方,且通过点$(0,1)$,它的值域是$(0,+\infty)$.

当 $a>1$ 时,指数函数单调递增且无界;当 $0<a<1$ 时,指数函数单调递减且无界.

如图 1-17 所示,当 $a=2$ 和自然常数 e 时,指数函数单调递增;当 $a=\mathrm{e}^{-1}$ 时,指数函数单调递减.

应特别注意指数函数与幂函数的区别. 在幂函数 $y=x^a$ 中,自变量 x 在底的位置,指数 a 是常数;而在指数函数 $y=a^x$ 中,自变量 x 在指数的位置,底是常数 a.

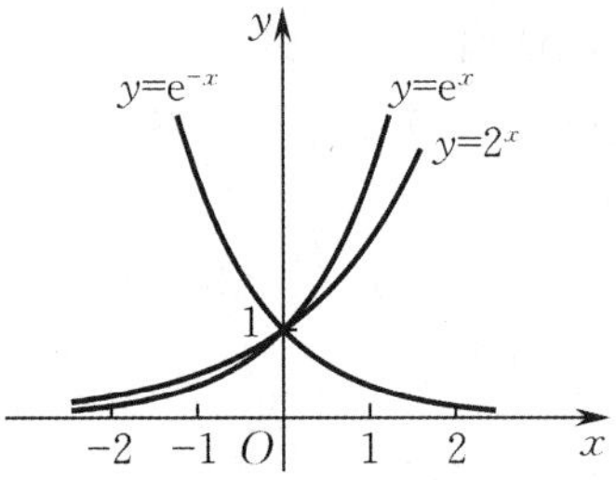

图 1-17

4. 对数函数

指数函数 $y=a^x$ 的反函数称为以 a 为底的**对数函数** $y=\log_a x(a>0$ 且 $a\neq 1)$.

对数函数 $y=\log_a x$ 的图形,可以从其所对应的指数函数 $y=a^x$ 的图形按反函数的图形特征求出,即以直线 $y=x$ 为对称轴作对称于 $y=a^x$ 的曲线,就可得到 $y=\log_a x$ 的图形,如图 1-18 所示.

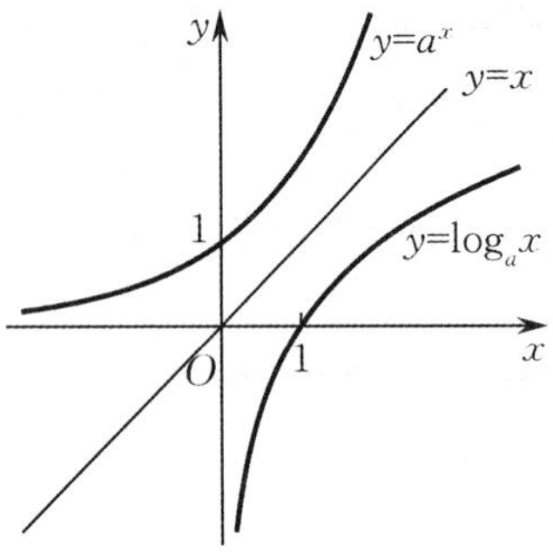

图 1-18

对数函数的定义域为$(0,+\infty)$,图形全部位于 y 轴右方,值域为$(-\infty,+\infty)$. 但无论 a 取何值,图形都通过点$(1,0)$.

当 $a>1$ 时,对数函数单调递增且无界;当 $0<a<1$ 时,对数函数单调递减且无界.

以自然常数 e 为底的对数函数 $y=\log_{\mathrm{e}} x$ 叫作**自然对数函数**,简记为 $y=\ln x$. 以 10 为底的常用对数函数简记为 $y=\lg x$.

5. 三角函数

常见的**三角函数**包括下面六个函数:

(1) **正弦函数** $y=\sin x$;

(2) **余弦函数** $y=\cos x$;

(3) **正切函数** $y=\tan x$;

(4) **余切函数** $y=\cot x$;

(5) **正割函数** $y=\sec x$;

(6) **余割函数** $y=\csc x$.

在微积分中,三角函数的自变量x采用弧度制,而不用角度制. 例如,用$\sin\frac{\pi}{6}$而不用$\sin 30°$;用$\cos\frac{\pi}{2}$而不用$\cos 90°$;$\sin 1$表示1弧度的正弦值.

函数$y=\sin x$的定义域为$(-\infty,+\infty)$,值域为$[-1,1]$,是奇函数,以2π为周期,且有界,其图形如图1-19所示.

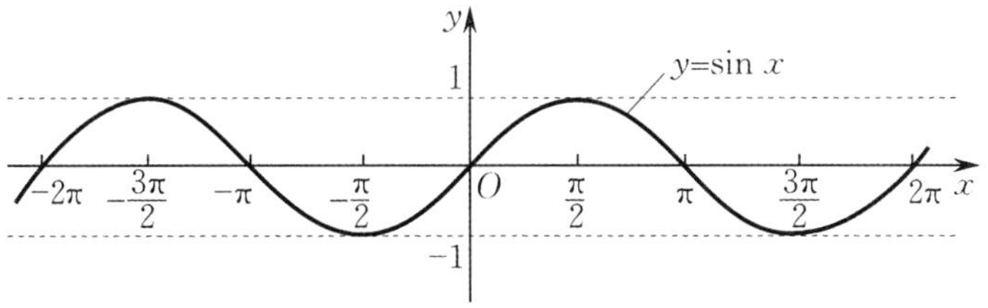

图1-19

函数$y=\cos x$的定义域为$(-\infty,+\infty)$,值域为$[-1,1]$,是偶函数,以2π为周期,且有界,其图形如图1-20所示.

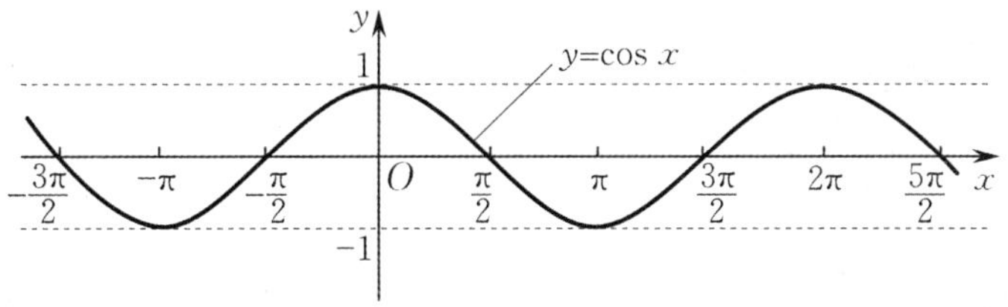

图1-20

函数$y=\tan x$的定义域为$\left(k\pi-\frac{\pi}{2},k\pi+\frac{\pi}{2}\right)(k=0,\pm1,\pm2,\cdots)$,值域为$(-\infty,+\infty)$,是奇函数,以$\pi$为周期,且在每一个周期内单调递增,其图形如图1-21所示.

函数$y=\cot x$的定义域为$(k\pi,(k+1)\pi)(k=0,\pm1,\pm2,\cdots)$,值域为$(-\infty,+\infty)$,是奇函数,以$\pi$为周期,且在每一个周期内单调递减,其图形如图1-22所示.

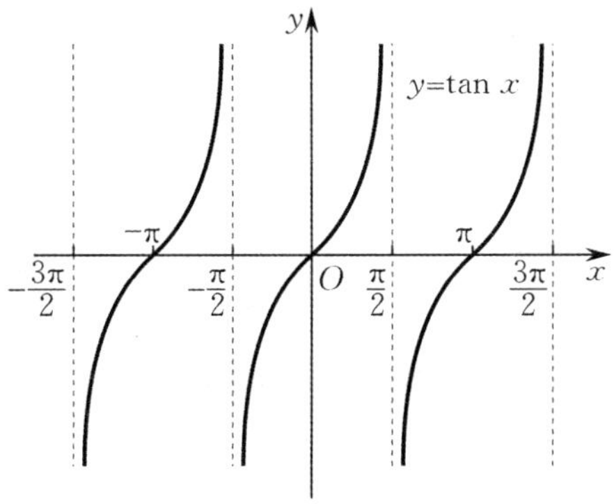

图1-21

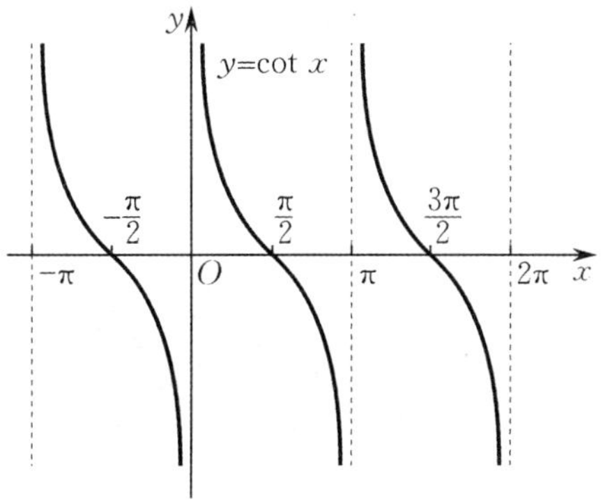

图1-22

关于函数 $y=\sec x$ 和 $y=\csc x$ 我们不做详细讨论，只需要知道它们有如下关系成立：

$$\sec x=\frac{1}{\cos x},\quad \csc x=\frac{1}{\sin x}.$$

注 根据同角三角函数的基本关系式 $\sin^2 x+\cos^2 x=1$，容易得到

$$1+\tan^2 x=\sec^2 x,\quad 1+\cot^2 x=\csc^2 x.$$

6. 反三角函数

常用的**反三角函数**有四个：

(1) **反正弦函数** $y=\arcsin x$；

(2) **反余弦函数** $y=\arccos x$；

(3) **反正切函数** $y=\arctan x$；

(4) **反余切函数** $y=\text{arccot}\, x$.

它们是作为相应的三角函数的反函数定义出来的. 这些函数的值都表示角度(以弧度为单位)，而这些角度的正弦、余弦、正切和余切就等于 x. 例如，$y=\arcsin\frac{1}{2}$ 表示正弦值为$\frac{1}{2}$的角度，因而

$$\sin y=\sin\left(\arcsin\frac{1}{2}\right)=\frac{1}{2}.$$

我们知道，$\sin\frac{\pi}{6}=\frac{1}{2}$，所以有 $y=\frac{\pi}{6}$. 但实际上，$\frac{5\pi}{6},\frac{13\pi}{6},\cdots$ 的正弦值都等于$\frac{1}{2}$. 为了避免 $y=\arcsin x$ 的多值性，规定区间$\left[-\frac{\pi}{2},\frac{\pi}{2}\right]$叫作反正弦函数的**主值区间**. 在这个区间上，正弦函数取某个值的角可以被唯一地确定下来. 例如，在主值区间内，正弦值是$\frac{1}{2}$ 的角只能是$\frac{\pi}{6}$.

类似地，对其他几种反三角函数都规定了相应的主值区间，保证了它们的单值性. 当然，由于函数的性质不同，它们的主值区间也不同.

函数 $y=\arcsin x$ 的定义域为$[-1,1]$，值域为$\left[-\frac{\pi}{2},\frac{\pi}{2}\right]$，它是单调递增的奇函数，且有界，其图形如图 1－23 所示.

函数 $y=\arccos x$ 的定义域为$[-1,1]$，值域为$[0,\pi]$，它是单调递减函数，且有界，其图形如图 1－24 所示.

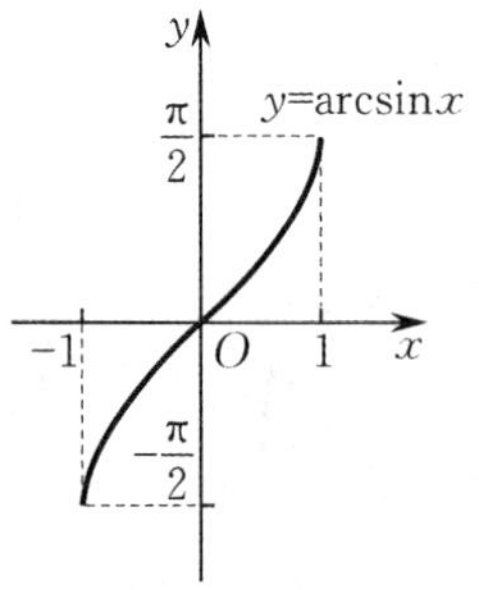

图 1－23

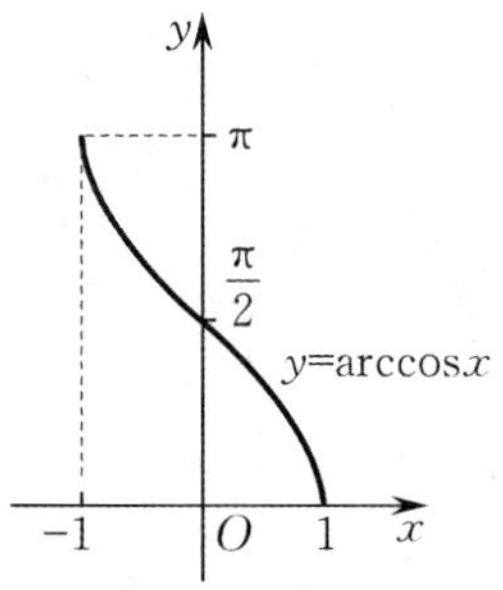

图 1－24

函数 $y=\arctan x$ 的定义域为$(-\infty,+\infty)$，值域为$\left(-\dfrac{\pi}{2},\dfrac{\pi}{2}\right)$，它是单调递增的奇函数，且有界，其图形如图 1-25 所示.

函数 $y=\operatorname{arccot} x$ 的定义域为$(-\infty,+\infty)$，值域为$(0,\pi)$，它是单调递减函数，且有界，其图形如图 1-26 所示.

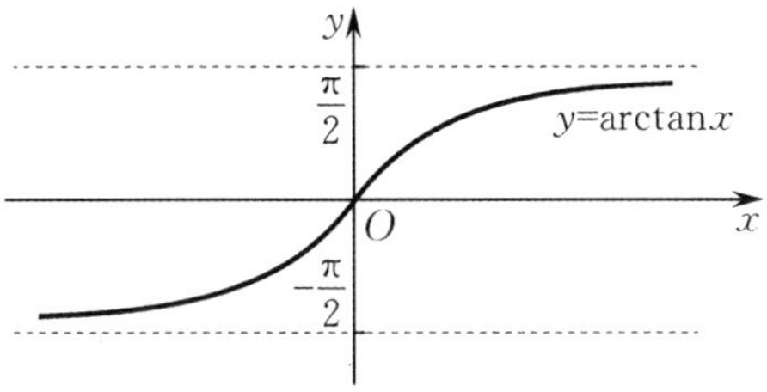

图 1-25

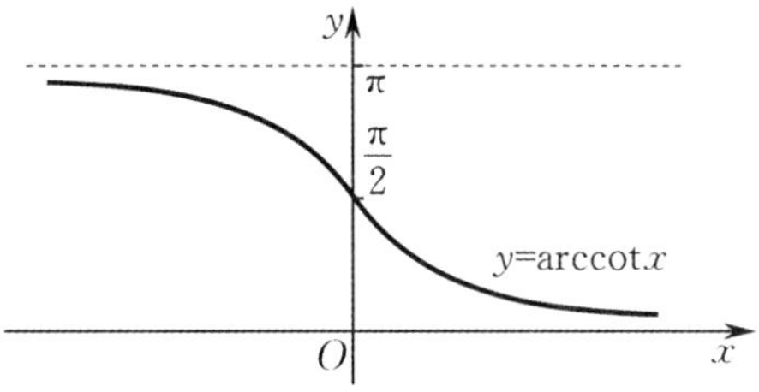

图 1-26

依据以上定义，不难得到以下结果：

$$\arcsin\left(-\frac{\sqrt{3}}{2}\right)=-\frac{\pi}{3},\quad \arccos\left(-\frac{1}{2}\right)=\frac{2\pi}{3},\quad \arctan 1=\frac{\pi}{4},\quad \operatorname{arccot}(-1)=\frac{3\pi}{4}.$$

1.2.2 复合函数

基本初等函数还不能表示全部实际问题中出现的各种变量之间的依赖关系，为了扩大函数的范围，需要引进复合函数的概念.

定义 1.7 设函数 $y=f(u)$ 的定义域为 D_f，而函数 $u=\varphi(x)$ 的值域为 Z_φ. 若 $D_f\cap Z_\varphi\neq\varnothing$，则称函数

$$y=f[\varphi(x)]$$

为 x 的**复合函数**.

注 (1) 不是任意两个函数都可以复合成一个复合函数. 例如，函数 $y=\sqrt{u}$ 和函数 $u=-x^2-1$ 不能进行复合.

(2) 复合函数可以由两个以上的函数经过复合构成.

例 1 指出下列复合函数的复合过程：

(1) $y=\sin 3x$；

(2) $y=\cos^2 x$；

(3) $y=\mathrm{e}^{\sqrt{2x-1}}$；

(4) $y=\sqrt{\ln\left(\arctan\dfrac{x}{2}\right)}$.

解 (1) 函数 $y=\sin 3x$ 是由 $y=\sin u$ 与 $u=3x$ 复合构成的.

(2) 函数 $y=\cos^2 x$ 是由 $y=u^2$ 与 $u=\cos x$ 复合构成的.

(3) 函数 $y=\mathrm{e}^{\sqrt{2x-1}}$ 是由 $y=\mathrm{e}^u$，$u=\sqrt{v}$，$v=2x-1$ 复合构成的.

(4) 函数 $y=\sqrt{\ln\left(\arctan\dfrac{x}{2}\right)}$ 是由 $y=\sqrt{u}$，$u=\ln v$，$v=\arctan w$，$w=\dfrac{x}{2}$ 复合构成的.

一般地，考察一个复合函数的复合过程，通常是由外往内，层层分析，每一层都是基本初等函数或基本初等函数的算术运算表达式.

1.2.3 初等函数

定义 1.8 由基本初等函数经过有限次四则运算或有限次的复合所构成，并可用一个解析式表示的函数，称为**初等函数**.

例如，

$$y=x^2+2\sin x,\quad y=\sin 3x,\quad y=\sqrt{\ln\left(\arctan\frac{x}{2}\right)}$$

都是初等函数. 分段函数一般不是初等函数.

习 题 1

1. 用区间表示下列变量的变化范围：

(1) $2<x\leqslant 6$；　　(2) $x\geqslant 0$；

(3) $x^2<9$；　　(4) $|x-3|\leqslant 4$.

2. 求函数 $y=\begin{cases}\sin\dfrac{1}{x}, & x\neq 0,\\ 0, & x=0\end{cases}$ 的定义域和值域.

3. 下列函数是否相同? 为什么?

(1) $f(x)=\lg x^2, g(x)=2\lg x$；

(2) $f(x)=x, g(x)=\sqrt{x^2}$；

(3) $f(x)=\sqrt[3]{x^4-x^3}, g(x)=x\sqrt[3]{x-1}$.

4. 求下列函数的定义域：

(1) $y=\dfrac{1}{1-x}$；　　(2) $y=\sqrt{3x+2}$；

(3) $y=\lg(2-x)$；　　(4) $y=\sqrt{x^2-4}+\arctan x$；

(5) $y=\dfrac{1}{1-x^2}+\sqrt{x+2}$；　　(6) $y=\dfrac{\ln x}{\sqrt{x-3}}$；

(7) $y=\sqrt{x^2-2x-3}+\arcsin(x-4)$.

5. 设函数 $f(x)=\sqrt{4+x^2}$，求下列函数值：$f(0), f(-1), f\left(\dfrac{1}{a}\right), f(x+1), f[f(x)]$.

6. 设函数 $\varphi(x)=\begin{cases}|\sin x|, & |x|<\dfrac{\pi}{3},\\ 0, & |x|\geqslant\dfrac{\pi}{3},\end{cases}$ 求 $\varphi\left(\dfrac{\pi}{6}\right), \varphi\left(\dfrac{\pi}{4}\right), \varphi\left(-\dfrac{\pi}{4}\right), \varphi(-2)$，并作出函数 $y=\varphi(x)$ 的图形.

7. 设函数 $f(x+1)=\begin{cases}x^2, & 0\leqslant x\leqslant 1,\\ 2x, & 1<x\leqslant 2,\end{cases}$ 求 $f(x)$.

8. 下列函数中哪些是偶函数,哪些是奇函数,哪些是非奇非偶函数?

(1) $y = x^2(1 - x^2)$;　　(2) $y = x^3 + 2\tan x$;

(3) $y = \dfrac{1 - x^2}{1 + x^2}$;　　(4) $y = 3x^2\cos 5x$;

(5) $y = \sin x - \cos x + 1$;　　(6) $y = \dfrac{a^x + a^{-x}}{2}$.

9. 设下面所考虑的函数都是定义在对称区间$(-l,l)$上的,证明:

(1) 两个偶函数的和是偶函数,两个奇函数的和是奇函数;

(2) 两个偶函数的乘积是偶函数,两个奇函数的乘积是偶函数,一个偶函数与一个奇函数的乘积是奇函数;

(3) 定义在对称区间$(-l,l)$上的任意函数都可表示为一个奇函数与一个偶函数的和.

10. 判断下列函数在指定区间内的单调性:

(1) $y = x^2,(-1,0)$;　　(2) $y = \lg x,(0,+\infty)$;

(3) $y = \sin x,\left(-\dfrac{\pi}{2},\dfrac{\pi}{2}\right)$.

11. 设 $f(x)$ 是周期为 2 的偶函数,且在区间$[0,1]$上单调递减,试比较 $f\left(-\dfrac{1}{2}\right)$,$f(1)$,$f(2)$ 的大小.

12. 将下列函数表示成分段函数:

(1) $f(x) = 1 + |x - 3|$;　　(2) $f(x) = 2x + \sqrt{4x^2 + 4x + 1}$.

13. 根据 $y = \sin x$ 的图形,画出 $y = |\sin x|$ 及 $y = \sin|x|$ 的图形.

14. 求下列函数的反函数(不求定义域):

(1) $f(x) = 5x - 1$;　　(2) $f(x) = \dfrac{3^x}{3^x + 1}$;

(3) $f(x) = \dfrac{2x - 5}{x - 3}$;　　(4) $f(x) = 1 + \ln(x - 3)$.

15. 设函数 $f(x) = \dfrac{1 - 2x}{x - 2}$. 若曲线 $y = f(x)$ 与 $y = g(x)$ 关于直线 $y = x$ 对称,求 $g(x)$ 的表达式.

16. 指出下列复合函数的复合过程:

(1) $y = \mathrm{e}^{3x}$;　　(2) $y = \sqrt{1 - x^2}$;　　(3) $y = \ln^2 x$;

(4) $y = (2x + 1)^4$;　　(5) $y = \lg(\cos 4x)$;　　(6) $y = \arctan \mathrm{e}^{\cot x}$;

(7) $y = f(\sin x^2)$;　　(8) $y = \ln[\ln(\ln x)]$;　　(9) $y = \sin^2(\sqrt[3]{\tan \mathrm{e}^x})$.

17. 某厂生产某种产品 1 600 吨,定价为 150 元/吨,销售量在不超过 800 吨时,按原价出售;超过 800 吨时,超过部分按 8 折出售. 试求销售收入 y(单位:元)与销售量 x(单位:吨)之间的函数关系.

18. 某车间设计最大生产能力为月产 100 台机床,每月至少完成 40 台方可保本. 当生产量(单位:台)为 x 时的成本函数(单位:元)为 $C = x^2 + 10x$. 按市场规律,当单价(单位:元/台)为 $p = 259 - 0.5x$ 时可以销售完,试写出月利润函数.

第 2 章

极限与连续

极限是研究变量的一种基本方法. 极限理论是微积分的理论基础,微积分的重要概念几乎都是通过极限定义的. 连续函数是高等数学主要讨论的函数类型. 本章将介绍极限、极限的运算方法和函数的连续性等基本概念.

§2.1 数列的极限

【案例 2.1】 在市场上许多商品的标价与它的实际价格有较大差距，因此在商品买卖之间，经常有讨价还价的现象发生. 这样就存在一个问题：购买者应该如何还价？目前流行"对半还价"的做法. 所谓"对半还价"，就是购买者第一次对半还价，商家对半加价；购买者再对半还价，商家再对半加价…… 于是问题产生：

(1) 如此对半还价、对半加价，最后的结果如何？

(2) 如果商家按照"黄金点"原则给商品标价，即商品的实际价格与标价之比为 0.618. 问"对半还价"的做法是否合理(是否具有可行性)？

解决这个问题涉及极限的相关知识. 下面就从数列的极限开始分析.

无穷多个数按照某种规律排列成的一列

$$x_1, \quad x_2, \quad \cdots, \quad x_n, \quad \cdots$$

称为**数列**，记为 $\{x_n\}$，其中 x_1 叫作数列的**第一项**，x_2 叫作数列的**第二项**……x_n 叫作数列的**第 n 项**(或**通项**). 称 n 为 x_n 的**序号**，n 取正整数，因此数列可以看作定义在正整数集上的函数.

我们感兴趣的问题是：给定一个数列 $\{x_n\}$，当 n 无限增大时，通项 x_n 的变化趋势是什么？

例 1 我国古代典籍《庄子・天下》中指出："一尺之棰，日取其半，万世不竭." 其意思是：一尺长的木棍，每天取下它的一半，永远也取不完. 显然，木棍每天剩下的长度

$$\frac{1}{2}, \quad \frac{1}{2^2}, \quad \cdots, \quad \frac{1}{2^n}, \quad \cdots$$

是一个数列，通项为

$$x_n = \frac{1}{2^n} \quad (n = 1, 2, \cdots).$$

当 n 无限增大时，$\frac{1}{2^n}$ 会无限变小，并且无限接近 0.

需要指出的是，"万世不竭" 的含义是尽管 $\frac{1}{2^n}$ 无限接近 0，但并不等于 0，这一点对后面我们理解极限的概念很有用处.

例 2 观察下列几个数列的变化趋势：

(1) $1, \frac{1}{2}, \frac{1}{3}, \cdots, \frac{1}{n}, \cdots$；

(2) $\frac{1}{2}, \frac{2}{3}, \frac{3}{4}, \cdots, \frac{n}{n+1}, \cdots$；

(3) $-1, -3, -5, \cdots, -(2n-1), \cdots$；

(4) $1,-1,1,-1,\cdots,(-1)^{n+1},\cdots$;

(5) $-1,\frac{1}{2^2},-\frac{1}{3^2},\cdots,\frac{(-1)^n}{n^2},\cdots$.

解 (1) 当 n 无限增大时，$\frac{1}{n}$ 越来越小，且无限接近 0.

(2) 当 n 无限增大时，$\frac{n}{n+1}$ 越来越大，且无限接近 1.

(3) 当 n 无限增大时，$-(2n-1)$ 在数轴的负方向上越来越大.

(4) 当 n 无限增大时，数列各项始终在 -1 和 1 之间来回跳动.

(5) 当 n 无限增大时，数列各项在 0 附近来回摆动，且越来越接近 0.

2.1.1 数列极限的描述性定义

定义 2.1 设有数列 $\{x_n\}$. 如果当 n 无限增大时，x_n 无限接近某个确定的常数 A，则称 A 为数列 $\{x_n\}$ 的**极限**，记作

$$\lim_{n\to\infty}x_n=A \quad 或 \quad x_n\to A \quad (n\to\infty),$$

亦称数列 $\{x_n\}$ **收敛于** A；如果当 n 无限增大时，x_n 不会无限接近一个确定的常数，则称数列 $\{x_n\}$ 的极限不存在，或称数列 $\{x_n\}$ 是**发散**的，其中"$\to$"常读作"趋于"或"趋向于".

由定义 2.1 可知，例 1 中的数列 $\{x_n\}$ 是收敛的，且收敛于 0，即 $\lim\limits_{n\to\infty}\frac{1}{2^n}=0$. 例 2 中的数列 (1) 和 (5) 都是收敛的，且都收敛于 0，即 $\lim\limits_{n\to\infty}\frac{1}{n}=0$，$\lim\limits_{n\to\infty}\frac{(-1)^n}{n^2}=0$；数列 (2) 也是收敛的，且收敛于 1，即 $\lim\limits_{n\to\infty}\frac{n}{n+1}=1$；数列 (3) 和 (4) 都是发散的.

*2.1.2 数列极限的"ε-N"定义

数列极限的概念可以用更加精确的数学语言来描述，数列极限的描述性定义中的语言"x_n 无限接近某个确定的常数 A"，即指 x_n 与 A 之间的距离 $|x_n-A|$ 的值可以无限小.

以数列 $\left\{x_n=\frac{n}{n+1}\right\}$ 为例，表 2-1 中列出了 n 取不同值时，x_n 及 $|x_n-1|$ 的取值. 不难看出，随着 n 无限增大，x_n 无限接近 1，x_n 与常数 1 之间的距离 $|x_n-1|$ 无限变小. 而且，只要 n 足够大，$|x_n-1|$ 可以任意小. 例如，若要使得 $|x_n-1|<0.01$，只要 $n>100$ 即可. 同理，若要使得 $|x_n-1|<0.001$，只要 $n>1\,000$ 即可.

表 2-1

n	20	50	100	200	300	1 000	…
x_n	0.952 4	0.980 4	0.990 1	0.995 0	0.996 7	0.999 0	…
$\|x_n-1\|$	0.047 6	0.019 6	0.009 9	0.005 0	0.003 3	0.001 0	…

通过上述分析和解释，引出数列极限的严格定义.

定义 2.2　设有数列 $\{x_n\}$ 和常数 A. 如果对于任意给定的正数 ε，无论 ε 多么小，总存在一个正整数 N，使得当 $n > N$ 时，不等式

$$|x_n - A| < \varepsilon$$

恒成立，则称常数 A 为数列 $\{x_n\}$ 的极限，记为

$$\lim_{n\to\infty} x_n = A \quad 或 \quad x_n \to A \quad (n \to \infty).$$

数列极限 $\lim\limits_{n\to\infty} x_n = A$ 的几何解释：若用数轴上的点表示数列 $\{x_n\}$ 中各项的值（见图 2-1），则对于任意给定的正数 ε，总存在正整数 N，使得数列从第 $N+1$ 项以后的一切 x_n 的值 x_{N+1}，x_{N+2}，…，x_n，… 都落在 A 的 ε 邻域 $(A-\varepsilon, A+\varepsilon)$ 内.

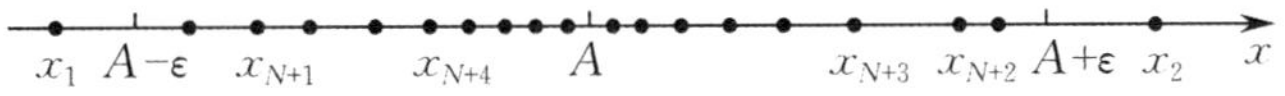

图 2 - 1

下面给出三个常用结论：

（1）当 $|q| < 1$ 时，有 $\lim\limits_{n\to\infty} q^n = 0$；

（2）**常数列** $a, a, \cdots, a, \cdots (x_n = a)$ 是收敛的，且收敛于其自身，即 $\lim\limits_{n\to\infty} a = a$；

（3）单调有界的数列一定有极限.

根据以上结论，下面来解决案例 2.1 中的问题.

解　设商家对商品的标价为 a，则讨价还价以后所得价格如下：

次数	购买者	商家
1	$b_1 = \frac{a}{2}$	$c_1 = \frac{a}{2} + \frac{a}{4}$
2	$b_2 = \frac{a}{2} + \frac{a}{4} - \frac{a}{8}$	$c_2 = \frac{a}{2} + \frac{a}{4} - \frac{a}{8} + \frac{a}{16}$
3	$b_3 = \frac{a}{2} + \frac{a}{4} - \frac{a}{8} + \frac{a}{16} - \frac{a}{32}$	$c_3 = \frac{a}{2} + \frac{a}{4} - \frac{a}{8} + \frac{a}{16} - \frac{a}{32} + \frac{a}{64}$

……

则 b_n 与 c_n 构成摆动数列 $\{a_n\}$，且

$$a_n = \frac{a}{2} + \frac{a}{4} - \frac{a}{8} + \frac{a}{16} - \cdots = \frac{a}{2} + \frac{\frac{a}{4}\left[1 - \left(-\frac{1}{2}\right)^{n-1}\right]}{1 + \frac{1}{2}} = \frac{2a}{3} - \frac{a}{6}\left(-\frac{1}{2}\right)^{n-1}.$$

（1）由于 $\lim\limits_{n\to\infty}\left(-\frac{1}{2}\right)^{n-1} = 0$，故 $\lim\limits_{n\to\infty} a_n = \frac{2a}{3}$，即最终价格为原价的 $\frac{2}{3}$.

（2）由于 $\frac{2}{3} - 0.618 \approx 0.049$，$\frac{0.049}{0.618} \approx 8\%$，所以即使购买者“对半还价”，商家仍然有约 8% 的利润. 因此，“对半还价” 的做法是合理的.

§2.2 函数的极限

【案例 2.2】 在一个电路中的电荷量 $Q(t)$ 为

$$Q(t)=\begin{cases}E, & t\leqslant 0,\\ Ee^{-\frac{t}{RC}}, & t>0,\end{cases}$$

其中 R,C 为正常数,试分析电荷量 Q 在 t 无限接近 0 时的变化趋势.

虽然前面我们已经学习了数列的极限,但此问题为当自变量无限接近某一目标点时,因变量的变化趋势,不属于自变量无限增大的情形. 这涉及一般函数极限的相关知识. 根据自变量 x 的变化过程,函数极限可分为两种基本情况来讨论:

(1) 在自变量 x 的绝对值无限增大的过程中,函数 $f(x)$ 的变化趋势,即 $x\to\infty$ 时,函数 $f(x)$ 的极限;

(2) 在自变量 x 无限趋于定点 x_0 的过程中,函数 $f(x)$ 的变化趋势,即 $x\to x_0$ 时,函数 $f(x)$ 的极限.

2.2.1 $x\to\infty$ 时函数的极限

$x\to\infty$ 可以分为三种情况:$x\to+\infty$,$x\to-\infty$,$x\to\infty$. 前面两种趋势都是单向的,后面一种趋势是双向的.

先观察下面几个函数的图形,考察当 $x\to+\infty$ 时,函数 $y=f(x)$ 的变化趋势(见图 2-2、图 2-3 和图 2-4).

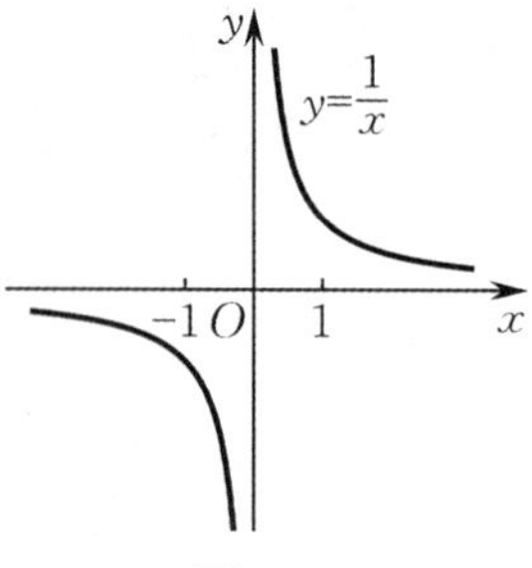

图 2-2

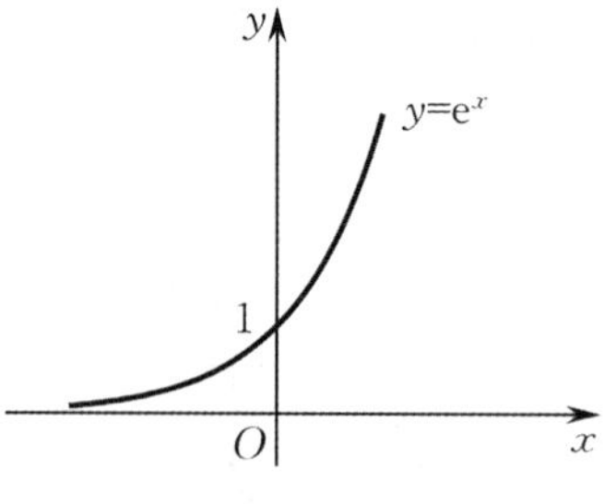

图 2-3

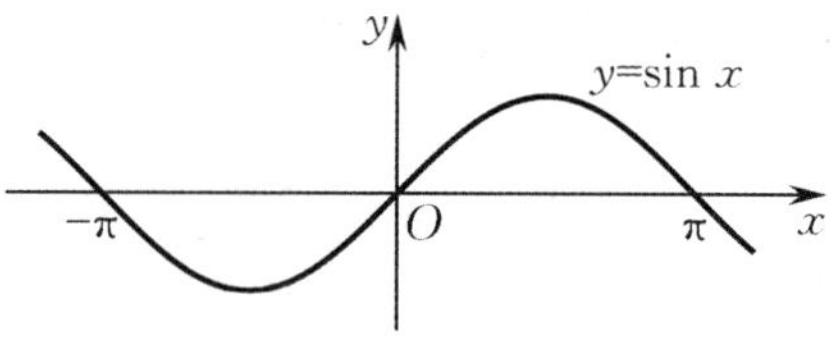

图 2-4

由函数 $y=\dfrac{1}{x}$,$y=e^x$ 及 $y=\sin x$ 的图形可以直观地看出,当自变量 $x>0$ 且无限增大,即 $x\to+\infty$ 时,函数 $y=f(x)$ 的变化趋势各不相同:

(1) $y=\dfrac{1}{x}$ 无限接近 0,记作 $y\to 0$;

(2) $y=e^x$ 无限变大并接近正无穷大,记作 $y\to+\infty$;

(3) $y=\sin x$ 的值总在 -1 与 1 之间摆动,且无一定趋势.

对于 $y=\frac{1}{x}$ 的情形，称函数 $y=f(x)$（当 $x\to+\infty$ 时）极限存在；而对于 $y=e^x$ 和 $y=\sin x$ 的情形，称函数 $y=f(x)$（当 $x\to+\infty$ 时）极限不存在.

下面给出 $x\to+\infty$ 时函数极限的描述性定义.

1. $x\to+\infty$ 时函数极限的描述性定义

定义 2.3　如果当 $x>0$ 且无限增大时，函数 $f(x)$ 会无限接近某个确定的常数 A，则称当 $x\to+\infty$ 时，函数 $f(x)$ 以 A 为极限，记作

$$\lim_{x\to+\infty}f(x)=A\quad 或\quad f(x)\to A\quad (x\to+\infty);$$

否则，称当 $x\to+\infty$ 时，函数 $f(x)$ 的极限不存在.

由定义可知，$\lim\limits_{x\to+\infty}\frac{1}{x}=0$.

依照 $x\to+\infty$ 时的情形，下面给出 $x\to-\infty$ 时和 $x\to\infty$ 时函数极限的描述性定义.

2. $x\to-\infty$ 时函数极限的描述性定义

定义 2.4　如果当 $x<0$ 且 $|x|$ 无限增大时，函数 $f(x)$ 会无限接近某个确定的常数 A，则称当 $x\to-\infty$ 时，函数 $f(x)$ 以 A 为极限，记作

$$\lim_{x\to-\infty}f(x)=A\quad 或\quad f(x)\to A\quad (x\to-\infty);$$

否则，称当 $x\to-\infty$ 时，函数 $f(x)$ 的极限不存在.

3. $x\to\infty$ 时函数极限的描述性定义

定义 2.5　如果当 $|x|$ 无限增大时，函数 $f(x)$ 会无限接近某个确定的常数 A，则称当 $x\to\infty$ 时，函数 $f(x)$ 以 A 为极限，记作

$$\lim_{x\to\infty}f(x)=A\quad 或\quad f(x)\to A\quad (x\to\infty);$$

否则，称当 $x\to\infty$ 时，函数 $f(x)$ 的极限不存在.

注　(1) $x\to\infty$ 是 $x\to\pm\infty$ 的简略写法，表示自变量的变化过程既有 $x\to+\infty$，也有 $x\to-\infty$.

(2) $x\to\infty$ 时函数 $f(x)$ 无限接近某个常数 A，表示 $\lim\limits_{x\to+\infty}f(x)$ 与 $\lim\limits_{x\to-\infty}f(x)$ 都存在且都为 A；反之亦然，即

$$\lim_{x\to\infty}f(x)=A\Leftrightarrow\lim_{x\to-\infty}f(x)=\lim_{x\to+\infty}f(x)=A.$$

例 1　讨论极限 $\lim\limits_{x\to\infty}\frac{1}{x}$ 是否存在.

解　观察函数 $f(x)=\frac{1}{x}$ 的图形（见图 2-2）可知

$$\lim_{x\to-\infty}\frac{1}{x}=\lim_{x\to+\infty}\frac{1}{x}=0,$$

故 $\lim\limits_{x\to\infty}\frac{1}{x}=0$.

例 2 讨论极限$\lim\limits_{x\to\infty}\arctan x$是否存在.

解 观察函数 $f(x)=\arctan x$ 的图形(见图 1-25)可知

$$\lim_{x\to-\infty}\arctan x=-\frac{\pi}{2},\quad \lim_{x\to+\infty}\arctan x=\frac{\pi}{2},$$

故$\lim\limits_{x\to\infty}\arctan x$不存在.

例 3 讨论极限$\lim\limits_{x\to\infty}\left(1+\frac{1}{x^2}\right)$是否存在.

解 观察函数 $f(x)=1+\frac{1}{x^2}$ 的图形(见图 2-5).

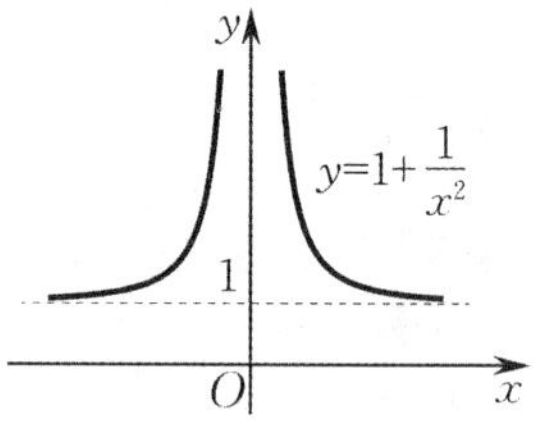

图 2-5

当 $x\to+\infty$ 时,$\frac{1}{x^2}$ 无限变小,$1+\frac{1}{x^2}$ 的函数值无限接近 1;

当 $x\to-\infty$ 时,$\frac{1}{x^2}$ 也无限变小,$1+\frac{1}{x^2}$ 的函数值同样无限接近 1,因此

$$\lim_{x\to\infty}\left(1+\frac{1}{x^2}\right)=1.$$

例 4 分别讨论极限$\lim\limits_{x\to-\infty}2^x$,$\lim\limits_{x\to+\infty}2^x$和$\lim\limits_{x\to\infty}2^x$是否存在.

解 观察函数 $y=2^x$ 的图形(见图 1-17)可知$\lim\limits_{x\to-\infty}2^x=0$. 当 $x\to+\infty$ 时,2^x 的极限不存在(2^x 不会无限接近某个确定的常数),但从变化趋势上看,$2^x\to+\infty$. 为了叙述方便,我们把它记为$\lim\limits_{x\to+\infty}2^x=+\infty$.

由于$\lim\limits_{x\to-\infty}2^x$和$\lim\limits_{x\to+\infty}2^x$不相等,故$\lim\limits_{x\to\infty}2^x$不存在.

***4. $x\to+\infty$ 时函数极限的"ε-X"定义**

同数列极限的"ε-N"定义一样,我们也可以对函数极限给出严格定义,只不过这里的正整数 N 换成了正数 X.

定义 2.6 如果对于任意给定的正数 ε,无论 ε 多么小,总存在一个正数 X,使得当 $x>X$ 时,不等式

$$|f(x)-A|<\varepsilon$$

恒成立,则称当 $x\to+\infty$ 时,函数 $f(x)$ 以 A 为极限,记作

$$\lim_{x\to+\infty}f(x)=A \quad 或 \quad f(x)\to A \quad (x\to+\infty).$$

类似地,可以得到 $x\to-\infty$,$x\to\infty$ 时函数极限的"ε-X"定义.

函数极限$\lim\limits_{x\to+\infty}f(x)=A$的几何解释:对于任意给定的正数ε,无论ε多么小,总存在一个正数 X,使得当点$(x,f(x))$的横坐标 x 落入区间$(X,+\infty)$内时,纵坐标 $f(x)$ 必定落入区间$(A-\varepsilon,A+\varepsilon)$内. 此时,函数 $y=f(x)$ 的图形就介于两条平行直线 $y=A-\varepsilon$ 与 $y=A+\varepsilon$ 之间,如图 2-6 所示.

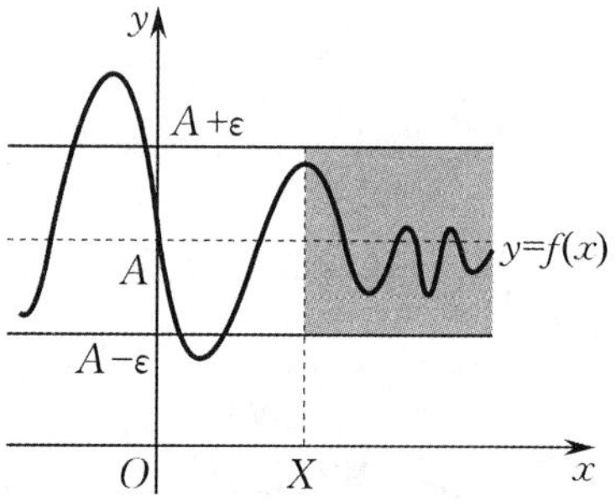

图 2-6

类似可得 $\lim\limits_{x \to -\infty} f(x) = A$ 和 $\lim\limits_{x \to \infty} f(x) = A$ 的几何解释.

2.2.2 $x \to x_0$ 时函数的极限

下面考察自变量 x 无限接近某一定点 x_0 时，函数 $f(x)$ 的变化趋势. 我们先来看两个例子.

(1) 设函数 $f(x) = x^2$，当 x 无限接近 1 时，无论从几何上还是从函数值变化上都很容易看出函数 $f(x)$ 无限接近 1.

(2) 设函数 $g(x) = x + 1$，当 x 无限接近 1 时，无论从几何上还是从函数值变化上都很容易看出函数 $g(x)$ 无限接近 2.

定义 2.7 设函数 $f(x)$ 在点 x_0 的某个邻域内有定义(但在点 x_0 处不一定有定义). 如果当 x 无限接近某一点 x_0(但 $x \neq x_0$) 时，函数 $f(x)$ 会无限接近某个确定的常数 A，则称 A 是函数 $f(x)$ 当 $x \to x_0$ 时的极限，记作

$$\lim_{x \to x_0} f(x) = A \quad 或 \quad f(x) \to A \quad (x \to x_0);$$

否则，称当 $x \to x_0$ 时，函数 $f(x)$ 的极限不存在.

由定义不难得出下列函数的极限：

$$\lim_{x \to 1} 3 = 3, \quad \lim_{x \to 0} x = 0, \quad \lim_{x \to \frac{\pi}{2}} \cos x = \cos\frac{\pi}{2} = 0, \quad \lim_{x \to \frac{\pi}{6}} \sin x = \sin\frac{\pi}{6} = \frac{1}{2}.$$

上述函数的极限中，函数在某点处的极限恰好等于函数在该点处的函数值，即有 $\lim\limits_{x \to x_0} f(x) = f(x_0)$. 这是必然的吗？请看下面的例子.

例 5 设函数 $f(x) = \dfrac{\sin x}{x}$，求 $\lim\limits_{x \to 0} f(x)$.

解 $f(x) = \dfrac{\sin x}{x}$ 在点 $x = 0$ 处没有定义，因此此时不能把 $f(0)$ 作为所求的极限值. 那么，能否由此断定极限 $\lim\limits_{x \to 0} f(x)$ 不存在呢？事实上，不能. 因为在上述极限的定义中，只要求函数在点 x_0 的某个去心邻域内有定义，允许函数在点 x_0 处没有定义. 求 $\lim\limits_{x \to 0} f(x)$ 实质上是考虑在 $x \to 0$(且 $x \neq 0$) 的变化过程中，$f(x)$ 的变化趋势. 由于 $f(x) = \dfrac{\sin x}{x}$ 的图形比较复杂，因此考虑从函数值上观察 $f(x)$ 的变化趋势. 当 x 取不同值时，$f(x)$ 的结果如表 2-2 所示.

表 2-2

x	$\frac{\pi}{4}$	$\frac{\pi}{6}$	$\frac{\pi}{12}$	$\frac{\pi}{30}$	$\frac{\pi}{90}$	$\frac{\pi}{180}$	…
$f(x) = \frac{\sin x}{x}$	0.900 32	0.954 93	0.988 62	0.998 17	0.999 80	0.999 95	…
x	$-\frac{\pi}{4}$	$-\frac{\pi}{6}$	$-\frac{\pi}{12}$	$-\frac{\pi}{30}$	$-\frac{\pi}{90}$	$-\frac{\pi}{180}$	…
$f(x) = \frac{\sin x}{x}$	0.900 32	0.954 93	0.988 62	0.998 17	0.999 80	0.999 95	…

由表 2-2 可得

$$\lim_{x \to 0} \frac{\sin x}{x} = 1.$$

这是一个非常重要的极限公式,在求函数的极限时经常会用到.

这个例子告诉我们:

(1) 在求极限 $\lim\limits_{x \to x_0} f(x)$ 时,函数 $f(x)$ 在点 x_0 处可以有定义,也可以没有定义.

(2) $\lim\limits_{x \to x_0} f(x)$ 与 $f(x_0)$ 不一定相等.

2.2.3 函数的单侧极限

前面我们讨论了 $x \to x_0$ 时函数的极限. $x \to x_0$ 意味着 x 可以沿 x 轴以任何方式无限接近 x_0. 也就是说,x 可以从 x_0 的左、右两侧趋于 x_0. 但有时所讨论的 x 值,仅从 x_0 的左侧(或右侧)趋于 x_0,即既有 $x \to x_0$ 且又保持 $x < x_0$(或 $x > x_0$)的情形. 因此还需要考虑单侧极限.

定义 2.8 若自变量 x 的取值范围是 x_0 的左半邻域 $x_0 - \delta < x < x_0$,当 $x \to x_0^-$ 时(x 从 x_0 的左侧趋于 x_0),函数 $f(x)$ 的极限 A_1 称为 $f(x)$ 在点 x_0 处的**左极限**,记作

$$\lim_{x \to x_0^-} f(x) = A_1 \quad 或 \quad f(x) \to A_1 \quad (x \to x_0^-).$$

若自变量 x 的取值范围是 x_0 的右半邻域 $x_0 < x < x_0 + \delta$,当 $x \to x_0^+$ 时(x 从 x_0 的右侧趋于 x_0),函数 $f(x)$ 的极限 A_2 称为 $f(x)$ 在点 x_0 处的**右极限**,记作

$$\lim_{x \to x_0^+} f(x) = A_2 \quad 或 \quad f(x) \to A_2 \quad (x \to x_0^+).$$

左极限与右极限统称为**单侧极限**.

定理 2.1 $\lim\limits_{x \to x_0} f(x)$ **存在的充要条件是** $\lim\limits_{x \to x_0^-} f(x) = \lim\limits_{x \to x_0^+} f(x)$.

定理 2.1 的含义是若 $\lim\limits_{x \to x_0} f(x)$ 存在,必有 $\lim\limits_{x \to x_0^-} f(x)$ 与 $\lim\limits_{x \to x_0^+} f(x)$ 都存在并且相等. 如果左、右极限中有一个不存在,或即使存在但不相等,则 $\lim\limits_{x \to x_0} f(x)$ 必然不存在.

例 6 设函数 $f(x) = \begin{cases} 1 - x, & x \leqslant 1, \\ 1 + x, & x > 1, \end{cases}$ 证明极限 $\lim\limits_{x \to 1} f(x)$ 不存在.

证 因为 $\lim\limits_{x \to 1^-} f(x) = \lim\limits_{x \to 1^-} (1 - x) = 0$,$\lim\limits_{x \to 1^+} f(x) = \lim\limits_{x \to 1^+} (1 + x) = 2$,所以

$$\lim_{x \to 1^-} f(x) \neq \lim_{x \to 1^+} f(x),$$

故极限 $\lim\limits_{x \to 1} f(x)$ 不存在.

下面利用函数极限的知识来解决案例 2.2 中的问题.

解 因为 $\lim\limits_{t \to 0^-} Q(t) = \lim\limits_{t \to 0^-} E = E$,$\lim\limits_{t \to 0^+} Q(t) = \lim\limits_{t \to 0^+} E\mathrm{e}^{-\frac{t}{RC}} = E$,故

$$\lim_{t \to 0} Q(t) = E,$$

即当 t 无限接近 0 时,电荷量 Q 无限接近常数 E.

*2.2.4 $x \to x_0$ 时函数极限的"ε-δ"定义

同数列极限的"ε-N"定义和 $x \to \infty$ 时函数极限的"ε-X"定义一样,我们也可以对 $x \to x_0$

时函数极限给出严格定义，即"ε-δ"定义.

定义 2.9 设函数 $f(x)$ 在点 x_0 的某个邻域内有定义(但在点 x_0 处不一定有定义). 如果对于任意给定的正数ε，无论ε多么小，总存在一个正数δ，使得当 $0<|x-x_0|<\delta$ 时，不等式

$$|f(x)-A|<\varepsilon$$

恒成立，则称当 $x\to x_0$ 时，函数 $f(x)$ 以 A 为极限，记作

$$\lim_{x\to x_0}f(x)=A \quad 或 \quad f(x)\to A \quad (x\to x_0).$$

关于 $x\to x_0^-$ 和 $x\to x_0^+$ 时函数极限的"ε-δ"定义，只需将 $0<|x-x_0|<\delta$ 相应改为 $-\delta<x-x_0<0$ 和 $0<x-x_0<\delta$ 即可.

下面只给出函数极限 $\lim\limits_{x\to x_0}f(x)=A$ 的几何解释，其他类似可得.

对于任意给定的正数ε，无论ε多么小，总存在一个正数δ，使得当点 $(x,f(x))$ 的横坐标 x 落入点 x_0 的去心δ邻域 $(x_0-\delta,x_0)\cup(x_0,x_0+\delta)$ 内时，纵坐标 $f(x)$ 必定落入区间 $(A-\varepsilon,A+\varepsilon)$ 内. 此时，函数 $y=f(x)$ 的图形就介于两条平行直线 $y=A-\varepsilon$ 与 $y=A+\varepsilon$ 之间，如图 2-7 所示.

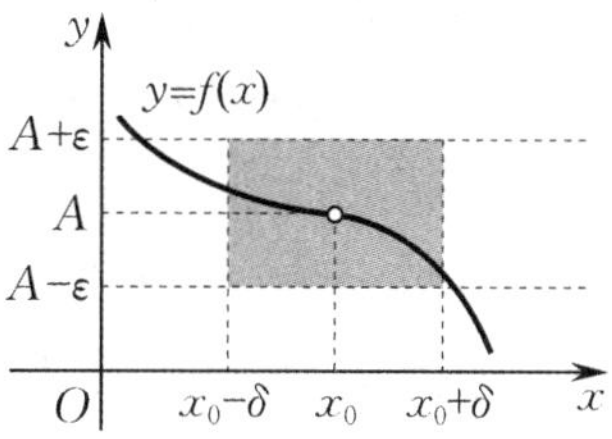

图 2-7

2.2.5 函数极限的性质

下面不加证明地给出函数极限的几个性质，这些性质对于 $x\to\infty$ 和 $x\to x_0$ 时的所有情形都成立.

定理 2.2(唯一性) 若函数极限存在，则极限值只有一个.

定理 2.3(有界性) 若 $\lim\limits_{x\to x_0}f(x)=A$，$A$ 为常数，则 $f(x)$ 在 $x\to x_0$ 时为有界变量.

利用定理 2.3 的逆否定理，即"无界变量的极限一定不存在"，可以判定某些变量极限不存在. 例如，函数 $f(x)=\dfrac{1}{x}$ 在点 $x=0$ 附近无界，所以它在点 $x=0$ 处极限不存在.

§2.3 无穷小与无穷大

2.3.1 无穷小

定义 2.10 在自变量的某个变化过程中，极限为 0 的变量称为**无穷小量**，简称**无穷小**.

例 1 (1) 当 $n\to+\infty$ 时，数列 $\left\{\dfrac{1}{n}\right\}$，$\left\{\dfrac{1}{\sqrt{n}}\right\}$，$\left\{\dfrac{1}{n^2}\right\}$，$\left\{\dfrac{1}{n+1}\right\}$ 都是无穷小.

(2) 当 $x\to+\infty$ 时,函数$\frac{1}{x},\frac{1}{\sqrt{x}},\frac{1}{2^x},\frac{1}{\ln x}$ 都是无穷小.

(3) 当 $x\to 0$ 时,函数 $\sin x, 1-\cos x, 1-e^x$ 都是无穷小.

注 (1) 无穷小是变量,常数中只有 0 是无穷小.

(2) 称一个变量是无穷小必须指明其自变量的变化过程.例如,当 $x\to 1$ 时,x^2 不是无穷小;而当 $x\to 0$ 时,x^2 是无穷小.

下面的定理说明了无穷小与函数极限的关系.

定理 2.4 $\lim\limits_{x\to x_0} f(x)=A$ **的充要条件是**

$$f(x)=A+\alpha(x),$$

其中 $\alpha(x)$ **是** $x\to x_0$ **时的无穷小,即**$\lim\limits_{x\to x_0}\alpha(x)=0$.

定理 2.4 中自变量 x 的变化过程换成其他任何一种情形($x\to x_0^+, x\to x_0^-, x\to-\infty$, $x\to+\infty, x\to\infty$)后仍然成立.

例如,由于$\lim\limits_{x\to 0}e^x=1$,故函数 e^x 可表示为 $e^x=1+\alpha(x)$,其中 $\alpha(x)$ 是 $x\to 0$ 时的无穷小.

无穷小有如下性质.

性质 2.1 有限个无穷小的代数和仍是无穷小.

例如,当 $x\to 0$ 时,函数 $x, \sin x$ 都是无穷小,则函数 $x+\sin x$ 也是无穷小.

注 无限个无穷小的代数和未必是无穷小.例如,

$$\lim_{n\to\infty}\underbrace{\left(\frac{1}{n}+\frac{1}{n}+\cdots+\frac{1}{n}\right)}_{n\text{个}}=1\neq 0.$$

性质 2.2 有限个无穷小之积仍是无穷小.

例如,当 $x\to 0$ 时,函数 $x, \sin x$ 都是无穷小,则函数 $x\sin x$ 也是无穷小.

性质 2.3 任一常数与无穷小之积仍是无穷小.

例如,当 $x\to 0$ 时,函数 $\sin x$ 是无穷小,则函数 $2\sin x$ 也是无穷小.

性质 2.4 无穷小与有界变量的乘积仍是无穷小.

例 2 求$\lim\limits_{x\to 0}x\sin\frac{1}{x}$.

解 因为 $x\to 0$ 时,变量 x 是无穷小,而 $\sin\frac{1}{x}$ 是有界变量$\left(\left|\sin\frac{1}{x}\right|\leqslant 1\right)$,则根据无穷小的性质可知

$$\lim_{x\to 0}x\sin\frac{1}{x}=0.$$

2.3.2 无穷大

定义 2.11 如果当 $x\to x_0$(或 $x\to\infty$)时,$|f(x)|$的值无限增大,则称 $f(x)$ 是**无穷大量**,简称**无穷大**,记作$\lim\limits_{x\to x_0}f(x)=\infty$(或$\lim\limits_{x\to\infty}f(x)=\infty$).

例如:

(1) 当 $x \to +\infty$ 时，x^2，e^x，$\ln x$ 都是无穷大.

(2) 当 $x \to 0$ 时，$\frac{1}{x}$，$\frac{1}{1-e^x}$ 都是无穷大.

无穷大与无穷小之间有着密切的关系. 容易得到以下结论：

在自变量的同一变化过程中，无穷大的倒数为无穷小；恒不为 0 的无穷小的倒数为无穷大.

§2.4　极限的运算法则

本节讨论极限的求法，主要是建立极限的四则运算法则和复合函数的极限运算法则. 利用这些法则，可以求某些函数的极限，以后我们还将介绍求极限的其他方法.

为了叙述方便，我们把自变量的某个变化过程略去不写，用记号 $\lim f(x)$ 表示 $f(x)$ 在某个变化过程中的极限，因此极限的四则运算法则可确切地叙述如下.

定理 2.5　**在自变量的同一变化过程中，设** $\lim f(x)$，$\lim g(x)$ **都存在，则**

(1) $\lim[f(x) \pm g(x)] = \lim f(x) \pm \lim g(x)$；

(2) $\lim[f(x) \cdot g(x)] = \lim f(x) \cdot \lim g(x)$；

(3) **当** $\lim g(x) \neq 0$ **时，有** $\lim \frac{f(x)}{g(x)} = \frac{\lim f(x)}{\lim g(x)}$.

也就是说，函数的和、差、积、商的极限等于函数极限的和、差、积、商(在商的情况下，需假定分母极限不为 0).

将这些法则推广开来，又得到下面几个常用公式：

(4) $\lim Cf(x) = C\lim f(x)$(C 为任意常数)；

(5) $\lim[f(x)]^n = [\lim f(x)]^n$($n$ 为正整数)；

(6) $\lim \sqrt[n]{f(x)} = \sqrt[n]{\lim f(x)}$($n$ 为正整数).

例 1　求 $\lim\limits_{x\to 2}(3x-1)$.

解　$\lim\limits_{x\to 2}(3x-1) = \lim\limits_{x\to 2}3x - \lim\limits_{x\to 2}1 = 5$.

例 2　设 n 为正整数，证明：$\lim\limits_{x\to a}x^n = a^n$.

证　显然 $\lim\limits_{x\to a}x = a$，由此利用公式(5)可以得到 $\lim\limits_{x\to a}x^n = (\lim\limits_{x\to a}x)^n = a^n$.

推论 1　$\lim\limits_{x\to a}(c_nx^n + c_{n-1}x^{n-1} + \cdots + c_1x + c_0) = c_na^n + c_{n-1}a^{n-1} + \cdots + c_1a + c_0$.

例 3　求 $\lim\limits_{x\to 2}(3x^2-2x+4)$.

解　$\lim\limits_{x\to 2}(3x^2-2x+4) = \lim\limits_{x\to 2}3x^2 - \lim\limits_{x\to 2}2x + \lim\limits_{x\to 2}4 = 3\times 4 - 2\times 2 + 4 = 12$.

例 4　求 $\lim\limits_{x\to 1}\frac{x}{x-1}$.

解 由于$\lim\limits_{x\to1}x=1$，$\lim\limits_{x\to1}(x-1)=0$，因此

$$\lim_{x\to1}\frac{x}{x-1}=\infty.$$

例 5 求$\lim\limits_{x\to\infty}\dfrac{2}{x-1}$.

解 由于$\lim\limits_{x\to\infty}(x-1)=\infty$，因此$\lim\limits_{x\to\infty}\dfrac{2}{x-1}=0$.

例 6 求$\lim\limits_{x\to-1}\dfrac{x^2-1}{x^2-x-2}$.

解 $\lim\limits_{x\to-1}\dfrac{x^2-1}{x^2-x-2}=\lim\limits_{x\to-1}\dfrac{(x+1)(x-1)}{(x+1)(x-2)}=\lim\limits_{x\to-1}\dfrac{x-1}{x-2}=\dfrac{2}{3}$.

例 7 求$\lim\limits_{x\to0}\dfrac{\sqrt{1+x}-1}{x}$.

解
$$\lim_{x\to0}\frac{\sqrt{1+x}-1}{x}=\lim_{x\to0}\frac{(\sqrt{1+x}-1)(\sqrt{1+x}+1)}{x(\sqrt{1+x}+1)}=\lim_{x\to0}\frac{x}{x(\sqrt{1+x}+1)}$$
$$=\lim_{x\to0}\frac{1}{\sqrt{1+x}+1}=\frac{1}{2}.$$

例 8 求$\lim\limits_{x\to\infty}\dfrac{3x^3+4x^2+2}{7x^3+5x^2-3}$.

解 先将分母及分子同时除以x^3，然后求极限，得

$$\lim_{x\to\infty}\frac{3x^3+4x^2+2}{7x^3+5x^2-3}=\lim_{x\to\infty}\frac{3+\dfrac{4}{x}+\dfrac{2}{x^3}}{7+\dfrac{5}{x}-\dfrac{3}{x^3}}=\frac{3}{7}.$$

这是因为

$$\lim_{x\to\infty}\frac{a}{x^n}=a\lim_{x\to\infty}\frac{1}{x^n}=a\left(\lim_{x\to\infty}\frac{1}{x}\right)^n=0,$$

其中a为常数，n为正整数，$\lim\limits_{x\to\infty}\dfrac{1}{x}=0$.

例 9 求$\lim\limits_{x\to\infty}\dfrac{3x^2-2x-1}{2x^3-4x^2+3}$.

解 先将分母及分子同时除以x^3，然后求极限，得

$$\lim_{x\to\infty}\frac{3x^2-2x-1}{2x^3-4x^2+3}=\lim_{x\to\infty}\frac{\dfrac{3}{x}-\dfrac{2}{x^2}-\dfrac{1}{x^3}}{2-\dfrac{4}{x}+\dfrac{3}{x^3}}=\frac{0}{2}=0.$$

例 10 求$\lim\limits_{x\to\infty}\dfrac{2x^3-4x^2+3}{3x^2-2x-1}$.

解 应用例 9 的结果并根据无穷大与无穷小的关系即得

$$\lim_{x\to\infty}\frac{2x^3-4x^2+3}{3x^2-2x-1}=\infty.$$

例 8、例 9 和例 10 是下列一般情形的特例,即当 $a_0 \neq 0, b_0 \neq 0, m$ 和 n 为非负整数时,有

$$\lim_{x\to\infty}\frac{a_0x^m+a_1x^{m-1}+\cdots+a_m}{b_0x^n+b_1x^{n-1}+\cdots+b_n}=\begin{cases}\frac{a_0}{b_0}, & n=m,\\ 0, & n>m,\\ \infty, & n<m.\end{cases}$$

定理 2.6(复合函数的极限运算法则) **设函数 $u=\varphi(x)$ 当 $x\to x_0$ 时的极限存在且等于 a,即 $\lim\limits_{x\to x_0}\varphi(x)=a$,但在点 x_0 的某个去心邻域内,$\varphi(x)\neq a$,又 $\lim\limits_{u\to a}f(u)=A$,则复合函数 $f[\varphi(x)]$ 当 $x\to x_0$ 时的极限也存在,且**

$$\lim_{x\to x_0}f[\varphi(x)]=\lim_{u\to a}f(u)=A.$$

例 11 求 $\lim\limits_{x\to 0}\ln(x^2+x+1)$.

解 由于 $\lim\limits_{x\to 0}(x^2+x+1)=1$,因此

$$\lim_{x\to 0}\ln(x^2+x+1)\xlongequal{u=x^2+x+1}\lim_{u\to 1}\ln u=\ln 1=0.$$

例 12 求 $\lim\limits_{x\to\infty}e^{\frac{1}{x}}$.

解 由于 $\lim\limits_{x\to\infty}\frac{1}{x}=0$,因此

$$\lim_{x\to\infty}e^{\frac{1}{x}}\xlongequal{u=\frac{1}{x}}\lim_{u\to 0}e^u=e^0=1.$$

§2.5 两个重要极限与无穷小的比较

本节我们直接给出两个重要的极限公式,并介绍如何用它们来求某些函数的极限.

2.5.1 第一个重要极限 $\lim\limits_{x\to 0}\frac{\sin x}{x}=1$

一般地,在自变量 x 的某个变化过程中,若 $\varphi(x)\to 0$,则

$$\lim_{\varphi(x)\to 0}\frac{\sin\varphi(x)}{\varphi(x)}=1.$$

例 1 求 $\lim\limits_{x\to 0}\frac{\tan x}{x}$.

解 $\lim\limits_{x\to 0}\frac{\tan x}{x}=\lim\limits_{x\to 0}\left(\frac{\sin x}{x}\cdot\frac{1}{\cos x}\right)=\lim\limits_{x\to 0}\frac{\sin x}{x}\cdot\lim\limits_{x\to 0}\frac{1}{\cos x}=1.$

例 2 求 $\lim\limits_{x\to 0}\frac{\sin 3x}{x}$.

解 $\lim\limits_{x\to 0}\frac{\sin 3x}{x}=\lim\limits_{x\to 0}\frac{\sin 3x}{3x}\cdot 3=1\times 3=3.$

例 3 求$\lim\limits_{x\to 0}\dfrac{1-\cos x}{x^2}$.

解 **方法一** 由于$1-\cos x=2\sin^2\dfrac{x}{2}$,因此

$$\lim_{x\to 0}\frac{1-\cos x}{x^2}=\lim_{x\to 0}\frac{2\sin^2\dfrac{x}{2}}{x^2}=\frac{1}{2}\lim_{x\to 0}\frac{\sin^2\dfrac{x}{2}}{\left(\dfrac{x}{2}\right)^2}=\frac{1}{2}\left(\lim_{x\to 0}\frac{\sin\dfrac{x}{2}}{\dfrac{x}{2}}\right)^2=\frac{1}{2}.$$

方法二
$$\begin{aligned}\lim_{x\to 0}\frac{1-\cos x}{x^2}&=\lim_{x\to 0}\frac{(1-\cos x)(1+\cos x)}{x^2(1+\cos x)}=\lim_{x\to 0}\frac{1-\cos^2 x}{x^2(1+\cos x)}\\&=\lim_{x\to 0}\frac{\sin^2 x}{x^2(1+\cos x)}=\lim_{x\to 0}\left(\frac{\sin x}{x}\right)^2\cdot\lim_{x\to 0}\frac{1}{1+\cos x}\\&=1\times\frac{1}{2}=\frac{1}{2}.\end{aligned}$$

2.5.2 第二个重要极限$\lim\limits_{x\to\infty}\left(1+\dfrac{1}{x}\right)^x=\mathrm{e}$

如果令$u=\dfrac{1}{x}$,则当$x\to\infty$时,$u\to 0$,于是有
$$\lim_{u\to 0}(1+u)^{\frac{1}{u}}=\mathrm{e}.$$
一般地,在自变量x的某个变化过程中,若$\varphi(x)\to 0$,则
$$\lim_{\varphi(x)\to 0}[1+\varphi(x)]^{\frac{1}{\varphi(x)}}=\mathrm{e}.$$

例 4 求$\lim\limits_{x\to\infty}\left(1+\dfrac{1}{x}\right)^{3x}$.

解 $\lim\limits_{x\to\infty}\left(1+\dfrac{1}{x}\right)^{3x}=\lim\limits_{x\to\infty}\left[\left(1+\dfrac{1}{x}\right)^x\right]^3=\left[\lim\limits_{x\to\infty}\left(1+\dfrac{1}{x}\right)^x\right]^3=\mathrm{e}^3.$

例 5 求$\lim\limits_{x\to\infty}\left(1+\dfrac{1}{2x}\right)^x$.

解 将$\left(1+\dfrac{1}{2x}\right)^x$看成$\left[\left(1+\dfrac{1}{2x}\right)^{2x}\right]^{\frac{1}{2}}$,于是
$$\lim_{x\to\infty}\left(1+\frac{1}{2x}\right)^x=\lim_{x\to\infty}\left[\left(1+\frac{1}{2x}\right)^{2x}\right]^{\frac{1}{2}}=\mathrm{e}^{\frac{1}{2}}.$$

例 6 求$\lim\limits_{x\to 0}(1-2x)^{\frac{3}{x}}$.

解 $\lim\limits_{x\to 0}(1-2x)^{\frac{3}{x}}=\lim\limits_{x\to 0}\left[(1-2x)^{\frac{1}{-2x}}\right]^{-6}=\mathrm{e}^{-6}.$

2.5.3 连续复利

将初始本金p_0存入银行,年利率为r,则一年后本利和为
$$p_0(1+r).$$
每年只以初始本金为基础计算利息,这种利息的计算方法称为**单利计息法**.

如果年利率为r,但半年计一次利息,每次利率为$\dfrac{r}{2}$且利息不取,上期本利和作为下期的

本金再计算以后的利息，那么一年后本利和为

$$p_0\left(1+\frac{r}{2}\right)^2.$$

这种上期本利和作为下期的本金再计算以后利息的计算方法称为**复利计息法**.

如果一年计息 n 次，利息按复利计算，则一年后本利和为

$$p_0\left(1+\frac{r}{n}\right)^n.$$

此时，本利和随着 n 的增加而增加，但不会无限增加. 如果计算复利的次数无限增大，即利息随时计入本金，此时 $n\to\infty$，其极限称为**连续复利**，这时一年后本利和为

$$\lim_{n\to\infty}p_0\left(1+\frac{r}{n}\right)^n=\lim_{n\to\infty}p_0\left[\left(1+\frac{r}{n}\right)^{\frac{n}{r}}\right]^r=p_0\mathrm{e}^r.$$

设初始本金为 p_0，年利率为 r，按复利计息. 若一年分 n 次计息，则 m 年后本利和为

$$s_m=p_0\left(1+\frac{r}{n}\right)^{nm}.$$

如果利息按连续复利计算，即当复利的次数 n 趋于无穷大时，m 年后本利和可按如下公式计算：

$$s=p_0\lim_{n\to\infty}\left(1+\frac{r}{n}\right)^{nm}=p_0\mathrm{e}^{rm}.$$

若要 m 年后本利和为 s，则初始本金为 $p_0=s\mathrm{e}^{-rm}$.

2.5.4　无穷小的比较

两个无穷小的和、差、积仍是无穷小，但它们的商却不一定是无穷小.

例如，设函数 $f(x)=x, g(x)=x^2, h(x)=2x^2$，则当 $x\to0$ 时，

$$\lim_{x\to0}\frac{g(x)}{f(x)}=\lim_{x\to0}\frac{x^2}{x}=\lim_{x\to0}x=0,$$

$$\lim_{x\to0}\frac{f(x)}{g(x)}=\lim_{x\to0}\frac{x}{x^2}=\lim_{x\to0}\frac{1}{x}=\infty,$$

$$\lim_{x\to0}\frac{g(x)}{h(x)}=\lim_{x\to0}\frac{x^2}{2x^2}=\frac{1}{2}.$$

由此可见，两个无穷小的商，可以是无穷小，可以是无穷大，也可以是常数. 这是因为不同的无穷小在趋于 0 的过程中快慢不同. 为比较无穷小趋于 0 的快慢程度，引入下面的定义.

定义 2.12　设 α,β 是同一变化过程中的两个无穷小，且 $\beta\neq0$.

(1) 若 $\lim\frac{\alpha}{\beta}=0$，则称 α 是比 β **高阶的无穷小**，或称 β 是比 α **低阶的无穷小**，记作

$$\alpha=o(\beta);$$

(2) 若 $\lim\frac{\alpha}{\beta}=c$（$c\neq0$ 且为常数），则称 α 与 β 是**同阶无穷小**.

特别地，若 $c=1$，则称 α 与 β 是**等价无穷小**，记作 $\alpha\sim\beta$.

由定义可知，当 $x\to0$ 时，$f(x)=x$ 是比 $g(x)=x^2, h(x)=2x^2$ 低阶的无穷小；$g(x)=$

x^2 与 $h(x)=2x^2$ 是同阶无穷小；x 与 $\sin x$ 是等价无穷小，即 $x\sim\sin x$.

关于等价无穷小，有下列定理.

定理 2.7 **设 $\alpha\sim\alpha'$，$\beta\sim\beta'$，且 $\lim\dfrac{\beta'}{\alpha'}$ 存在，则**

$$\lim\frac{\beta}{\alpha}=\lim\frac{\beta'}{\alpha'}.$$

证 因为 $\alpha\sim\alpha'$，$\beta\sim\beta'$，所以 $\lim\dfrac{\alpha'}{\alpha}=1$，$\lim\dfrac{\beta}{\beta'}=1$. 于是有

$$\lim\frac{\beta}{\alpha}=\lim\left(\frac{\beta}{\beta'}\cdot\frac{\beta'}{\alpha'}\cdot\frac{\alpha'}{\alpha}\right)=\lim\frac{\beta'}{\alpha'}.$$

下面给出一些常用的等价无穷小. 当 $x\to 0$ 时，有

(1) $\sin x\sim x$；(2) $\tan x\sim x$；(3) $\arcsin x\sim x$；(4) $\arctan x\sim x$；(5) $1-\cos x\sim\dfrac{1}{2}x^2$；

(6) $e^x-1\sim x$；(7) $\ln(1+x)\sim x$；(8) $(1+x)^\alpha-1\sim\alpha x\,(\alpha\in\mathbf{R})$.

注 对于以上八个常用的等价无穷小，把其中的 x 改为 $\varphi(x)$ 仍成立. 例如，当 $x\to 0$ 时，$x^2\to 0$，则 $\sin x^2\sim x^2$，$\ln(1+x^2)\sim x^2$.

例 7 求 $\lim\limits_{x\to 0}\dfrac{\tan 2x}{\sin 3x}$.

解 当 $x\to 0$ 时，$\tan 2x\sim 2x$，$\sin 3x\sim 3x$，则

$$\lim_{x\to 0}\frac{\tan 2x}{\sin 3x}=\lim_{x\to 0}\frac{2x}{3x}=\frac{2}{3}.$$

例 8 求 $\lim\limits_{x\to 0}\dfrac{\ln(1+2x^2)}{x\arcsin x}$.

解 当 $x\to 0$ 时，$\ln(1+2x^2)\sim 2x^2$，$\arcsin x\sim x$，则

$$\lim_{x\to 0}\frac{\ln(1+2x^2)}{x\arcsin x}=\lim_{x\to 0}\frac{2x^2}{x^2}=2.$$

例 9 求 $\lim\limits_{x\to 0}\dfrac{\tan x-\sin x}{x^3}$.

解 如果直接将分子中的 $\tan x$，$\sin x$ 替换为 x，则有

$$\lim_{x\to 0}\frac{\tan x-\sin x}{x^3}=\lim_{x\to 0}\frac{x-x}{x^3}=\lim_{x\to 0}\frac{0}{x^3}=\lim_{x\to 0}0=0.$$

这个结果是错误的. 因为若 $\alpha\sim\alpha'$，$\beta\sim\beta'$，则

$$\alpha\pm\beta\sim\alpha'\pm\beta'$$

不一定成立，但

$$\alpha\beta\sim\alpha'\beta'$$

一定成立. 也就是说，等价无穷小的替换在一般情形下只能替换乘积的因子或做整体替换.

正确的解法为

$$\lim_{x\to 0}\frac{\tan x-\sin x}{x^3}=\lim_{x\to 0}\frac{\tan x(1-\cos x)}{x^3}=\lim_{x\to 0}\frac{x\cdot\frac{1}{2}x^2}{x^3}=\lim_{x\to 0}\frac{1}{2}=\frac{1}{2}.$$

§2.6　函数的连续性

自然界中许多现象的变化过程都是连续不断的，如气温、生物的生长等都是随着时间的变化而连续变化的，这种变化过程是没有突变的，反映在数学上就是连续性. 函数的连续性是微积分的基本概念之一，与函数的极限概念密切相关.

2.6.1　函数的连续性的定义

生活中，我们容易发现，人的身高在一分钟内看不出有什么区别，但从孩童到成年身高却差异很大，这怎么解释呢？

仔细分析我们可知，人的身高变化是随着时间连续变化的，在短时间内人的身高变化极其微小，肉眼根本无法察觉. 实际上，人的身高与时间构成函数关系，而且是具备连续特性的函数. 不难发现：当自变量变化很小时，函数值的变化也很小，因此我们可以用极限来给出函数连续性的定义. 下面，我们先引入增量的概念，然后再引出函数连续性的定义.

1. 函数的增量

设变量 x 从它的一个初值 x_1 变到终值 x_2，终值与初值的差 x_2-x_1 就叫作变量 x 的**增量**，记作 Δx，即

$$\Delta x = x_2 - x_1.$$

设函数 $y=f(x)$ 在点 x_0 的某个邻域内有定义. 当自变量 x 在该邻域内从 x_0 变到 $x_0+\Delta x$ 时，函数值 y 相应地从 $f(x_0)$ 变到 $f(x_0+\Delta x)$，把函数值 y 的对应增量记作 Δy，即

$$\Delta y = f(x_0+\Delta x) - f(x_0).$$

2. 连续的定义

如图 2 - 8 所示，从自变量的增量 Δx 与函数值的增量 $\Delta y = f(x_0+\Delta x) - f(x_0)$ 的关系出发，我们给出函数 $y=f(x)$ 在点 x_0 处连续的定义.

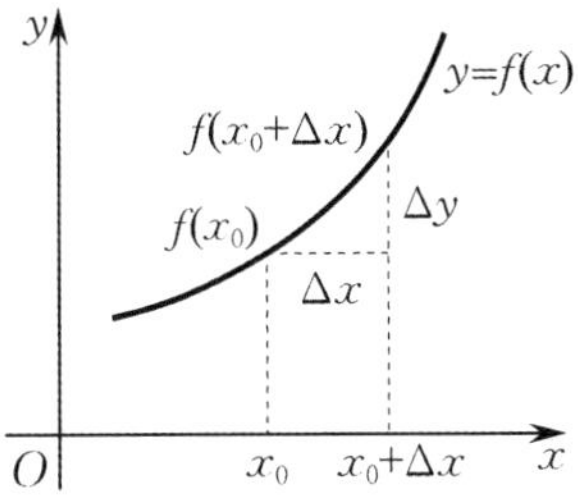

图 2 - 8

定义 2.13　设函数 $y=f(x)$ 在点 x_0 的某个邻域内有定义. 如果当自变量的增量 Δx 趋于 0 时，对应函数值的增量 Δy 也趋于 0，即

$$\lim_{\Delta x\to 0}\Delta y = 0,$$

那么就称函数 $y=f(x)$ 在点 x_0 处**连续**.

由于 $\Delta y = f(x_0+\Delta x) - f(x_0)$，因此

$$\lim_{\Delta x\to 0}\Delta y = \lim_{\Delta x\to 0}[f(x_0+\Delta x) - f(x_0)].$$

设 $x = x_0+\Delta x$，则 $\Delta x \to 0$ 就是 $x \to x_0$，因此

$$\lim_{\Delta x\to 0}[f(x_0+\Delta x) - f(x_0)] = \lim_{x\to x_0}[f(x) - f(x_0)] = 0,$$

即得

$$\lim_{x \to x_0} f(x) = f(x_0).$$

于是我们可得出下面的等价定义.

定义 2.14 设函数 $y = f(x)$ 在点 x_0 的某个邻域内有定义.如果函数 $f(x)$ 当 $x \to x_0$ 时的极限存在,且等于它在点 x_0 处的函数值 $f(x_0)$,即

$$\lim_{x \to x_0} f(x) = f(x_0),$$

那么就称函数 $y = f(x)$ 在点 x_0 处连续.

函数 $y = f(x)$ 在点 x_0 处连续,必须满足以下三个条件:

(1) 函数 $f(x)$ 在点 x_0 的某个邻域内有定义.

(2) 函数 $f(x)$ 在点 x_0 处的极限存在.

(3) 函数 $f(x)$ 在点 x_0 处的极限等于函数值 $f(x_0)$.

如果上述条件中至少有一个不满足,则称函数 $f(x)$ 在点 x_0 处**间断**,也称点 x_0 是函数 $f(x)$ 的**间断点**.

如图 2-9 所示的三个图形中,前面两个图形,不是 $\lim\limits_{x \to c} f(x)$ 不存在,就是 $f(x)$ 在点 c 处的函数值存在但不等于 $f(c)$,只有第三个图形满足 $\lim\limits_{x \to c} f(x) = f(c)$,即前面两个图形在点 c 处间断,只有第三个图形在点 c 处连续.

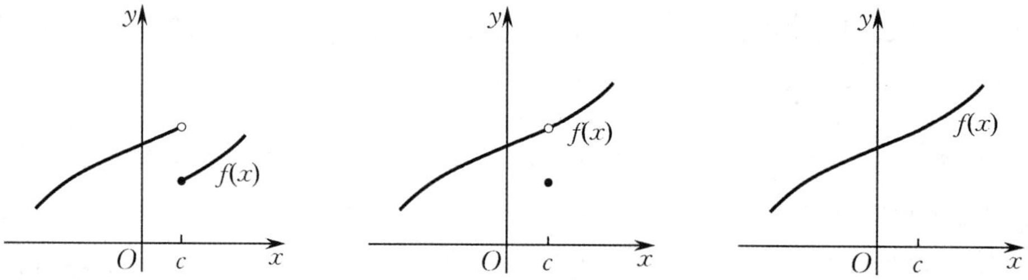

图 2-9

例 1 证明:函数 $f(x) = \begin{cases} x\sin\dfrac{1}{x}, & x \neq 0, \\ 0, & x = 0 \end{cases}$ 在点 $x = 0$ 处连续.

证 因为 $\lim\limits_{x \to 0} f(x) = \lim\limits_{x \to 0} x\sin\dfrac{1}{x} = 0 = f(0)$,所以函数 $f(x)$ 在点 $x = 0$ 处连续.

例 2 讨论下列函数在指定点处是否连续:

(1) $f(x) = \dfrac{3}{x-2}, x = 2$; (2) $f(x) = \begin{cases} x^2, & x < 0, \\ 3x - 1, & x \geqslant 0, \end{cases} x = 0.$

解 (1) 因为函数 $f(x)$ 在点 $x = 2$ 处没有定义,所以 $f(x)$ 在点 $x = 2$ 处间断.

(2) 因为

$$\lim_{x \to 0^-} f(x) = \lim_{x \to 0^-} x^2 = 0, \quad \lim_{x \to 0^+} f(x) = \lim_{x \to 0^+} (3x - 1) = -1,$$

即 $\lim\limits_{x \to 0^-} f(x) \neq \lim\limits_{x \to 0^+} f(x)$,则 $\lim\limits_{x \to 0} f(x)$ 不存在,所以 $f(x)$ 在点 $x = 0$ 处间断.

2.6.2 单侧连续的定义

定义 2.15 (1) 如果函数 $f(x)$ 在点 x_0 及其左邻域内有定义,且

$$\lim_{x\to x_0^-} f(x) = f(x_0),$$

则称函数 $f(x)$ 在点 x_0 处**左连续**.

(2) 如果函数 $f(x)$ 在点 x_0 及其右邻域内有定义,且

$$\lim_{x\to x_0^+} f(x) = f(x_0),$$

则称函数 $f(x)$ 在点 x_0 处**右连续**.

显然,函数 $f(x)$ 在点 x_0 处连续的充要条件是函数 $f(x)$ 在点 x_0 处左连续且右连续.

如果函数 $y = f(x)$ 在开区间(a,b) 内的每一点都连续,则称函数 $y = f(x)$ 在开区间(a,b) 内连续,或者说函数 $y = f(x)$ 是开区间(a,b) 内的连续函数. 如果函数 $y = f(x)$ 在开区间(a,b) 内的每一点都连续,并且在左端点 $x = a$ 处右连续,在右端点 $x = b$ 处左连续,则称函数 $y = f(x)$ 在闭区间$[a,b]$ 上连续,闭区间$[a,b]$ 称为函数 $y = f(x)$ 的连续区间.

连续函数的图形是一条连续而不间断的曲线.

例 3 判定函数 $f(x) = \begin{cases} x^2+1, & x<0, \\ 2x+1, & x \geqslant 0 \end{cases}$ 在点 $x = 0$ 处的连续性.

解 由于 $\lim\limits_{x\to 0^-} f(x) = \lim\limits_{x\to 0^-}(x^2+1) = 1$, $\lim\limits_{x\to 0^+} f(x) = \lim\limits_{x\to 0^+}(2x+1) = 1$,故

$$\lim_{x\to 0^-} f(x) = \lim_{x\to 0^+} f(x) = 1 = f(0),$$

则 $f(x)$ 在点 $x = 0$ 处左连续且右连续,从而 $f(x)$ 在点 $x = 0$ 处连续.

2.6.3 初等函数的连续性

根据连续函数的定义,利用极限的运算法则,可得到下列几个关于连续函数的运算法则.

定理 2.8 **若函数 $f(x)$,$g(x)$ 在点 x_0 处连续,则**

$$Cf(x)(C\ \text{为常数}), \quad f(x) \pm g(x), \quad f(x) \cdot g(x), \quad \frac{f(x)}{g(x)}(g(x) \neq 0)$$

在点 x_0 处连续.

定理 2.9 **连续单调递增(或递减)函数的反函数也是连续单调递增(或递减)函数.**

定理 2.10 **设函数 $u = g(x)$ 在点 x_0 处连续,且 $g(x_0) = u_0$,而函数 $y = f(u)$ 在点 $u = u_0$ 处连续,则复合函数 $y = f[g(x)]$ 在点 x_0 处也连续.**

定理 2.10 说明,连续函数的复合函数仍是连续函数.

我们指出:基本初等函数在其定义域内都是连续的.

根据初等函数的定义,由基本初等函数的连续性及本小节有关定理可得结论:一切初等函数在其定义区间内都是连续的. 所谓定义区间,就是指包含在定义域内的区间.

常用的函数大多是初等函数,因此初等函数的连续性是非常重要的.

例 4 求$\lim\limits_{x\to 2}\dfrac{e^x}{2x+1}$.

解 由于点 $x=2$ 是初等函数 $f(x)=\dfrac{e^x}{2x+1}$ 的定义区间内的点,故

$$\lim_{x\to 2}\frac{e^x}{2x+1}=f(2)=\frac{e^2}{5}.$$

例 5 求$\lim\limits_{x\to 0}\ln(x^2+x+1)$.

解 由于 $f(x)=\ln(x^2+x+1)$ 是初等函数,且点 $x=0$ 是其定义区间内的点,故

$$\lim_{x\to 0}\ln(x^2+x+1)=\ln(0+0+1)=\ln 1=0.$$

2.6.4 闭区间上连续函数的性质

定义在闭区间上的连续函数,在理论和应用中有很多重要的性质.下面将对这些性质给予简单的介绍.

定理 2.11(最大值和最小值定理) **在闭区间上连续的函数一定存在最大值和最小值.**

注 如果函数在开区间内连续,或者在闭区间上有间断点,那么函数在该区间上就不一定有最大值和最小值.

例如,函数 $y=x$ 在开区间 $(1,2)$ 内没有最大值和最小值.又如,分段函数

$$f(x)=\begin{cases}-x+1, & 0\leqslant x<1,\\ 1, & x=1,\\ -x+3, & 1<x\leqslant 2\end{cases}$$

在闭区间 $[0,2]$ 上也没有最大值和最小值.

定理 2.12(有界性定理) **在闭区间上连续的函数一定在该区间上有界.**

定义 2.16 如果存在 x_0 使得 $f(x_0)=0$,则称 x_0 为函数 $f(x)$ 的零点.

定理 2.13(零点定理) **设函数 $f(x)$ 在闭区间 $[a,b]$ 上连续,且 $f(a)$ 与 $f(b)$ 异号 $[f(a)\cdot f(b)<0]$,那么在开区间 (a,b) 内至少有一个函数 $f(x)$ 的零点,即至少有一点 $\xi(a<\xi<b)$,使得**

$$f(\xi)=0.$$

定理 2.14(介值定理) **设函数 $f(x)$ 在闭区间 $[a,b]$ 上连续,且在该区间的端点处取不同的函数值,即**

$$f(a)=A,\quad f(b)=B\quad (A\neq B),$$

那么,对于 A 与 B 之间的任意一个数 C,在开区间 (a,b) 内至少有一点 ξ,使得

$$f(\xi)=C\quad (a<\xi<b).$$

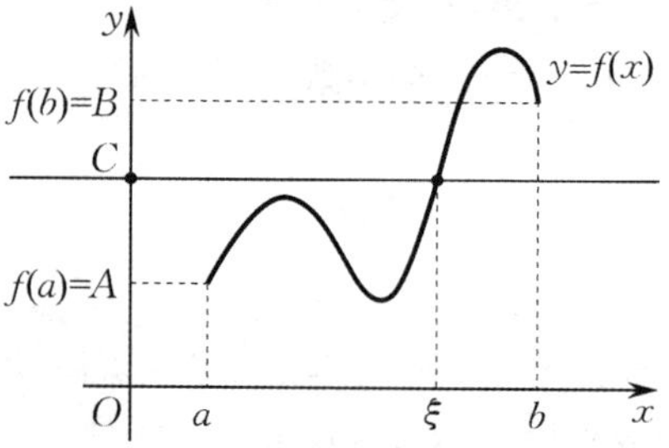

图 2-10

定理 2.14 的几何解释:连续曲线弧 $y=f(x),x\in[a,b]$ 与水平直线 $y=C$ [C 在 $f(a)$ 与 $f(b)$ 之间,$f(a)\neq f(b)$] 至少交于一点,如图 2-10 所示.

例 6　证明：方程 $x^3-4x^2+1=0$ 在开区间 $(0,1)$ 内至少有一个根.

证　函数 $f(x)=x^3-4x^2+1$ 在闭区间 $[0,1]$ 上连续，又

$$f(0)=1>0,\quad f(1)=-2<0.$$

根据零点定理，在开区间 $(0,1)$ 内至少有一点 ξ，使得 $f(\xi)=0$，即方程 $x^3-4x^2+1=0$ 在开区间 $(0,1)$ 内至少有一个根.

习　题　2

1. 设 $u_1=0.9, u_2=0.99, u_3=0.999, \cdots, u_n=0.\underbrace{99\cdots9}_{n个9}$.

(1) 求 $\lim\limits_{n\to\infty}u_n$；

(2) 问：n 从何值开始，使得 u_n 与极限之差小于 $0.000\,1$？

2. 求下列数列的极限：

(1) $1,\dfrac{1}{\sqrt{2}},\dfrac{1}{\sqrt{3}},\cdots,\dfrac{1}{\sqrt{n}}$；　　(2) $2,\dfrac{3}{2},\dfrac{4}{3},\cdots,\dfrac{n+1}{n}$；

(3) $0,1,0,1,\cdots,0,1,\cdots$；　　(4) $-\dfrac{1}{2^2},\dfrac{1}{3^2},-\dfrac{1}{4^2},\cdots,\dfrac{(-1)^n}{(n+1)^2}$；

(5) $0,\lg 2,\lg 3,\cdots,\lg n$；　　(6) $1,1,\dfrac{4}{5},\cdots,\dfrac{3n-1}{n^2+1}$.

3. 某商场在国庆期间推出"消费 200 元送 200 元"的优惠活动，即用现金消费满 200 元就送价值 200 元的优惠券. 优惠券的使用方式是：100 元现金＋价值 100 元的优惠券＝价值 200 元的商品. 试问：

(1) 从顾客角度出发，最理想的优惠折扣过程是怎样的？并解释为什么该过程是最理想的.

(2) 顾客能否享受到 5 折优惠？

4. 画出下列函数的图形，并求出各极限：

(1) $f(x)=3x-1$，求 $\lim\limits_{x\to3}f(x)$；　　(2) $f(x)=\dfrac{6x+1}{x}$，求 $\lim\limits_{x\to-3}f(x)$；

(3) $f(x)=\dfrac{x^2-1}{x-1}$，求 $\lim\limits_{x\to1}f(x)$；　　(4) $f(x)=\mathrm{e}^{-x}$，求 $\lim\limits_{x\to+\infty}f(x)$.

5. 证明：极限 $\lim\limits_{x\to0}\dfrac{|x|}{x}$ 不存在.

6. 已知函数 $f(x)=\begin{cases}x, & x<0,\\ 1, & x=0,\\ x^2, & x>0,\end{cases}$ 求 $\lim\limits_{x\to-1}f(x)$，$\lim\limits_{x\to1}f(x)$ 及 $\lim\limits_{x\to0}f(x)$.

7. 指出下列哪些是无穷小：

(1) $2x-2$，当 $x\to 1$；　(2) $\dfrac{1+2x}{1-x^2}$，当 $x\to 1$；

(3) $2^{-x}-1$，当 $x\to 0$；　(4) $\ln|x|$，当 $x\to 1$；

(5) $e^{\frac{1}{x}}$，当 $x\to 0^-$；　(6) $\dfrac{\sin x}{x}$，当 $x\to\infty$.

8. 指出下列哪些是无穷大：

(1) $2x-2$，当 $x\to\infty$；　(2) $\dfrac{x+1}{x-1}$，当 $x\to 1$；

(3) $2^{-x}-1$，当 $x\to+\infty$；　(4) $\ln|x|$，当 $x\to 0$；

(5) $e^{\frac{1}{x}}$，当 $x\to 0^+$；　(6) $\dfrac{\sin x}{x}$，当 $x\to 0$.

9. 计算下列极限：

(1) $\lim\limits_{x\to 0}x^2\sin\dfrac{1}{x}$；　(2) $\lim\limits_{x\to\infty}\dfrac{\arctan x}{x}$.

10. 计算下列极限：

(1) $\lim\limits_{x\to 2}\dfrac{x^2+5}{x-3}$；　(2) $\lim\limits_{x\to\sqrt{3}}\dfrac{x^2-3}{x^2+1}$；

(3) $\lim\limits_{x\to 2}\dfrac{x^3+2x^2}{(x-2)^2}$；　(4) $\lim\limits_{x\to 1}\dfrac{x^2-2x+1}{x^2-1}$；

(5) $\lim\limits_{x\to 0}\dfrac{4x^3-2x^2+x}{3x^2+2x}$；　(6) $\lim\limits_{h\to 0}\dfrac{(x+h)^2-x^2}{h}$；

(7) $\lim\limits_{x\to\infty}\left(2-\dfrac{1}{x}+\dfrac{1}{x^2}\right)$；　(8) $\lim\limits_{x\to\infty}\dfrac{x^2}{2x+1}$；

(9) $\lim\limits_{x\to\infty}\dfrac{x^2-1}{x^2-x-1}$；　(10) $\lim\limits_{x\to\infty}\dfrac{x^2+x}{x^4-3x^2+1}$；

(11) $\lim\limits_{x\to 4}\dfrac{x^2-6x+8}{x^2-5x+4}$；　(12) $\lim\limits_{n\to\infty}\dfrac{2^n+3^n}{2^{n+1}+3^{n+1}}$；

(13) $\lim\limits_{n\to\infty}\left(1+\dfrac{1}{2}+\dfrac{1}{4}+\cdots+\dfrac{1}{2^n}\right)$；　(14) $\lim\limits_{n\to\infty}\dfrac{1+2+3+\cdots+(n+1)}{n^2}$；

(15) $\lim\limits_{n\to\infty}\dfrac{(n+1)(n+2)(n+3)}{5n^3+1}$；　(16) $\lim\limits_{x\to 1}\left(\dfrac{1}{1-x}-\dfrac{1}{1-x^2}\right)$；

(17) $\lim\limits_{x\to+\infty}(\sqrt{x^2+x}-\sqrt{x^2-x})$.

11. 心理学家已研究出学龄前儿童的学习曲线为

$$P=\frac{20+46(n-1)}{1+0.5(n-1)},$$

其中 $0<P<100$，$P\%$ 为正确反应百分比，n 为学习的次数. 试求 n 趋于无穷大时，P 的极限值.

12. 利用两个重要极限求下列极限：

(1) $\lim\limits_{x\to 0}\dfrac{\tan kx}{x}$（$k\neq 0$ 且为常数）；　(2) $\lim\limits_{x\to 0}\dfrac{\tan 2x}{\sin x}$；

(3) $\lim\limits_{x\to 0}\dfrac{x^2}{\sin^2 3x}$；　　(4) $\lim\limits_{x\to 0}\dfrac{x}{\sin 2x}$；

(5) $\lim\limits_{x\to 0}\dfrac{\sin 4x}{\sin 3x}$；　　(6) $\lim\limits_{x\to 1}\dfrac{x-1}{\sin(x-1)}$；

(7) $\lim\limits_{x\to\infty}\left(1+\dfrac{2}{x}\right)^x$；　　(8) $\lim\limits_{n\to\infty}\left(1+\dfrac{1}{n}\right)^{n+5}$；

(9) $\lim\limits_{x\to\infty}\left(1-\dfrac{1}{2x}\right)^x$；　　(10) $\lim\limits_{x\to 0}(1+2x)^{\frac{3}{x}}$；

(11) $\lim\limits_{x\to 0}(1-3x)^{\frac{1}{2x}}$；　　(12) $\lim\limits_{x\to\infty}\left(\dfrac{x}{1+x}\right)^x$.

13. 一投资者欲用 100 000 元投资 5 年，设年利率为 6%，按连续复利计息方式计算，求到第 5 年末，该投资者应得本利和 s.

14. 当 $x\to 0$ 时，若下列无穷小与 x^k 是同阶无穷小，试确定 k 的值：

(1) $2\sin^3 x$；　　(2) $x+\sin x$；

(3) $\ln(1+x^2)$；　　(4) $\tan x-\sin x$.

15. 利用等价无穷小求下列极限：

(1) $\lim\limits_{x\to 0}\dfrac{\sin 6x}{\tan 5x}$；　　(2) $\lim\limits_{x\to 0}\dfrac{e^{2x}-1}{\arcsin x}$；

(3) $\lim\limits_{x\to 0}\dfrac{\sin(x^2+2x)}{\ln(1+x)}$；　　(4) $\lim\limits_{x\to 0}\dfrac{\sqrt{1+2x^2}-1}{x\arctan 3x}$；

(5) $\lim\limits_{x\to \pi}\dfrac{\sin 2x}{\sin 3x}$；　　(6) $\lim\limits_{x\to 1}\dfrac{\sin(x^2-1)}{\ln x}$.

16. 讨论下列函数在指定点处的连续性：

(1) $f(x)=3x^2\sin x, x=0$；　　(2) $f(x)=\dfrac{1}{x-1}, x=1$；

(3) $f(x)=\begin{cases}x^2-1, & x\neq 0,\\ 0, & x=0,\end{cases}$ $x=0$；　　(4) $f(x)=\begin{cases}x^2, & x<0,\\ e^x-1, & x\geqslant 0,\end{cases}$ $x=0$.

17. 已知下列函数为连续函数，试确定常数 a 与 b 的值：

(1) $f(x)=\begin{cases}ax^2+b, & x>1,\\ 3, & x=1,\\ 2x+b, & x<1;\end{cases}$　　(2) $f(x)=\begin{cases}\dfrac{\sqrt{x+b}-\sqrt{2x+4}}{ax}, & x\neq 0,\\ 1, & x=0.\end{cases}$

18. 矩形脉冲信号函数为

$$f(t)=\begin{cases}E, & |t|\leqslant\dfrac{\tau}{2},\\ 0, & |t|>\dfrac{\tau}{2}\end{cases}\quad (E\text{ 为大于 0 的常数}),$$

试讨论函数 $f(t)$ 的连续性.

19. 证明：方程 $x-\ln x=2$ 在区间(3,4)内至少有一个根.

*20. 证明：一个煎饼，无论形状如何，必可切一刀，使其面积二等分(提示：利用介值定理).

第 3 章

导数与微分

我们已经利用极限研究了函数的变化趋势和连续性，为了进一步了解函数的性质，我们再用极限来研究变量变化的快慢程度，这即是微分学中的重要概念——导数. 微分是微分学中除导数外的另一个基本概念，它与导数的概念密切相关，也是从微分学转向积分学的一个关键概念. 熟练掌握微分运算有助于掌握好接下来将要学习的积分运算.

§3.1 导数的概念

假设现有两种投资方式：一种是投资 1 000 元可得到 1 100 元的回报，另一种是投资 1 000 元可得到 1 200 元的回报. 那么你会立即选择第二种投资方式吗？或许你会提出问题：得到相应回报分别需要多长时间？若都需要 1 年，肯定选择第二种投资方式；但若第一种需要 1 年，第二种需要 3 年，简单计算一下一年的净回报，会选择第一种投资方式. 可见，仅仅知道回报是 100 元或 200 元是不够的，但若知道了单位时间（1 年）内的回报（**平均变化率**），则会很快做出选择. 变化率是我们在解决实际问题中经常需要关注的对象，下面再通过两个实例来详细介绍变化率，从而引出导数的概念.

3.1.1 两个实例

1. 变速直线运动的瞬时速度问题

问题的提出：如何求解某一物体在做变速直线运动过程中，t_0 时刻的速度 v_{t_0}？

问题的分析：对于做匀速直线运动的物体，我们有如下速度公式：

$$\text{速度}=\frac{\text{路程}}{\text{时间}}.$$

但在实际问题中，运动往往不是匀速的. 这个时候用上述公式只能求出某个时间段内物体的平均速度，如何精确地知道物体在运动过程中某一时刻的速度（瞬时速度）呢？

问题的求解：设一物体做变速直线运动，其运动方程为

$$s=f(t),$$

其中 s 表示位移，t 表示时间. 如图 3－1 所示，由 t_0 到 $t_0+\Delta t$ 时刻，位移 s 获得了增量

$$\Delta s=f(t_0+\Delta t)-f(t_0),$$

于是可得物体在 t_0 到 $t_0+\Delta t$ 这个时间段内的平均速度 $\bar{v}$，即

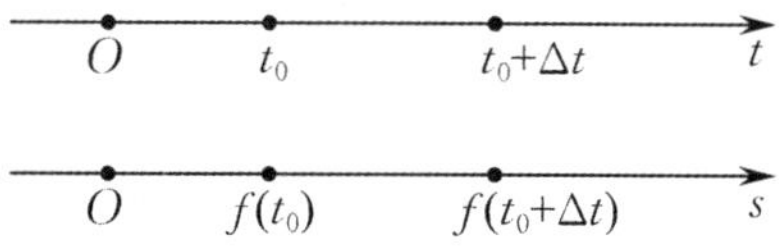

图 3－1

$$\bar{v}=\frac{\Delta s}{\Delta t}=\frac{f(t_0+\Delta t)-f(t_0)}{\Delta t}.$$

一般情况下，变速直线运动的速度是连续变化的，那么在很短的一段时间内，速度变化不大，这时可以近似看作匀速直线运动. 也就是说，当 Δt 很小时，$\bar{v}\approx v_{t_0}$. 显然，Δt 越小，$\bar{v}$ 越接近 v_{t_0}. 那么当 Δt 无限小（$\Delta t\to 0$）时，$\bar{v}$ 就无限接近 v_{t_0}（$\bar{v}\to v_{t_0}$）. 于是有

$$v_{t_0}=\lim_{\Delta t\to 0}\bar{v}=\lim_{\Delta t\to 0}\frac{\Delta s}{\Delta t}=\lim_{\Delta t\to 0}\frac{f(t_0+\Delta t)-f(t_0)}{\Delta t},$$

即物体运动的瞬时速度就是位移的增量与时间的增量之比当时间增量趋于 0 时的极限.

2. 平面曲线的切线斜率问题

问题的提出:如何求曲线 $y=f(x)$ 上的点 $M_0(x_0,f(x_0))$ 处的切线斜率?

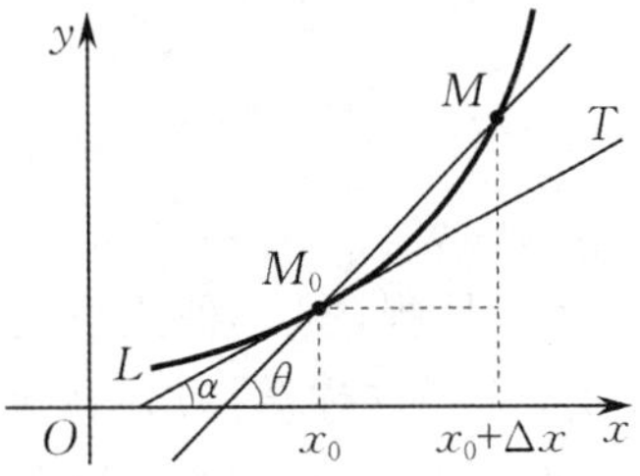

图 3-2

问题的分析:如图 3-2 所示,设 M_0 是曲线 $L:y=f(x)$ 上的一个定点,M 是曲线 $y=f(x)$ 上的另一个点,过点 M_0 和 M 作割线 M_0M. 当点 M 沿着曲线 $y=f(x)$ 无限趋于点 M_0 时,称割线 M_0M 的极限位置 M_0T 为曲线 $y=f(x)$ 上的点 M_0 处的切线.

问题的求解:设点 M_0 的坐标为 $(x_0,f(x_0))$,点 M 的坐标为 $(x_0+\Delta x,f(x_0+\Delta x))$. 割线 M_0M 对 x 轴的倾角为 θ,切线 M_0T 对 x 轴的倾角为 α,则割线 M_0M 的斜率为

$$\tan\theta=\frac{f(x_0+\Delta x)-f(x_0)}{\Delta x}.$$

显然,当 $\Delta x\to 0$ 时,割线斜率的极限就是切线的斜率,也就是说,

$$k=\tan\alpha=\lim_{\Delta x\to 0}\tan\theta=\lim_{\Delta x\to 0}\frac{f(x_0+\Delta x)-f(x_0)}{\Delta x}.$$

对上面两个问题进行研究,一个是求变速直线运动的瞬时速度,一个是求平面曲线在某点的切线斜率,虽然它们的具体意义不同,但我们可以得到以下两个共性:

(1) 从实际意义上看,它们都是研究一个变量随着另一个变量变化的变化率问题.

(2) 从数学结构上看,它们具有相同的形式,即函数的增量与自变量的增量之比(平均变化率)当自变量的增量趋于 0 时的极限.

上述这种共性在自然科学、工程技术和经济领域等很多方面都有所体现,由此我们需要引入导数的概念.

3.1.2 导数的定义

1. 导数的定义

定义 3.1 设函数 $y=f(x)$ 在点 x_0 的某个邻域内有定义. 若极限

$$\lim_{\Delta x\to 0}\frac{\Delta y}{\Delta x}=\lim_{\Delta x\to 0}\frac{f(x_0+\Delta x)-f(x_0)}{\Delta x}$$

存在,则称函数 $f(x)$ 在点 x_0 处**可导**,并称此极限值为 $f(x)$ 在点 x_0 处的**导数**,记作

$$f'(x_0),\quad y'\Big|_{x=x_0},\quad \frac{\mathrm{d}y}{\mathrm{d}x}\Big|_{x=x_0}\quad 或\quad \frac{\mathrm{d}f(x)}{\mathrm{d}x}\Big|_{x=x_0},$$

即

$$f'(x_0)=\lim_{\Delta x\to 0}\frac{\Delta y}{\Delta x}=\lim_{\Delta x\to 0}\frac{f(x_0+\Delta x)-f(x_0)}{\Delta x}.$$

若上述极限不存在,则称函数 $f(x)$ 在点 x_0 处**不可导**.

若记 $x=x_0+\Delta x$,则 $\Delta x=x-x_0$. 当 $\Delta x\to 0$ 时,有 $x\to x_0$,故函数 $f(x)$ 在点 x_0 处的

导数 $f'(x_0)$ 又可表示为

$$f'(x_0)=\lim_{x\to x_0}\frac{f(x)-f(x_0)}{x-x_0}.$$

定义 3.2　若函数 $y=f(x)$ 在区间 I 内的每一点处都可导，即对任意的 $x\in I$，有

$$f'(x)=\lim_{\Delta x\to 0}\frac{f(x+\Delta x)-f(x)}{\Delta x},$$

则称 $f(x)$ 在区间 I 内可导，其导数 $f'(x)$ 也是关于 x 的函数，称为**导函数**，简称**导数**，记为

$$f'(x),\quad y',\quad \frac{\mathrm{d}y}{\mathrm{d}x}\quad 或\quad \frac{\mathrm{d}f(x)}{\mathrm{d}x}.$$

显然，$f(x)$ 在点 x_0 处的导数 $f'(x_0)$ 等于 $f'(x)$ 在点 x_0 处的函数值，即

$$f'(x_0)=f'(x)\Big|_{x=x_0}.$$

根据导数的定义，求函数 $y=f(x)$ 的导数的一般步骤如下：

(1) 求函数的增量 $\Delta y=f(x+\Delta x)-f(x)$.

(2) 求比值 $\dfrac{\Delta y}{\Delta x}=\dfrac{f(x+\Delta x)-f(x)}{\Delta x}$.

(3) 求极限 $f'(x)=\lim\limits_{\Delta x\to 0}\dfrac{f(x+\Delta x)-f(x)}{\Delta x}$.

例 1　求常数函数 $y=f(x)=C$ 的导数.

解　(1) 求函数的增量 $\Delta y=f(x+\Delta x)-f(x)=C-C=0$.

(2) 求比值 $\dfrac{\Delta y}{\Delta x}=\dfrac{0}{\Delta x}=0$.

(3) 求极限 $f'(x)=\lim\limits_{\Delta x\to 0}\dfrac{\Delta y}{\Delta x}=\lim\limits_{\Delta x\to 0}0=0$，即

$$f'(x)=(C)'=0.$$

例 2　求函数 $y=f(x)=x^2$ 的导数 $f'(x)$，并求 $f'(1)$.

解　(1) 求函数的增量 $\Delta y=f(x+\Delta x)-f(x)=(x+\Delta x)^2-x^2=2x\Delta x+(\Delta x)^2$.

(2) 求比值 $\dfrac{\Delta y}{\Delta x}=\dfrac{2x\Delta x+(\Delta x)^2}{\Delta x}=2x+\Delta x$.

(3) 求极限 $f'(x)=\lim\limits_{\Delta x\to 0}\dfrac{\Delta y}{\Delta x}=\lim\limits_{\Delta x\to 0}(2x+\Delta x)=2x$，即

$$f'(x)=(x^2)'=2x.$$

由 $f'(x_0)=f'(x)\Big|_{x=x_0}$，得

$$f'(1)=f'(x)\Big|_{x=1}=2x\Big|_{x=1}=2.$$

***例 3**　求函数 $y=f(x)=x^n(n\in\mathbf{Z}_+)$ 的导数. 提示：这里需用到 n 次方差公式

$$a^n-b^n=(a-b)(a^{n-1}+a^{n-2}b+a^{n-3}b^2+\cdots+ab^{n-2}+b^{n-1}).$$

解　(1) 求函数的增量

$$\Delta y = f(x+\Delta x) - f(x) = (x+\Delta x)^n - x^n$$
$$= \Delta x[(x+\Delta x)^{n-1} + (x+\Delta x)^{n-2}x + (x+\Delta x)^{n-3}x^2 + \cdots + x^{n-1}].$$

(2) 求比值

$$\frac{\Delta y}{\Delta x} = \frac{\Delta x[(x+\Delta x)^{n-1} + (x+\Delta x)^{n-2}x + (x+\Delta x)^{n-3}x^2 + \cdots + x^{n-1}]}{\Delta x}$$
$$= (x+\Delta x)^{n-1} + (x+\Delta x)^{n-2}x + (x+\Delta x)^{n-3}x^2 + \cdots + x^{n-1}.$$

(3) 求极限

$$f'(x) = \lim_{\Delta x\to 0}\frac{\Delta y}{\Delta x} = \lim_{\Delta x\to 0}[(x+\Delta x)^{n-1} + (x+\Delta x)^{n-2}x + (x+\Delta x)^{n-3}x^2 + \cdots + x^{n-1}]$$
$$= nx^{n-1},$$

即

$$f'(x) = (x^n)' = nx^{n-1}.$$

更一般地，对于幂函数 $y = x^a$(a 为常数)，有

$$(x^a)' = ax^{a-1}.$$

这是幂函数的导数公式，利用这个公式可以很方便地求出幂函数的导数，例如：

(1) $(\sqrt{x})' = (x^{\frac{1}{2}})' = \frac{1}{2}x^{\frac{1}{2}-1} = \frac{1}{2}x^{-\frac{1}{2}} = \frac{1}{2\sqrt{x}}$.

(2) $\left(\frac{1}{x}\right)' = (x^{-1})' = -x^{-1-1} = -x^{-2} = -\frac{1}{x^2}$.

*例 4　求对数函数 $y = f(x) = \log_a x$($a > 0$ 且 $a \neq 1$) 的导数.

解　(1) 求函数的增量 $\Delta y = f(x+\Delta x) - f(x) = \log_a(x+\Delta x) - \log_a x$

$$= \log_a \frac{x+\Delta x}{x} = \log_a\left(1+\frac{\Delta x}{x}\right).$$

(2) 求比值 $\frac{\Delta y}{\Delta x} = \frac{\log_a\left(1+\frac{\Delta x}{x}\right)}{\Delta x} = \frac{1}{\Delta x}\log_a\left(1+\frac{\Delta x}{x}\right) = \log_a\left(1+\frac{\Delta x}{x}\right)^{\frac{1}{\Delta x}}$.

(3) 求极限 $f'(x) = \lim_{\Delta x\to 0}\frac{\Delta y}{\Delta x} = \lim_{\Delta x\to 0}\log_a\left(1+\frac{\Delta x}{x}\right)^{\frac{1}{\Delta x}} = \lim_{\Delta x\to 0}\log_a\left(1+\frac{\Delta x}{x}\right)^{\frac{x}{\Delta x}\cdot\frac{1}{x}}$

$$= \log_a \lim_{\Delta x\to 0}\left(1+\frac{\Delta x}{x}\right)^{\frac{x}{\Delta x}\cdot\frac{1}{x}} = \log_a e^{\frac{1}{x}} = \frac{1}{x}\log_a e = \frac{1}{x\ln a},$$

即

$$f'(x) = (\log_a x)' = \frac{1}{x\ln a}.$$

特别地，当 $a = \mathrm{e}$ 时，有

$$(\ln x)' = \frac{1}{x}.$$

2. 单侧导数

由于导数的本质是极限运算，而极限可分为左、右极限，因此导数也可以对应分为左、右导数. 下面给出左、右导数存在时的计算公式：

左导数：$f'_-(x)=\lim\limits_{\Delta x\to 0^-}\dfrac{\Delta y}{\Delta x}=\lim\limits_{\Delta x\to 0^-}\dfrac{f(x+\Delta x)-f(x)}{\Delta x}$，

右导数：$f'_+(x)=\lim\limits_{\Delta x\to 0^+}\dfrac{\Delta y}{\Delta x}=\lim\limits_{\Delta x\to 0^+}\dfrac{f(x+\Delta x)-f(x)}{\Delta x}$.

由极限与左、右极限之间的关系可得下述定理.

定理 3.1 **函数 $y=f(x)$ 在点 x_0 处可导的充要条件是 $y=f(x)$ 在点 x_0 处的左、右导数都存在且相等.**

注 这个定理主要用于讨论分段函数在分段点处的可导性.

例 5 试讨论函数 $y=f(x)=|x|=\begin{cases}x, & x\geqslant 0,\\ -x, & x<0\end{cases}$ 在点 $x=0$ 处的可导性.

解 函数的图形如图 3－3 所示.

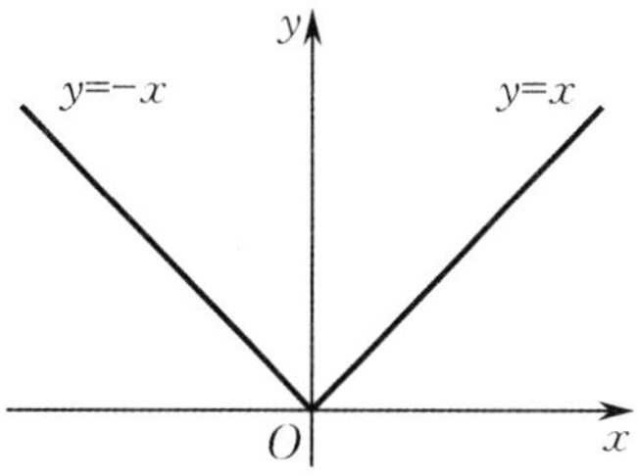

图 3－3

(1) 求函数的增量

$$\Delta y=f(0+\Delta x)-f(0)=|0+\Delta x|-|0|=|\Delta x|.$$

(2) 求比值 $\dfrac{\Delta y}{\Delta x}=\dfrac{|\Delta x|}{\Delta x}$.

(3) 求左、右极限得函数 $f(x)$ 在点 $x=0$ 处的左、右导数分别为

$$f'_-(0)=\lim_{\Delta x\to 0^-}\frac{\Delta y}{\Delta x}=\lim_{\Delta x\to 0^-}\frac{|\Delta x|}{\Delta x}=\lim_{\Delta x\to 0^-}\frac{-\Delta x}{\Delta x}=\lim_{\Delta x\to 0^-}(-1)=-1,$$

$$f'_+(0)=\lim_{\Delta x\to 0^+}\frac{\Delta y}{\Delta x}=\lim_{\Delta x\to 0^+}\frac{|\Delta x|}{\Delta x}=\lim_{\Delta x\to 0^+}\frac{\Delta x}{\Delta x}=\lim_{\Delta x\to 0^+}1=1,$$

即

$$f'_-(0)\neq f'_+(0),$$

故 $f(x)$ 在点 $x=0$ 处不可导.

3.1.3 函数可导性与连续性的关系

由函数连续的定义可知，若函数 $y=f(x)$ 在点 x_0 处连续，则 $\lim\limits_{\Delta x\to 0}\Delta y=0$，而 $f'(x_0)=\lim\limits_{\Delta x\to 0}\dfrac{\Delta y}{\Delta x}$. 从形式上看两者之间应存在联系，具体联系由下述定理给出.

定理 3.2 **若函数 $y=f(x)$ 在点 x_0 处可导，则函数 $y=f(x)$ 在点 x_0 处连续.**

这个定理的逆命题不一定成立，即函数 $y=f(x)$ 在点 x_0 处连续，但在该点处不一定可导.

例如，由例 5 可知函数 $y=f(x)=|x|=\begin{cases}x, & x\geqslant 0,\\ -x, & x<0\end{cases}$ 在点 $x=0$ 处不可导，但在点 $x=0$ 处连续.

下面证明函数 $y=f(x)=|x|=\begin{cases}x, & x\geqslant 0,\\ -x, & x<0\end{cases}$ 在点 $x=0$ 处连续.

(1) 求函数的增量 $\Delta y=f(0+\Delta x)-f(0)=|0+\Delta x|-|0|=|\Delta x|$.

(2) 求极限 $\lim\limits_{\Delta x\to 0}\Delta y=\lim\limits_{\Delta x\to 0}|\Delta x|=0$.

因此函数 $y=f(x)$ 在点 $x=0$ 处连续.

3.1.4 导数的几何意义

前面我们由切线的斜率问题引出了导数的定义. 由导数的定义可知，函数 $f(x)$ 在点 x_0 处的导数 $f'(x_0)$ 在几何上表示曲线 $y=f(x)$ 在点 $M_0(x_0,f(x_0))$ 处的切线的斜率，即 $f'(x_0)=k$.

(1) 若 $f'(x_0)$ 存在且不为 0，则曲线 $y=f(x)$ 在点 $M_0(x_0,f(x_0))$ 处的切线方程为

$$y-f(x_0)=f'(x_0)(x-x_0).$$

过点 M_0 且与切线垂直的直线叫作曲线 $y=f(x)$ 在点 M_0 处的**法线**，则该法线的斜率为 $-\dfrac{1}{f'(x_0)}$，从而法线方程为

$$y-f(x_0)=-\frac{1}{f'(x_0)}(x-x_0).$$

(2) 若 $f'(x_0)=0$，则曲线 $y=f(x)$ 在点 $M_0(x_0,f(x_0))$ 处的切线平行于 x 轴，切线方程为 $y=f(x_0)$，法线方程为 $x=x_0$.

(3) 若 $f'(x_0)=\infty$，则曲线 $y=f(x)$ 在点 $M_0(x_0,f(x_0))$ 处的切线垂直于 x 轴，切线方程为 $x=x_0$，法线方程为 $y=f(x_0)$.

例 6 求下列曲线在指定点 M_0 处的切线方程和法线方程：

(1) $f(x)=\ln x, M_0(\mathrm{e},1)$； (2) $f(x)=x^2+1, M_0(0,1)$.

解 (1) 由于 $f'(x)=\dfrac{1}{x}$，故曲线在点 $M_0(\mathrm{e},1)$ 处的切线斜率为

$$k_{切}=f'(\mathrm{e})=\frac{1}{\mathrm{e}},$$

则法线斜率为 $k_{法}=-\dfrac{1}{k_{切}}=-\mathrm{e}$. 于是切线方程为

$$y-1=\frac{1}{\mathrm{e}}(x-\mathrm{e}),\quad 即\quad x-\mathrm{e}y=0,$$

法线方程为

$$y-1=-\mathrm{e}(x-\mathrm{e}),\quad 即\quad \mathrm{e}x+y-1-\mathrm{e}^2=0.$$

(2) 由于 $f'(x)=2x$，故曲线在点 $M_0(0,1)$ 处的切线斜率为

$$k_{切}=f'(0)=2x\Big|_{x=0}=0,$$

则法线斜率为 ∞. 于是切线方程为 $y=1$，法线方程为 $x=0$.

§3.2 导数的运算

3.2.1 基本初等函数的导数公式

为了方便应用，下面不加证明地给出常用的基本初等函数的导数公式：

(1) $(C)'=0$ （C 为常数）；

(2) $(x^{a})'=ax^{a-1}$ （a 为常数）；

(3) $(a^{x})'=a^{x}\ln a$ （$a>0$ 且 $a\neq 1$）；

(4) $(\mathrm{e}^{x})'=\mathrm{e}^{x}$；

(5) $(\log_{a}x)'=\dfrac{1}{x\ln a}$ （$a>0$ 且 $a\neq 1$）；

(6) $(\ln x)'=\dfrac{1}{x}$；

(7) $(\sin x)'=\cos x$；

(8) $(\cos x)'=-\sin x$；

(9) $(\tan x)'=\sec^{2}x$；

(10) $(\cot x)'=-\csc^{2}x$；

(11) $(\sec x)'=\sec x\tan x$；

(12) $(\csc x)'=-\csc x\cot x$；

(13) $(\arcsin x)'=\dfrac{1}{\sqrt{1-x^{2}}}$；

(14) $(\arccos x)'=-\dfrac{1}{\sqrt{1-x^{2}}}$；

(15) $(\arctan x)'=\dfrac{1}{1+x^{2}}$；

(16) $(\operatorname{arccot} x)'=-\dfrac{1}{1+x^{2}}$.

3.2.2 导数的四则运算法则

定理 3.3 如果函数 $u=u(x)$ 和 $v=v(x)$ 在点 x 处可导，那么它们的和、差、积、商（分母为 0 的点除外）都在点 x 处可导，且有

(1) $(u\pm v)'=u'\pm v'$；

(2) $(uv)'=u'v+uv'$；

(3) $\left(\dfrac{u}{v}\right)'=\dfrac{u'v-uv'}{v^{2}}$.

注 (1) 定理 3.3 中的公式(1)，(2) 的结论可推广到任意有限个可导函数的情形. 例如，设函数 $u=u(x)$，$v=v(x)$ 和 $h=h(x)$ 在点 x 处可导，则

$$(u\pm v\pm h)'=u'\pm v'\pm h',$$
$$(uvh)'=u'vh+uv'h+uvh'.$$

(2) 由定理 3.3 中的公式(2) 可以得到以下推论：

$$(Cu)'=Cu' \quad (C\text{ 为常数}).$$

例 1 设函数 $y=x^{4}-3x^{2}+2$，求 y'.

解 $y'=(x^{4})'-(3x^{2})'+(2)'=4x^{3}-3\cdot 2x+0=4x^{3}-6x$.

例 2 设函数 $y=x^{2}-\dfrac{1}{x}+\sqrt{x}+3^{4}$，求 y'.

解 $y'=(x^2)'-(x^{-1})'+(x^{\frac{1}{2}})'+(3^4)'=2x-(-x^{-2})+\frac{1}{2}x^{-\frac{1}{2}}+0=2x+\frac{1}{x^2}+\frac{1}{2\sqrt{x}}$.

例 3 设函数 $y=x^3\ln x-2\sec x$，求 y'.

解
$$y'=(x^3\ln x)'-(2\sec x)'=(x^3)'\ln x+x^3(\ln x)'-2(\sec x)'$$
$$=3x^2\ln x+x^3\cdot\frac{1}{x}-2\sec x\tan x=3x^2\ln x+x^2-2\sec x\tan x.$$

例 4 证明：(1) $(\tan x)'=\sec^2 x$；(2) $(\sec x)'=\sec x\tan x$.

证 (1)
$$(\tan x)'=\left(\frac{\sin x}{\cos x}\right)'=\frac{(\sin x)'\cos x-\sin x(\cos x)'}{\cos^2 x}$$
$$=\frac{\cos^2 x+\sin^2 x}{\cos^2 x}=\frac{1}{\cos^2 x}=\sec^2 x.$$

(2)
$$(\sec x)'=\left(\frac{1}{\cos x}\right)'=\frac{1'\cdot\cos x-1\cdot(\cos x)'}{\cos^2 x}=\frac{0-(-\sin x)}{\cos^2 x}$$
$$=\frac{1}{\cos x}\cdot\frac{\sin x}{\cos x}=\sec x\tan x.$$

例 5 设函数 $y=\dfrac{x^2+x+1}{\sqrt{x}}$，求 y'.

解 由于 $y=\dfrac{x^2+x+1}{\sqrt{x}}=x^{\frac{3}{2}}+x^{\frac{1}{2}}+x^{-\frac{1}{2}}$，故
$$y'=\frac{3}{2}x^{\frac{1}{2}}+\frac{1}{2}x^{-\frac{1}{2}}-\frac{1}{2}x^{-\frac{3}{2}}.$$

例 6 人体对一定剂量药物的反应有时可用方程 $R=M^2\left(\dfrac{C}{2}-\dfrac{M}{3}\right)$ 来描绘，其中 C 为一正常数，M 表示血液中吸收的药物量. 反应 R 可以有不同的衡量方式：若用血压的变化衡量，则单位是毫米汞柱；若用温度的变化衡量，则单位是摄氏度. 求反应 R 关于血液中吸收的药物量 M 的导数 $\dfrac{\mathrm{d}R}{\mathrm{d}M}$（该导数称为人体对药物的敏感性）.

解 由已知 $R=M^2\left(\dfrac{C}{2}-\dfrac{M}{3}\right)=\dfrac{C}{2}M^2-\dfrac{M^3}{3}$，得
$$\frac{\mathrm{d}R}{\mathrm{d}M}=CM-M^2.$$

3.2.3 复合函数的求导法则

由基本初等函数的导数公式可知 $(\sin x)'=\cos x$，那么 $(\sin 2x)'=\cos 2x$ 是否也成立呢？这涉及复合函数的求导问题，下面给出复合函数的求导法则.

定理 3.4 **设函数 $u=g(x)$ 在点 x 处可导，而函数 $y=f(u)$ 在对应的点 u 处可导，则复合函数 $y=f[g(x)]$ 在点 x 处可导，且**
$$\frac{\mathrm{d}y}{\mathrm{d}x}=\frac{\mathrm{d}y}{\mathrm{d}u}\cdot\frac{\mathrm{d}u}{\mathrm{d}x},$$

或记作

$$y'_x = y'_u \cdot u'_x = f'(u) \cdot g'(x).$$

复合函数的求导法则可以推广到任意有限多个中间变量的情形. 例如,设函数 $y = f\{g[h(x)]\}$ 由 $y = f(u)$,$u = g(v)$,$v = h(x)$ 复合而成,且在相应点处的导数都存在,则

$$\frac{\mathrm{d}y}{\mathrm{d}x} = \frac{\mathrm{d}y}{\mathrm{d}u} \cdot \frac{\mathrm{d}u}{\mathrm{d}v} \cdot \frac{\mathrm{d}v}{\mathrm{d}x} = f'(u) \cdot g'(v) \cdot h'(x).$$

复合函数的求导法则又叫作**链式法则**.

例 7 求下列函数的导数:

(1) $y = \sin 2x$; (2) $y = (2x-3)^5$;

(3) $y = \mathrm{e}^{\arctan x}$; (4) $y = \ln(x^2+1)$.

解 (1) 设 $y = \sin u$,$u = 2x$,则

$$\frac{\mathrm{d}y}{\mathrm{d}x} = \frac{\mathrm{d}y}{\mathrm{d}u} \cdot \frac{\mathrm{d}u}{\mathrm{d}x} = (\sin u)'_u \cdot (2x)'_x = \cos u \cdot 2 = 2\cos 2x.$$

(2) 设 $y = u^5$,$u = 2x-3$,则

$$\frac{\mathrm{d}y}{\mathrm{d}x} = \frac{\mathrm{d}y}{\mathrm{d}u} \cdot \frac{\mathrm{d}u}{\mathrm{d}x} = (u^5)'_u \cdot (2x-3)'_x = 5u^4 \cdot 2 = 10u^4 = 10(2x-3)^4.$$

(3) 设 $y = \mathrm{e}^u$,$u = \arctan x$,则

$$\frac{\mathrm{d}y}{\mathrm{d}x} = \frac{\mathrm{d}y}{\mathrm{d}u} \cdot \frac{\mathrm{d}u}{\mathrm{d}x} = \mathrm{e}^u \cdot \frac{1}{1+x^2} = \frac{\mathrm{e}^{\arctan x}}{1+x^2}.$$

(4) 设 $y = \ln u$,$u = x^2+1$,则

$$\frac{\mathrm{d}y}{\mathrm{d}x} = \frac{\mathrm{d}y}{\mathrm{d}u} \cdot \frac{\mathrm{d}u}{\mathrm{d}x} = \frac{1}{u} \cdot 2x = \frac{2x}{1+x^2}.$$

注 对复合函数的复合过程熟悉了之后,可不必写出中间变量,直接利用链式法则,按照复合的次序,由外向里,层层求导即可.

例 8 求下列函数的导数:

(1) $y = \ln(x^2 + \sin x)$; (2) $y = x\sqrt{x^2+1}$;

(3) $y = \cos^2 4x$.

解 (1) $y' = \dfrac{1}{x^2+\sin x} \cdot (x^2+\sin x)' = \dfrac{2x+\cos x}{x^2+\sin x}$.

(2) $y' = (x)'\sqrt{x^2+1} + x(\sqrt{x^2+1})' = \sqrt{x^2+1} + x\left[\dfrac{1}{2}(x^2+1)^{-\frac{1}{2}} \cdot 2x\right]$

$= \sqrt{x^2+1} + x^2(x^2+1)^{-\frac{1}{2}} = \sqrt{x^2+1} + \dfrac{x^2}{\sqrt{x^2+1}}$.

(3) $y' = 2\cos 4x \cdot (\cos 4x)' = 2\cos 4x \cdot (-\sin 4x) \cdot (4x)' = -4\sin 8x$.

3.2.4 隐函数的求导

一般地,我们把形如 $y = f(x)$ 的函数叫作**显函数**. 例如,$y = \sin x$,$y = \sqrt{x^2+1}$,$y = x^3+5x^2-9$ 等都是显函数. 而在有些函数的表达式中,因变量 y 和自变量 x 之间的关系是以

方程 $F(x,y)=0$ 的形式出现的，这样的函数称为**隐函数**. 例如，$e^y+x+y=1$，即方程 $F(x,y)=e^y+x+y-1=0$ 所确定的函数 $y=y(x)$ 是隐函数.

把一个隐函数化为显函数，叫作**隐函数的显化**. 例如，从方程 $x^2-y+2=0$ 解出 $y=x^2+2$，就把隐函数化为了显函数. 隐函数的显化有时是有困难的，甚至是不可能的（如 $e^y+x+y=1$）. 但在实际问题中，有时需要计算隐函数的导数. 因此，我们希望有一种方法，不管隐函数能否显化，都能直接由方程算出它所确定的隐函数的导数. 下面通过具体例子来说明这种方法.

例 9 求由方程 $e^y-xy+x^2+2=0$ 所确定的隐函数 $y=y(x)$ 的导数 y'.

解 方程 $e^y-xy+x^2+2=0$ 两边对 x 求导（注意 y 是 x 的函数），得

$$e^y\cdot y'-(x'\cdot y+x\cdot y')+2x+0=0,$$

即

$$e^y\cdot y'-y-x\cdot y'+2x=0.$$

解出 y'，得

$$y'=\frac{y-2x}{e^y-x}\quad (e^y-x\neq 0).$$

一般地，由方程 $F(x,y)=0$ 所确定的隐函数 $y=y(x)$ 的求导步骤如下：

(1) 方程两边对 x 求导，遇到 y 时，把 y 看成中间变量，利用复合函数的求导法则，先对中间变量 y 求导，再乘以 y 对 x 的导数 y' 即可.

(2) 解出 y'，具体做法是先把含有 y' 的项移到等式左边，不含 y' 的项移到等式右边，进而求出 y'.

例 10 求椭圆 $4x^2+y^2=8$ 在点 $(1,-2)$ 处的切线方程.

解 方程 $4x^2+y^2=8$ 两边对 x 求导，得

$$8x+2y\cdot y'=0.$$

解出 y'，得

$$y'=-\frac{4x}{y}\quad (y\neq 0).$$

于是椭圆在点 $(1,-2)$ 处的切线的斜率为

$$k_{切}=y'\Big|_{(1,-2)}=-\frac{4x}{y}\Big|_{(1,-2)}=2,$$

故所求切线方程为

$$y-(-2)=2(x-1),\quad 即\quad 2x-y-4=0.$$

3.2.5 高阶导数

我们知道，变速直线运动的速度 v 是距离 s 对时间 t 的导数，即

$$v=\frac{ds}{dt}\quad 或\quad v=s'(t).$$

而速度 v 也是时间 t 的函数，它对时间 t 的导数则是加速度 a，即

$$a=\frac{dv}{dt}=\frac{d}{dt}\left(\frac{ds}{dt}\right)\quad 或\quad a=v'(t)=[s'(t)]'.$$

这种导数的导数$\frac{\mathrm{d}}{\mathrm{d}t}\left(\frac{\mathrm{d}s}{\mathrm{d}t}\right)$或$[s'(t)]'$叫作$s$对$t$的**二阶导数**，记作

$$\frac{\mathrm{d}^2 s}{\mathrm{d}t^2} \quad 或 \quad s''(t).$$

一般地，若函数$y=f(x)$的导数$f'(x)$也可导，则称$f'(x)$的导数为$y=f(x)$的**二阶导数**，记作

$$\frac{\mathrm{d}^2 y}{\mathrm{d}x^2},\quad y'' \quad 或 \quad f''(x).$$

同理，二阶导数的导数叫作**三阶导数**，三阶导数的导数叫作**四阶导数**……$n-1$阶导数的导数叫作**n阶导数**，分别记作

$$y''',\quad y^{(4)},\quad \cdots,\quad y^{(n)} \quad 或 \quad \frac{\mathrm{d}^3 y}{\mathrm{d}x^3},\quad \frac{\mathrm{d}^4 y}{\mathrm{d}x^4},\quad \cdots,\quad \frac{\mathrm{d}^n y}{\mathrm{d}x^n}.$$

二阶及二阶以上的导数统称为**高阶导数**. 相应地，把函数$y=f(x)$的导数$f'(x)$称为**一阶导数**.

例 11 求函数$y=3x^2-2x+1$的二阶导数y''.

解 因为$y'=6x-2$，所以

$$y''=(y')'=(6x-2)'=6.$$

例 12 设函数$f(x)=x^3\ln x$，求$f''(1)$.

解 $f'(x)=3x^2\cdot\ln x+x^3\cdot\frac{1}{x}=3x^2\ln x+x^2$，

$$f''(x)=6x\ln x+3x^2\cdot\frac{1}{x}+2x=6x\ln x+5x,$$

则

$$f''(1)=6\times 1\times \ln 1+5=5.$$

例 13 设函数$y=x^n(n\in\mathbf{N}_+)$，求$y^{(k)}$.

解 (1) 若$k<n$，则$y'=nx^{n-1}$，$y''=n(n-1)x^{n-2}$，$y'''=n(n-1)(n-2)x^{n-3}$. 由归纳法得

$$y^{(k)}=n(n-1)\cdots(n-k+1)x^{n-k}.$$

(2) 若$k=n$，则$y^{(k)}=y^{(n)}=(x^n)^{(n)}=n(n-1)(n-2)\cdot\cdots\cdot 3\cdot 2\cdot 1=n!$.

(3) 若$k>n$，则$y^{(n+1)}=(n!)'=0$，即$y^{(n+1)}=y^{(n+2)}=\cdots=y^{(k)}=0$. 所以

$$y^{(k)}=\begin{cases} n(n-1)\cdots(n-k+1)x^{n-k}, & k<n, \\ n!, & k=n, \\ 0, & k>n. \end{cases}$$

一般地，求n阶导数时，通常的方法是先求出一阶、二阶和三阶等导数，从中归纳出n阶导数的表达式. 因此，求n阶导数的关键在于从各阶导数中寻找共有的规律.

§3.3 函数的微分

在理论研究和实际应用中，常常会遇到这样的问题：当自变量 x 有微小改变量 Δx 时，求函数 $y=f(x)$ 的改变量

$$\Delta y=f(x+\Delta x)-f(x).$$

这个问题看起来似乎只要做减法运算就可以了，然而，对于较复杂的函数 $y=f(x)$，差值 $f(x+\Delta x)-f(x)$ 却是一个更复杂的表达式，不易求出其值. 因此，我们设法将 Δy 表示成 Δx 的线性函数，即线性化，从而把复杂问题化为简单问题. 微分就是实现线性化的一种方式.

3.3.1 微分的定义

先考察一个具体的问题. 设有一块边长为 x_0 的正方形金属薄片，由于温度变化而膨胀，边长由 x_0 变到 $x_0+\Delta x$，问此薄片的面积改变了多少？

假设正方形的边长为 x，则它的面积

$$S=x^2$$

是 x 的函数. 由于边长由 x_0 变到 $x_0+\Delta x$，故正方形面积的增量为

$$\Delta S=(x_0+\Delta x)^2-x_0^2=2x_0\Delta x+(\Delta x)^2.$$

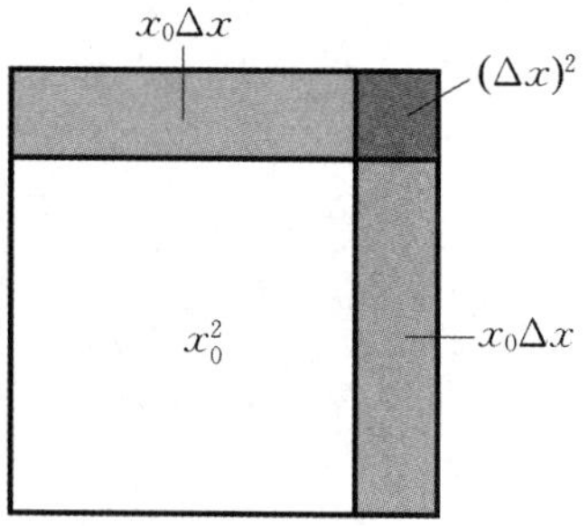

图 3-4

显然，ΔS 由两部分组成：第一部分 $2x_0\Delta x$ 是关于 Δx 的线性函数；第二部分 $(\Delta x)^2$ 是比 Δx 高阶的无穷小，即 $(\Delta x)^2=o(\Delta x)(\Delta x\to 0)$. 由此可见，当给 x_0 一个微小改变量 Δx 时，由此引起的正方形面积的增量 ΔS 可以近似用第一部分来代替，由此产生的误差是一个比 Δx 高阶的无穷小，也就是以 Δx 为边长的小正方形的面积(见图 3-4).

是否所有函数的改变量都能在一定条件下表示为一个线性函数与一个高阶无穷小的和呢？这个线性部分是什么，如何求？下面我们将具体讨论这些问题.

定义 3.3 设函数 $y=f(x)$ 在点 x_0 的某个邻域内有定义，$x_0+\Delta x$ 在该邻域内. 若函数的增量可表示为

$$\Delta y=f(x_0+\Delta x)-f(x_0)=A\Delta x+o(\Delta x),$$

其中 A 与 Δx 无关，而 $o(\Delta x)$ 是比 Δx 高阶的无穷小，即

$$\lim_{\Delta x\to 0}\frac{o(\Delta x)}{\Delta x}=0,$$

则称 $y=f(x)$ 在点 x_0 处**可微**，并称 $A\Delta x$ 为 $y=f(x)$ 在点 x_0 处的**微分**，记作 $\mathrm{d}y\Big|_{x=x_0}$ 或 $\mathrm{d}f(x)\Big|_{x=x_0}$，即

$$\mathrm{d}y\Big|_{x=x_0}=\mathrm{d}f(x)\Big|_{x=x_0}=A\Delta x.$$

$\mathrm{d}y\Big|_{x=x_0}$ 也称为 Δy 的**线性主部**.

同理可定义函数 $y=f(x)$ 在任意点 x 处的微分，常写成 $\mathrm{d}y=A\Delta x$.

如果把自变量 x 的微分看作函数 $y=x$ 的微分，则有 $\mathrm{d}y=\mathrm{d}x$. 又因为 $\Delta y=(x+\Delta x)-x=\Delta x$，故有 $\mathrm{d}y=\Delta x$，则 $\mathrm{d}x=\Delta x$. 因此，函数 $y=f(x)$ 在点 x 处的微分常写成

$$\mathrm{d}y=A\mathrm{d}x.$$

定理 3.5　**函数 $y=f(x)$ 可微的充要条件是 $y=f(x)$ 可导，且有 $\mathrm{d}y=f'(x)\mathrm{d}x$.**

定理的充分性可运用无穷小与函数极限的关系定理得以证明，在这里不做介绍. 下面给出必要性的证明.

证　设 $y=f(x)$ 可微，则

$$\Delta y=f(x+\Delta x)-f(x)=A\Delta x+o(\Delta x),$$

其中 A 与 Δx 无关，而 $o(\Delta x)$ 是比 Δx 高阶的无穷小，此时

$$\lim_{\Delta x\to 0}\frac{\Delta y}{\Delta x}=\lim_{\Delta x\to 0}\frac{f(x+\Delta x)-f(x)}{\Delta x}=\lim_{\Delta x\to 0}\left(A+\frac{o(\Delta x)}{\Delta x}\right)=A,$$

其中 $\lim\limits_{\Delta x\to 0}\dfrac{o(\Delta x)}{\Delta x}=0$，即

$$f'(x)=\lim_{\Delta x\to 0}\frac{\Delta y}{\Delta x}=A.$$

因此，$y=f(x)$ 在点 x 处可导，且有 $f'(x)=A$，即

$$\mathrm{d}y=A\mathrm{d}x=f'(x)\mathrm{d}x.$$

于是，我们在上式两边同时除以 $\mathrm{d}x$，又可得

$$\frac{\mathrm{d}y}{\mathrm{d}x}=f'(x).$$

在最初引进符号 $\dfrac{\mathrm{d}y}{\mathrm{d}x}$ 的时候，是作为一个不可分割的整体去理解的，现在可以把它看作分数，即函数微分与自变量微分之比. 因此，导数又可称作**微商**.

按照微分的定义，要求函数 $y=f(x)$ 的微分 $\mathrm{d}y$，只需求出函数的导数 $f'(x)$ 再乘以自变量的微分 $\mathrm{d}x$ 就可以了.

例 1　求函数 $y=x^{100}$ 的微分 $\mathrm{d}y$.

解　由于 $y'=100x^{99}$，故

$$\mathrm{d}y=y'\mathrm{d}x=100x^{99}\mathrm{d}x.$$

例 2　求函数 $y=t^3+2\sin t-1$ 的微分 $\mathrm{d}y$.

解　由于 $y'=3t^2+2\cos t$，故

$$\mathrm{d}y=y'\mathrm{d}t=(3t^2+2\cos t)\mathrm{d}t.$$

例 3　求函数 $y=x^3\ln x$ 的微分 $\mathrm{d}y$.

解 由于 $y' = 3x^2 \cdot \ln x + x^3 \cdot \dfrac{1}{x} = 3x^2 \ln x + x^2$，故

$$dy = y' dx = (3x^2 \ln x + x^2) dx.$$

例 4 求函数 $y = \ln(2x^2 + 1)$ 的微分 dy.

解 由于 $y' = \dfrac{1}{2x^2+1} \cdot 4x = \dfrac{4x}{2x^2+1}$，故

$$dy = y' dx = \frac{4x}{2x^2+1} dx.$$

3.3.2 微分的几何意义

函数的微分有明显的几何意义. 如图 3－5 所示，MP 是曲线 $y = f(x)$ 在点 $M(x_0, f(x_0))$ 处的切线，其斜率为 $\tan \alpha = f'(x_0)$，则

$$QP = \tan \alpha \cdot \Delta x = f'(x_0) \Delta x = dy.$$

由此可知，当 Δy 是曲线 $y = f(x)$ 上某一点的纵坐标的增量时，dy 就是曲线在该点处的切线上点的纵坐标的增量.

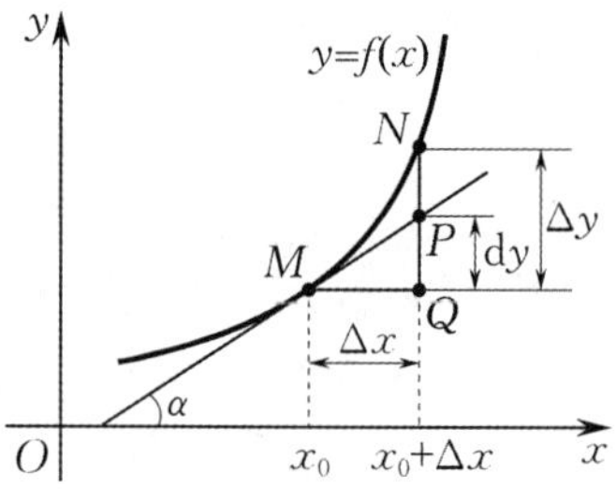

图 3－5

*3.3.3 微分在近似计算中的应用

当自变量 Δx 很小时，我们有 $\Delta y \approx dy$，即

$$f(x_0 + \Delta x) - f(x_0) \approx f'(x_0)\Delta x, \quad \text{亦即} \quad f(x_0 + \Delta x) \approx f(x_0) + f'(x_0)\Delta x.$$

若记 $x = x_0 + \Delta x$，则 $\Delta x = x - x_0$，上式可变为

$$f(x) \approx f(x_0) + f'(x_0)(x - x_0).$$

显然，通过将函数 $f(x)$ 线性化之后，只要 $f(x_0)$ 和 $f'(x_0)$ 的计算简便，我们便可以通过上式计算 $f(x)$ 的近似值. 近似值的精确度随着 $|x - x_0|$ 的减小而提高.

例 5 求 $\sin 31°$ 的近似值(精确到小数点后 4 位).

解 设函数 $f(x) = \sin x$，则 $f'(x) = \cos x$.

由于 $31° = \dfrac{31\pi}{180}$，且 $30° = \dfrac{\pi}{6}$ 是一个特殊角，它的三角函数值是已知的，故取 $x_0 = \dfrac{\pi}{6}$，可得

$$\sin 31° \approx \sin 30° + \cos 30° \cdot \left(\frac{31\pi}{180} - \frac{30\pi}{180}\right) = \frac{1}{2} + \frac{\sqrt{3}}{2} \cdot \frac{\pi}{180} \approx 0.515\,1.$$

例 6 半径为 10 cm 的金属圆片加热后，其半径增加了 0.05 cm，问：该金属圆片的面积大约增加了多少？

解 圆的面积公式为

$$A = \pi r^2 \quad (r \text{ 为半径}).$$

令 $r_0 = 10$ cm，$\Delta r = 0.05$ cm，因为 Δr 相对于 r_0 较小，所以可用微分 dA 近似代替 ΔA，即

$$\Delta A \approx dA = (\pi r^2)' dr = 2\pi r \Delta r = 2\pi \cdot 10 \cdot 0.05 \text{ cm}^2 = \pi \text{ cm}^2.$$

习　题　3

1. 利用导数的定义求函数 $f(x)=2x+1$ 的导数.

2. 利用导数的定义证明下列公式:

(1) $(\sin x)'=\cos x$;　　(2) $(e^x)'=e^x$.

3. 求下列曲线在指定点处的切线方程:

(1) $y=e^x, M_0(0,1)$;　　(2) $y=3x^2+2x-1, M_0(1,4)$;

(3) $y=\ln x, M_0(1,0)$.

4. 求下列函数的导数:

(1) $y=5x^2+2x-1$;　　(2) $y=2x+3\sqrt{x}-e^2$;

(3) $y=2x^2+\sec x-\frac{1}{x^2}$;　　(4) $y=2^x+3e^x-\ln x$;

(5) $y=x^2\ln x$;　　(6) $y=\sin x\cos x$;

(7) $y=\frac{1}{\ln x}$;　　(8) $y=\frac{\ln x}{1+x}$;

(9) $y=x^2\ln x\cos x$;　　(10) $y=x^5(x^2+\sqrt{x}-1)$;

(11) $y=\frac{x-1}{\sqrt{x}-1}$;　　(12) $y=\ln\frac{x}{3}$.

5. 求下列复合函数的导数:

(1) $y=(3+2x)^9$;　　(2) $y=(1-x^3)^{20}$;

(3) $y=\cos(4-3x)$;　　(4) $y=\ln(1+2x^4)$;

(5) $y=\tan x^2$;　　(6) $y=e^{-3x^2}$;

(7) $y=\sqrt{1-x^2}$;　　(8) $y=\sin^3(1+x^2)$;

(9) $y=\frac{1}{\sin e^x}$;　　(10) $y=\ln^3(\arctan 2x)$;

(11) $y=\csc 2x\cdot\cos 3x$;　　(12) $y=\arcsin\frac{1}{\sqrt{x^2-1}}$.

6. 求由下列方程所确定的隐函数 $y=y(x)$ 的导数:

(1) $x^2-y-y^3=1$;　　(2) $e^y+x^2y-x^3=0$;

(3) $xy=e^{x+y}$;　　(4) $y=1+x\sin y$.

7. 求下列函数的二阶导数:

(1) $y=x^5+4x^3+2x$;　　(2) $y=x\sin x$;

(3) $y=\ln^2 x$;　　(4) $y=e^{3x-4}$;

(5) $y=xe^{x^2}$.

8. 设函数 $f(x)=(3x+1)^{10}$,求 $f'''(0)$.

9. 在下列横线处填入适当的内容,使等式成立:

(1) $d(x^2)=$ ________；　　(2) $d\left(\frac{1}{x}\right)=$ ________；

(3) $d(e^x)=$ ________；　　(4) $d(\sin 2x)=$ ________；

(5) $d(3x+1)=$ ________；　　(6) $d(e^{2x})=$ ________；

(7) d ________ $=2dx$；　　(8) d ________ $=x^3dx$；

(9) d ________ $=e^xdx$；　　(10) d ________ $=\frac{1}{x}dx$；

(11) d ________ $=e^{-3x}dx$；　　(12) d ________ $=\sin 2xdx$；

(13) d ________ $=\frac{2}{\sqrt{x}}dx$；　　(14) d ________ $=\tan^2 xdx$.

10. 求下列函数的微分：

(1) $y=\ln x+2\sqrt{x}$；　　(2) $y=x\cos 2x$；

(3) $y=x^2e^{2x}$；　　(4) $xy+\ln y=1$.

*11. 计算下列数值的近似值：

(1) $\cos 29°$；　(2) $\tan 46°$；　(3) $\sqrt{80}$；　(4) $e^{-0.01}$.

*12. 一正方体的棱长为 10 m，如果其棱长增加 0.1 m，求此正方体体积增加的精确值和近似值.

第 4 章

微分中值定理与导数的应用

导数在自然科学和工程技术中都有着广泛的应用，本章将在微分中值定理的基础上，利用导数讨论函数的性态——函数的单调性、极值与最值、曲线的凹凸性等，并引出计算极限的新方法——洛必达法则.

§4.1 微分中值定理

4.1.1 费马定理

定义 4.1 设函数 $f(x)$ 在点 x_0 的某个邻域 $U(x_0)$ 内有定义. 如果对于该邻域内任何异于 x_0 的点 x 都有

(1) $f(x) < f(x_0)$ 成立,则称 $f(x_0)$ 为 $f(x)$ 的**极大值**,x_0 称为 $f(x)$ 的**极大值点**;

(2) $f(x) > f(x_0)$ 成立,则称 $f(x_0)$ 为 $f(x)$ 的**极小值**,x_0 称为 $f(x)$ 的**极小值点**.

极大值和极小值统称为**极值**;极大值点和极小值点统称为**极值点**.

如图 4-1 所示,x_1,x_3 是函数 $y = f(x)$ 的极大值点,而 x_2,x_4 是 $y = f(x)$ 的极小值点.

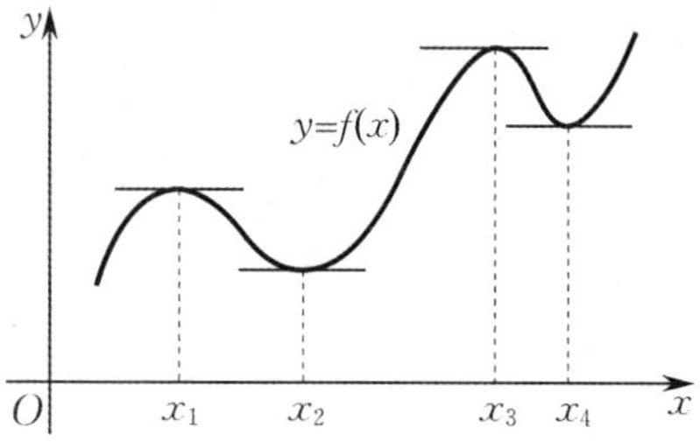

图 4-1

定理 4.1(费马定理) **设函数 $f(x)$ 在点 x_0 的某个邻域 $U(x_0)$ 内有定义,并且在点 x_0 处可导. 如果对于任意 $x \in U(x_0)$,有**

$$f(x) \leqslant f(x_0) \quad (\text{或 } f(x) \geqslant f(x_0)),$$

那么 $f'(x_0) = 0$.

定义 4.2 导数等于 0 的点称为函数的**驻点**.

由定义可知,费马定理可简单表述为:**可导函数的极值点一定为驻点.**

注 (1) 极值点未必是驻点. 例如,点 $x = 0$ 为函数 $f(x) = |x|$ 的极小值点,但函数在该点处不可导,所以点 $x = 0$ 不是函数的驻点.

(2) 驻点未必是极值点. 例如函数 $f(x) = x^3$,$f'(x) = 3x^2$,点 $x = 0$ 为该函数的驻点,但不是极值点.

4.1.2 罗尔中值定理

定理 4.2(罗尔中值定理) **如果函数 $f(x)$ 满足:**

(1) 在闭区间 $[a,b]$ 上连续,

(2) 在开区间 (a,b) 内可导,

(3) 在区间端点处的函数值相等,即 $f(a) = f(b)$,

那么在 (a,b) 内至少存在一点 ξ,使得 $f'(\xi) = 0$.

罗尔中值定理的几何意义:如果连续函数 $y = f(x)$ 在闭区间 $[a,b]$ 端点处的函数值相等且除区间端点外处处可导,则曲线 $y = f(x)$ 上至少有一点 $(\xi, f(\xi))$ $(a < \xi < b)$,使得曲线

$y=f(x)$ 在该点处的切线与 x 轴平行，如图 4-2 所示.

有必要指出，罗尔中值定理的条件有三个，如果缺少其中任何一个，定理将不一定成立. 同时，罗尔中值定理的条件是充分条件，而不是必要条件. 也就是说，定理的结论成立，函数未必满足定理中的三个条件，即定理的逆命题不一定成立.

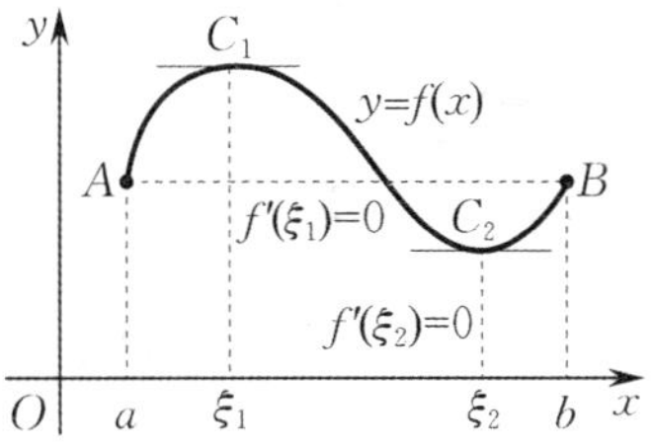

图 4-2

例 1　设函数 $f(x)=\sin^2 x$，在闭区间 $[0,\pi]$ 上验证罗尔中值定理的正确性.

解　显然 $f(x)$ 在闭区间 $[0,\pi]$ 上连续，在开区间 $(0,\pi)$ 内可导，且 $f(0)=f(\pi)=0$，而在开区间 $(0,\pi)$ 内确实存在一点 $\xi=\dfrac{\pi}{2}$，使得

$$f'\left(\frac{\pi}{2}\right)=2\sin x\cos x\Big|_{x=\frac{\pi}{2}}=0.$$

4.1.3　拉格朗日中值定理

在罗尔中值定理中，$f(a)=f(b)$ 这个条件是相当特殊的，它使得罗尔中值定理的应用受到了限制. 拉格朗日(Lagrange)在罗尔中值定理的基础上做了进一步推广，得到了微分学中具有重要地位的拉格朗日中值定理.

定理 4.3(拉格朗日中值定理)　如果函数 $f(x)$ 满足：

(1) 在闭区间 $[a,b]$ 上连续，

(2) 在开区间 (a,b) 内可导，

那么在 (a,b) 内至少存在一点 ξ，使得 $f'(\xi)=\dfrac{f(b)-f(a)}{b-a}$.

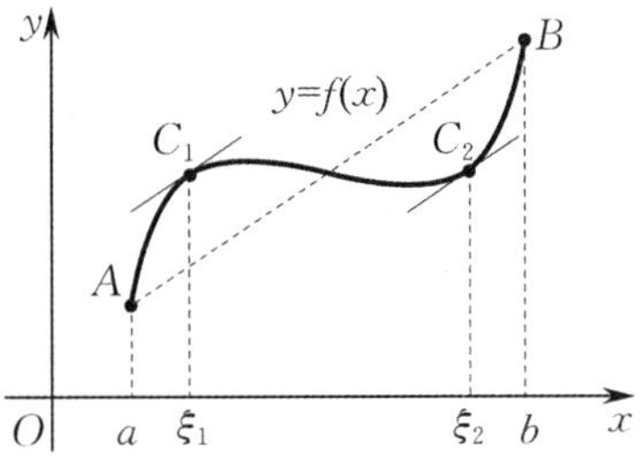

图 4-3

拉格朗日中值定理的几何意义：如果连续函数 $y=f(x)$ 在除闭区间 $[a,b]$ 端点外处处可导，则曲线 $y=f(x)$ 上至少有一点 $(\xi,f(\xi))(a<\xi<b)$，使得曲线 $y=f(x)$ 在该点处的切线平行于弦 AB，如图 4-3 所示.

拉格朗日中值定理的物理意义：设 $\dfrac{f(b)-f(a)}{b-a}$ 为某物理量 $f(x)$ 在闭区间 $[a,b]$ 上的平均变化率，而 $f'(\xi)$ 是 $f(x)$ 在点 $x=\xi$ 处的瞬时变化率，则拉格朗日中值定理说明，在整个区间上的平均变化率一定等于该区间内某点处的瞬时变化率.

例 2　验证函数 $f(x)=\arctan x$ 在区间 $[0,1]$ 上满足拉格朗日中值定理，并求出定理中的 ξ 值.

解　显然，$f(x)=\arctan x$ 在闭区间 $[0,1]$ 上连续，在开区间 $(0,1)$ 内可导，故满足拉格朗日中值定理的条件，则有

$$f(1)-f(0)=f'(\xi)(1-0)\quad(0<\xi<1),$$

即

$$\arctan 1-\arctan 0=\frac{1}{1+x^2}\bigg|_{x=\xi}=\frac{1}{1+\xi^2}.$$

故$\dfrac{1}{1+\xi^2}=\dfrac{\pi}{4}$，则 $\xi=\sqrt{\dfrac{4-\pi}{\pi}}\,(0<\xi<1)$.

推论 1 如果函数 $y=f(x)$ 在区间(a,b) 内满足 $f'(x)\equiv 0$，则在该区间内，有

$$f(x)=C \quad (C\text{ 为常数}).$$

证 设 $x_1\in(a,b)$，$x_2\in(a,b)$，且 $x_1<x_2$，由于 $f(x)$ 在闭区间$[x_1,x_2]$上满足拉格朗日中值定理的条件，则有

$$f(x_2)=f(x_1)+f'(\xi)(x_2-x_1) \quad (x_1<\xi<x_2).$$

由题意有 $f'(\xi)=0$，得 $f(x_2)=f(x_1)$. 也就是说，在开区间(a,b) 内任意两点的函数值都相等，因此 $f(x)$ 在区间(a,b) 内是一个常数函数.

推论 2 如果在区间(a,b) 内满足 $f'(x)=g'(x)$，则在该区间内，有

$$f(x)=g(x)+C \quad (C\text{ 为常数}).$$

证 设 $F(x)=f(x)-g(x)$，由已知条件及导数的四则运算法则可得

$$F'(x)=[f(x)-g(x)]'=f'(x)-g'(x)=0.$$

由推论 1 可知，$F(x)=f(x)-g(x)=C$，即

$$f(x)=g(x)+C.$$

*4.1.4 柯西中值定理

定理 4.4（柯西中值定理） **如果函数 $f(x)$ 和 $g(x)$ 同时满足：**

(1) 在闭区间$[a,b]$ 上连续，

(2) 在开区间(a,b) 内可导，

(3) 在(a,b) 内每一点处 $g'(x)\neq 0$，

那么在(a,b) 内至少存在一点 ξ，使得

$$\frac{f'(\xi)}{g'(\xi)}=\frac{f(b)-f(a)}{g(b)-g(a)}.$$

注 在这个定理中当 $g(x)=x$ 时，则 $g(b)-g(a)=b-a$，$g'(\xi)=1$，这时柯西中值定理就变成了拉格朗日中值定理，因此柯西中值定理又称为**广义中值定理**.

§4.2 利用导数研究函数的性态

4.2.1 函数的单调性

判别函数的单调性，我们有下面的定理.

定理 4.5　**设函数 $f(x)$ 在闭区间 $[a,b]$ 上连续，在开区间 (a,b) 内可导，且导数 $f'(x)$ 不变号.**

(1) 若在 (a,b) 内恒有 $f'(x)>0$，则函数 $f(x)$ 在 $[a,b]$ 上单调递增；

(2) 若在 (a,b) 内恒有 $f'(x)<0$，则函数 $f(x)$ 在 $[a,b]$ 上单调递减.

证　在闭区间 $[a,b]$ 上任取两点 x_1,x_2，不妨设 $x_1<x_2$. 函数 $f(x)$ 在闭区间 $[x_1,x_2]$ 上满足拉格朗日中值定理的条件，则至少存在一点 $\xi\in(x_1,x_2)$，使得

$$f'(\xi)=\frac{f(x_2)-f(x_1)}{x_2-x_1}.$$

(1) 如果在 (a,b) 内恒有 $f'(x)>0$，则有 $f'(\xi)>0$，即

$$f(x_2)>f(x_1).$$

由于 x_1,x_2 为 $[a,b]$ 上的任意两点，可知 $f(x)$ 在 $[a,b]$ 上单调递增.

(2) 同理，如果在 (a,b) 内恒有 $f'(x)<0$，那么函数 $f(x)$ 在 $[a,b]$ 上单调递减.

注　定理 4.5 中的闭区间 $[a,b]$ 换成其他类型的区间(包括无限区间)，结论也成立.

例 1　讨论函数 $f(x)=\mathrm{e}^x-x+2$ 的单调性.

解　函数的定义域为 $(-\infty,+\infty)$，且

$$f'(x)=\mathrm{e}^x-1.$$

令 $f'(x)=0$，得 $x=0$.

在 $(-\infty,0)$ 上，$f'(x)<0$；在 $(0,+\infty)$ 上，$f'(x)>0$.

由此可知，在 $(-\infty,0)$ 上，函数 $f(x)$ 单调递减；在 $(0,+\infty)$ 上，函数 $f(x)$ 单调递增.

一般地，讨论函数 $f(x)$ 的单调性的步骤如下：

(1) 确定函数的定义域；

(2) 求函数 $f(x)$ 的导数 $f'(x)$，令 $f'(x)=0$ 确定函数的驻点；

(3) 分区间讨论函数的单调性：驻点将函数的定义域分成若干个小区间，考察函数的导数 $f'(x)$ 在各个小区间内的正负性，便知函数在各个小区间上的单调性.

例 2　讨论函数 $f(x)=x^3-\frac{3}{2}x^2-6x+5$ 的单调性.

解　函数的定义域为 $(-\infty,+\infty)$，且

$$f'(x)=3x^2-3x-6=3(x^2-x-2)=3(x-2)(x+1).$$

令 $f'(x)=0$，得 $x_1=2,x_2=-1$.

在 $(-\infty,-1)$ 上，$f'(x)>0$；在 $(-1,2)$ 内，$f'(x)<0$；在 $(2,+\infty)$ 上，$f'(x)>0$.

由此可知，在 $(-\infty,-1)$ 和 $(2,+\infty)$ 上，函数 $f(x)$ 分别单调递增；在 $(-1,2)$ 内，函数 $f(x)$ 单调递减.

例 3　讨论函数 $f(x)=\sqrt[3]{x^2}$ 的单调性.

解　函数的定义域为 $(-\infty,+\infty)$，且

$$f'(x)=(x^{\frac{2}{3}})'=\frac{2}{3}x^{-\frac{1}{3}}=\frac{2}{3\sqrt[3]{x}}\quad(x\neq 0).$$

函数没有驻点,且在点 $x=0$ 处不可导,而

当 $x<0$ 时,$f'(x)<0$,函数 $f(x)$ 在 $(-\infty,0)$ 上单调递减;

当 $x>0$ 时,$f'(x)>0$,函数 $f(x)$ 在 $(0,+\infty)$ 上单调递增.

由例 3 可知,除驻点外,函数的不可导点(导数不存在的点)也可能是函数单调区间的分界点.

4.2.2 极值点的判别

由费马定理可知:可导函数的极值点必定是它的驻点,但函数的驻点不一定是极值点.由此得到可能的极值点为驻点或不可导点.

定理 4.6(第一充分条件) **设函数 $y=f(x)$ 在点 x_0 处连续,且在点 x_0 的某个邻域内可导(点 x_0 可除外).如果在该邻域内,**

(1) 当 $x<x_0$ 时,$f'(x)>0$,当 $x>x_0$ 时,$f'(x)<0$,则点 x_0 为 $f(x)$ 的极大值点;

(2) 当 $x<x_0$ 时,$f'(x)<0$,当 $x>x_0$ 时,$f'(x)>0$,则点 x_0 为 $f(x)$ 的极小值点;

(3) $f'(x)$ 在点 x_0 的左、右两侧保持同号,则点 x_0 不是 $f(x)$ 的极值点.

例 4 求函数 $f(x)=x^3-3x+2$ 的极值.

解 函数的定义域为 $(-\infty,+\infty)$,且

$$f'(x)=3x^2-3=3(x+1)(x-1).$$

令 $f'(x)=0$,可得驻点 $x_1=-1$,$x_2=1$,列表分析,如表 4-1 所示.

表 4-1

x	$(-\infty,-1)$	-1	$(-1,1)$	1	$(1,+\infty)$
$f'(x)$	+	0	−	0	+
$f(x)$	↗	极大值 4	↘	极小值 0	↗

表中记号"↗"表示函数单调递增,记号"↘"表示函数单调递减.由表 4-1 可知,函数 $f(x)$ 的极大值为 $f(-1)=4$,极小值为 $f(1)=0$.

定理 4.7(第二充分条件) **设函数 $f(x)$ 在点 x_0 处具有二阶导数,且 $f'(x_0)=0$,$f''(x_0)\neq 0$,则**

(1) 当 $f''(x_0)<0$ 时,点 x_0 为 $f(x)$ 的极大值点;

(2) 当 $f''(x_0)>0$ 时,点 x_0 为 $f(x)$ 的极小值点.

例 5 求函数 $f(x)=x^3+3x^2-24x+1$ 的极值.

解 函数的定义域为 $(-\infty,+\infty)$,且

$$f'(x)=3x^2+6x-24=3(x^2+2x-8)=3(x-2)(x+4).$$

令 $f'(x)=0$,可得驻点 $x_1=-4$,$x_2=2$.

因为 $f''(x)=6x+6$,所以

$$f''(-4)=6\times(-4)+6=-18<0,\quad f''(2)=6\times 2+6=18>0.$$

由定理 4.7 可知,$f(x)$ 在点 $x=-4$ 处取得极大值 $f(-4)=81$,在点 $x=2$ 处取得极小值

$f(2)=-27$.

一般地,求函数 $f(x)$ 的极值的步骤如下:

(1) 确定函数的定义域;

(2) 求函数 $f(x)$ 的导数 $f'(x)$,解方程 $f'(x)=0$,求出 $f(x)$ 的可能极值点(全部驻点和不可导点);

(3) 利用定理 4.6 或定理 4.7 判断函数的极值点,并求出函数的极值.

例 6　求函数 $f(x)=(x^2-9)^3$ 的极值点与极值.

解　(1) 函数的定义域为 $(-\infty,+\infty)$.

(2) 求出函数的可能极值点. 由于

$$f'(x)=3(x^2-9)^2\cdot 2x=6x(x^2-9)^2,$$

令 $f'(x)=0$,可得驻点 $x_1=-3$,$x_2=0$,$x_3=3$,没有不可导点.

(3) 列表分析,如表 4-2 所示.

表 4-2

x	$(-\infty,-3)$	-3	$(-3,0)$	0	$(0,3)$	3	$(3,+\infty)$
$f'(x)$	$-$	0	$-$	0	$+$	0	$+$
$f(x)$	↘	没有极值	↘	极小值 -729	↗	没有极值	↗

由表 4-2 可知,函数 $f(x)$ 的极小值为 $f(0)=-729$,没有极大值.

注　例 6 只能用极值的第一充分条件来判断,因为 $f''(-3)=f''(3)=0$,所以无法用极值的第二充分条件判断极值是否存在.

例 7　求函数 $f(x)=\dfrac{x}{3}-\sqrt[3]{x}$ 的极值点与极值.

解　(1) 函数的定义域为 $(-\infty,+\infty)$.

(2) 求出函数的可能极值点. 由于

$$f'(x)=\frac{1}{3}-\frac{1}{3}x^{-\frac{2}{3}}=\frac{1}{3}\cdot\frac{x^{\frac{2}{3}}-1}{x^{\frac{2}{3}}},$$

令 $f'(x)=0$,可得驻点 $x_1=-1$,$x_2=1$,另有不可导点 $x_3=0$.

(3) 列表分析,如表 4-3 所示.

表 4-3

x	$(-\infty,-1)$	-1	$(-1,0)$	0	$(0,1)$	1	$(1,+\infty)$
$f'(x)$	$+$	0	$-$	不存在	$-$	0	$+$
$f(x)$	↗	极大值 $\frac{2}{3}$	↘	没有极值	↘	极小值 $-\frac{2}{3}$	↗

由表 4-3 可知,函数 $f(x)$ 的极小值为 $f(1)=-\dfrac{2}{3}$,极大值为 $f(-1)=\dfrac{2}{3}$.

注　例 7 只能用极值的第一充分条件来判断,因为存在不可导点,所以无法用极值的第二充分条件判断极值是否存在.

4.2.3 曲线的凹凸性与拐点

前面我们已经学习了利用导数来讨论函数的单调性，若函数在区间内的导数 $f'(x)>0$，则函数在该区间内单调递增；若函数在区间内的导数 $f'(x)<0$，则函数在该区间内单调递减. 但在实际应用中，经常还需要进一步判定函数递增或递减快慢的变化情况，而曲线的凹凸性就是反映函数的这个特性的.

定义 4.3 在区间 (a,b) 内，若曲线 $y=f(x)$ 在各点处的切线都位于曲线的下方，则称此曲线在 (a,b) 内是**凹的**(或**凹弧**)；若曲线 $y=f(x)$ 在各点处的切线都位于曲线的上方，则称此曲线在 (a,b) 内是**凸的**(或**凸弧**).

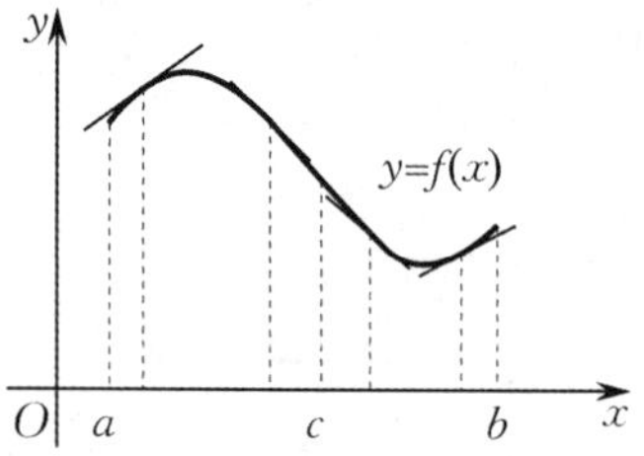

图 4-4

如图 4-4 所示，曲线 $y=f(x)$ 在 (a,c) 内是凸的，在 (c,b) 内则是凹的.

可以看出，在凸弧段曲线上，各点的切线斜率随着 x 的增大而减小，因此 $f'(x)$ 是 x 的单调递减函数，即有 $f''(x)<0$；在凹弧段曲线上，各点的切线斜率随着 x 的增大而增大，因此 $f'(x)$ 是 x 的单调递增函数，即有 $f''(x)>0$. 于是，我们得到曲线凹凸性的判定方法.

定理 4.8 **设函数 $y=f(x)$ 在 $[a,b]$ 上连续，在 (a,b) 内 $f''(x)$ 存在，且 $f''(x)\neq 0$.**

(1) 如果在 (a,b) 内 $f''(x)>0$，则曲线 $y=f(x)$ 在 $[a,b]$ 上是凹的；

(2) 如果在 (a,b) 内 $f''(x)<0$，则曲线 $y=f(x)$ 在 $[a,b]$ 上是凸的.

注 定理 4.8 中的区间 $[a,b]$ 换成其他各种区间(包括无限区间)，结论也成立.

例 8 判断曲线 $f(x)=x^3$ 的凹凸性.

解 函数 $f(x)=x^3$ 的定义域为 $(-\infty,+\infty)$，且

$$f'(x)=3x^2,\quad f''(x)=6x.$$

当 $x\in(-\infty,0)$ 时，$f''(x)<0$，则曲线 $f(x)=x^3$ 在 $(-\infty,0)$ 上是凸的；

当 $x\in(0,+\infty)$ 时，$f''(x)>0$，则曲线 $f(x)=x^3$ 在 $(0,+\infty)$ 上是凹的.

从例 8 中看到，点 $(0,0)$ 是曲线 $f(x)=x^3$ 的凹凸区间的分界点.

定义 4.4 连续曲线 $y=f(x)$ 上凹弧与凸弧的分界点称为曲线的**拐点**.

由此可知，如果 $f''(x_0)=0$，且 $f''(x)$ 在点 x_0 的左、右两侧异号，则点 $(x_0,f(x_0))$ 就是曲线 $y=f(x)$ 的一个拐点.

一般地，判断曲线 $y=f(x)$ 的凹凸性与拐点的步骤如下：

(1) 确定函数 $y=f(x)$ 的定义域；

(2) 求出 $f'(x)$ 和 $f''(x)$；

(3) 求出 $f''(x)=0$ 和 $f''(x)$ 不存在的点，记为 $x_i(i=1,2,\cdots)$，用这些点把函数的定义域分成若干个子区间；

(4) 考察 $f''(x)$ 在这些子区间内的符号并判定曲线 $y=f(x)$ 在这些子区间上的凹凸性.

若 $f''(x)$ 在步骤(3)中求出的点 $x_i(i=1,2,\cdots)$ 的左、右两侧异号，则点 $(x_i,f(x_i))$ 就是曲线 $y=f(x)$ 的一个拐点，若同号则不是拐点.

例 9　讨论曲线 $f(x)=x^4-6x^3+12x^2-10$ 的凹凸性，并求其拐点.

解　函数 $f(x)$ 的定义域为 $(-\infty,+\infty)$，且

$$f'(x)=4x^3-18x^2+24x,$$

$$f''(x)=12x^2-36x+24=12(x^2-3x+2)=12(x-1)(x-2).$$

令 $f''(x)=0$，得 $x_1=1$，$x_2=2$. 列表讨论，如表 4 - 4 所示.

表 4 - 4

x	$(-\infty,1)$	1	$(1,2)$	2	$(2,+\infty)$
$f''(x)$	$+$	0	$-$	0	$+$
$f(x)$	凹的	拐点 $(1,-3)$	凸的	拐点 $(2,6)$	凹的

由表 4 - 4 可知，曲线 $f(x)=x^4-6x^3+12x^2-10$ 在 $(-\infty,1)$ 和 $(2,+\infty)$ 上是凹的，在 $(1,2)$ 上是凸的，拐点为点 $(1,-3)$ 和点 $(2,6)$.

例 10　讨论曲线 $f(x)=(x-1)\cdot\sqrt[3]{x^2}$ 的凹凸性，并求其拐点.

解　函数 $f(x)$ 的定义域为 $(-\infty,+\infty)$，且

$$f'(x)=\left(x^{\frac{5}{3}}-x^{\frac{2}{3}}\right)'=\frac{5}{3}x^{\frac{2}{3}}-\frac{2}{3}x^{-\frac{1}{3}},$$

$$f''(x)=\frac{10}{9}x^{-\frac{1}{3}}+\frac{2}{9}x^{-\frac{4}{3}}=\frac{10}{9}x^{-\frac{4}{3}}\left(x+\frac{1}{5}\right)=\frac{10}{9x\sqrt[3]{x}}\left(x+\frac{1}{5}\right).$$

当 $x=0$ 时，$f''(x)$ 不存在；令 $f''(x)=0$，得 $x=-\dfrac{1}{5}$. 列表讨论，如表 4 - 5 所示.

表 4 - 5

x	$\left(-\infty,-\frac{1}{5}\right)$	$-\frac{1}{5}$	$\left(-\frac{1}{5},0\right)$	0	$(0,+\infty)$
$f''(x)$	$-$	0	$+$	不存在	$+$
$f(x)$	凸的	拐点 $\left(-\frac{1}{5},-\frac{6}{5\sqrt[3]{25}}\right)$	凹的	不是拐点	凹的

由表 4 - 5 可知，曲线 $f(x)=(x-1)\cdot\sqrt[3]{x^2}$ 在 $\left(-\infty,-\dfrac{1}{5}\right)$ 上是凸的，在 $\left(-\dfrac{1}{5},0\right)$ 和 $(0,+\infty)$ 上是凹的，拐点为点 $\left(-\dfrac{1}{5},-\dfrac{6}{5\sqrt[3]{25}}\right)$.

4.2.4　函数的最值

在生产实践和实际生活中，经常会遇到这样一类问题：在一定条件下，怎样使“用料最省”“成本最低”“产量最高”“效率最高”等问题. 这类问题在数学上往往可归结为求某个函数的最大值或最小值问题.

对于闭区间 $[a,b]$ 上的连续函数 $f(x)$，根据闭区间上连续函数的性质可知，$f(x)$ 在

$[a,b]$ 上一定能取到最大值和最小值. 而最大值点和最小值点必定是 $f(x)$ 在 (a,b) 内的驻点、导数不存在的点或者是区间的端点. 因此,一般求连续函数 $f(x)$ 在 $[a,b]$ 上的最大值和最小值的步骤如下:

(1) 求出函数 $f(x)$ 在 (a,b) 内的驻点 $x_1,x_2,\cdots,x_m$,以及不可导点 $x_1',x_2',\cdots,x_n'$;

(2) 计算 $f(x_i)(i=1,2,\cdots,m)$,$f(x_j')(j=1,2,\cdots,n)$,以及 $f(a)$,$f(b)$;

(3) 比较步骤(2) 中各个函数值的大小,其中最大的便是 $f(x)$ 在 $[a,b]$ 上的最大值,最小的便是 $f(x)$ 在 $[a,b]$ 上的最小值.

例 11 求函数 $f(x)=x^3+3x^2-9x+1$ 在 $[-4,2]$ 上的最大值和最小值.

解 因为 $f(x)=x^3+3x^2-9x+1$ 在 $[-4,2]$ 上连续,所以函数 $f(x)$ 在该区间上一定存在最大值和最小值. 又因为

$$f'(x)=3x^2+6x-9=3(x+3)(x-1),$$

令 $f'(x)=0$,得驻点 $x_1=-3$,$x_2=1$.

由于 $f(-4)=21$,$f(-3)=28$,$f(1)=-4$,$f(2)=3$,因此函数 $f(x)$ 在 $[-4,2]$ 上的最大值为 $f(-3)=28$,最小值为 $f(1)=-4$.

例 12 将边长为 a 的一块正方形铁皮,四角各截去一个大小相同的小正方形,然后将其四边折起做成一个无盖的方盒. 问:截去的小正方形边长为多大时,所得方盒的容积最大?

解 设截去的小正方形边长为 x,则盒底的边长为 $a-2x$,因此所得方盒的容积为

$$V(x)=x(a-2x)^2,\quad x\in\left(0,\frac{a}{2}\right).$$

因为

$$V'(x)=(a-2x)(a-6x),$$

令 $V'(x)=0$,得 $x_1=\frac{a}{2}$(舍去),$x_2=\frac{a}{6}$.

又因为

$$V''(x)=24x-8a,\quad V''\left(\frac{a}{6}\right)=24\cdot\frac{a}{6}-8a=-4a<0,$$

所以点 $x_2=\frac{a}{6}$ 为函数 $V(x)$ 的极大值点. 由于极值点唯一,故这个极大值点就是函数的最大值点. 由此可知,当截去的小正方形边长为 $\frac{a}{6}$ 时,所得方盒的容积最大.

注 在实际问题中,若函数在某区间上的极值点唯一,那么该极值点必为函数在该区间上的最值点.

4.2.5 在经济学中的应用

企业的经营决策主要取决于成本支出与收入. 成本函数通常用 $C(x)$ 表示,其中 x 表示产量. 产量越多,成本越高,所以 $C(x)$ 是单调递增函数. 它的图形通常如图 4-5(a) 所示,其中曲线在 C 轴上的截距叫作**固定成本**. 成本函数在开始时增长很快,然后逐渐慢下来,因为产量多

了，所以效率就提高了. 当产量保持高水平时，资源可能匮乏，成本函数再次开始较快增长，或设备需要更新，这也会引起成本函数的迅速增长. 因此，曲线开始是凸的，后来是凹的.

收入函数用 $R(x)$ 表示，x 是产量. 如果价格 p 是常数，那么

$$R(x)=px.$$

它的图形是过坐标原点的直线[见图 4-5(b)]. 但实际上，当产量过大时，产品就销售不出去，需要降价，这时 $R(x)$ 的图形如图 4-5(c) 所示.

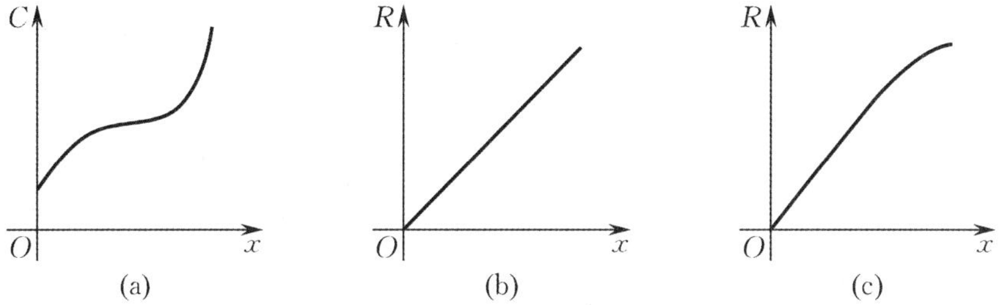

图 4-5

企业家最关心的当然是利润函数. 利润函数用 $L(x)$ 表示，定义为

$$L(x)=R(x)-C(x).$$

当 $L(x)>0$ 时，企业盈利；当 $L(x)<0$ 时，企业亏损.

在经济分析中通常用“边际”这一概念描述一个变量 y 对另一个变量 x 的变化率，也就是变量 y 对变量 x 的导数.

成本函数 $C=C(x)$ 关于产量 x 的导数称为**边际成本函数**，记作 MC，即

$$\mathrm{MC}=\frac{\mathrm{d}C}{\mathrm{d}x}.$$

因为成本函数是单调递增的，所以边际成本总是正的.

收入函数 $R=R(x)$ 关于产量 x 的导数称为**边际收入函数**，记为 MR，即

$$\mathrm{MR}=\frac{\mathrm{d}R}{\mathrm{d}x}.$$

利润函数什么时候取得最大值或最小值呢？这需要对 $L(x)$ 求导，并找出 $L(x)$ 的驻点：

$$L'(x)=R'(x)-C'(x)=0,\quad 即\quad R'(x)=C'(x).$$

用经济学语言来说，当边际成本 = 边际收入时，可能获得最大利润或最小利润. 当然，最大利润或最小利润也不一定发生在 MR = MC 的时候，可能出现在端点处. 但是，在经济学中这个是强有力的关系式，对经济分析提供了重要的分析依据.

例 13　设生产 x 件产品的成本函数(单位：元)为 $C(x)=3\,000+80x+3x^2$，收入函数(单位：元)为 $R(x)=580x-2x^2$，求利润函数及最大利润.

解　由于利润函数 $L(x)$ 就是收入函数 $R(x)$ 与成本函数 $C(x)$ 的差，则

$$\begin{aligned}L(x)=R(x)-C(x)&=(580x-2x^2)-(3\,000+80x+3x^2)\\&=-3\,000+500x-5x^2,\end{aligned}$$

于是有

$$L'(x)=500-10x.$$

令 $L'(x)=0$，得 $x=50$. 又 $L''(x)=-10<0$，则 $x=50$ 是 $L(x)$ 的极大值点. 由于极值点唯一，故 $x=50$ 就是 $L(x)$ 的最大值点. 因此，当 $x=50$ 时，取得最大利润 $L(50)=9\,500$ 元.

§4.3 洛必达法则

在运用极限的运算法则求函数的极限时，我们会遇到分子、分母都趋于 0 或都趋于无穷大的情况，这样的极限可能存在也可能不存在，通常称这种极限为**未定式**(或**未定型**)，并分别简记为 $\frac{0}{0}$ 型或 $\frac{\infty}{\infty}$ 型. 例如，极限 $\lim\limits_{x\to 1}\frac{x^2-1}{x-1}$ 为 $\frac{0}{0}$ 型未定式，极限 $\lim\limits_{x\to+\infty}\frac{e^x}{x^2}$ 为 $\frac{\infty}{\infty}$ 型未定式. 这种极限不能用"商的极限的运算法则"来求，下面我们将介绍求这种未定式极限的一种简便且重要的方法——洛必达法则.

4.3.1 $\frac{0}{0}$ 型未定式

定理 4.9 **如果函数 $f(x)$ 和 $g(x)$ 满足下列条件：**

(1) $\lim\limits_{x\to a}f(x)=0$，$\lim\limits_{x\to a}g(x)=0$，

(2) **在点 a 的某个去心邻域内，$f'(x)$ 与 $g'(x)$ 都存在且 $g'(x)\neq 0$，**

(3) $\lim\limits_{x\to a}\frac{f'(x)}{g'(x)}$ **存在(或为无穷大)，**

那么

$$\lim_{x\to a}\frac{f(x)}{g(x)}=\lim_{x\to a}\frac{f'(x)}{g'(x)}.$$

注 这里的 $x\to a$，是指 x 在同一个变化过程中，a 可以是一个点 x_0，也可以是无穷大(∞，$-\infty$，$+\infty$).

这种在一定条件下通过分子、分母分别求导，再求极限来确定未定式的值的方法称为**洛必达法则**. 这个定理可以根据柯西中值定理得以证明，此处略.

例 1 求 $\lim\limits_{x\to 2}\frac{x^2-4}{x-2}$.

解 这是 $\frac{0}{0}$ 型未定式，且满足洛必达法则的条件，则

$$\lim_{x\to 2}\frac{x^2-4}{x-2}=\lim_{x\to 2}\frac{2x}{1}=4.$$

例 2 求 $\lim\limits_{x\to 0}\frac{1-\cos 2x}{x^2}$.

解 这是 $\frac{0}{0}$ 型未定式，且满足洛必达法则的条件，则

$$\lim_{x\to 0}\frac{1-\cos 2x}{x^2}=\lim_{x\to 0}\frac{2\sin 2x}{2x}=2.$$

例 3　求 $\lim\limits_{x\to+\infty}\dfrac{\frac{1}{x}}{\frac{\pi}{2}-\arctan x}$.

解　这是 $\frac{0}{0}$ 型未定式，且满足洛必达法则的条件，则

$$\lim_{x\to+\infty}\frac{\frac{1}{x}}{\frac{\pi}{2}-\arctan x}=\lim_{x\to+\infty}\frac{-\frac{1}{x^2}}{-\frac{1}{1+x^2}}=\lim_{x\to+\infty}\frac{1+x^2}{x^2}=1.$$

注　如果利用洛必达法则之后所得的导数之比的极限仍是 $\frac{0}{0}$ 型未定式，且符合洛必达法则的条件，那么可以重复利用洛必达法则.

例 4　求 $\lim\limits_{x\to 1}\dfrac{x^3-3x+2}{x^3-x^2-x+1}$.

解　这是 $\frac{0}{0}$ 型未定式，且满足洛必达法则的条件，则

$$\lim_{x\to 1}\frac{x^3-3x+2}{x^3-x^2-x+1}=\lim_{x\to 1}\frac{3x^2-3}{3x^2-2x-1}=\lim_{x\to 1}\frac{6x}{6x-2}=\frac{3}{2}.$$

例 5　求 $\lim\limits_{x\to 0}\dfrac{x-\sin x}{2x^3}$.

解　这是 $\frac{0}{0}$ 型未定式，且满足洛必达法则的条件，则

$$\lim_{x\to 0}\frac{x-\sin x}{2x^3}=\lim_{x\to 0}\frac{1-\cos x}{6x^2}=\lim_{x\to 0}\frac{\sin x}{12x}=\lim_{x\to 0}\frac{\cos x}{12}=\frac{1}{12}.$$

例 6　求 $\lim\limits_{x\to 0}\dfrac{\cos x\arcsin(\tan x)}{\ln(1+x)-x}$.

解　这是 $\frac{0}{0}$ 型未定式，如果直接利用洛必达法则求解，则比较烦琐. 若先进行等价无穷小替换再利用洛必达法则，那么能大大简化运算过程.

$$\begin{aligned}\lim_{x\to 0}\frac{\cos x\arcsin(\tan x)}{\ln(1+x)-x}&=\lim_{x\to 0}\frac{\cos x\tan x}{\ln(1+x)-x}=\lim_{x\to 0}\frac{x\cos x}{\ln(1+x)-x}\\&=\lim_{x\to 0}\cos x\cdot\lim_{x\to 0}\frac{x}{\ln(1+x)-x}=\lim_{x\to 0}\frac{1}{\frac{1}{1+x}-1}\\&=\lim_{x\to 0}\left(-\frac{1+x}{x}\right)=\infty.\end{aligned}$$

4.3.2　$\frac{\infty}{\infty}$ 型未定式

定理 4.10　如果函数 $f(x)$ 和 $g(x)$ 满足下列条件：

(1) $\lim\limits_{x\to a}f(x)=\infty,\lim\limits_{x\to a}g(x)=\infty$,

(2) **在点 a 的某个去心邻域内,$f'(x)$ 与 $g'(x)$ 都存在且 $g'(x)\neq 0$,**

(3) $\lim\limits_{x\to a}\dfrac{f'(x)}{g'(x)}$ **存在(或为无穷大),**

那么

$$\lim_{x\to a}\frac{f(x)}{g(x)}=\lim_{x\to a}\frac{f'(x)}{g'(x)}.$$

注 与定理4.9一样,这里的 $x\to a$,是指 x 在同一个变化过程中,a 可以是一个点 x_0,也可以是无穷大($\infty,-\infty,+\infty$).

例 7 求 $\lim\limits_{x\to+\infty}\dfrac{\ln x}{x}$.

解 这是$\dfrac{\infty}{\infty}$型未定式,且满足洛必达法则的条件,则

$$\lim_{x\to+\infty}\frac{\ln x}{x}=\lim_{x\to+\infty}\frac{1}{x}=0.$$

例 8 求 $\lim\limits_{x\to+\infty}\dfrac{\mathrm{e}^x}{x^n}$ $(n\in\mathbf{N}_+)$.

解 这是$\dfrac{\infty}{\infty}$型未定式,且可多次利用洛必达法则,则

$$\lim_{x\to+\infty}\frac{\mathrm{e}^x}{x^n}=\lim_{x\to+\infty}\frac{\mathrm{e}^x}{nx^{n-1}}=\lim_{x\to+\infty}\frac{\mathrm{e}^x}{n(n-1)x^{n-2}}=\cdots=\lim_{x\to+\infty}\frac{\mathrm{e}^x}{n!}=+\infty.$$

4.3.3 其他类型的未定式($0\cdot\infty,\infty-\infty$)

(1) 对于 $0\cdot\infty$ 型未定式,可将乘积化为商的形式,即化为$\dfrac{0}{0}$型或$\dfrac{\infty}{\infty}$型未定式,再利用洛必达法则进行计算.

例 9 求 $\lim\limits_{x\to0^+}x\ln x$.

解 $$\lim_{x\to0^+}x\ln x=\lim_{x\to0^+}\frac{\ln x}{\frac{1}{x}}=\lim_{x\to0^+}\frac{\frac{1}{x}}{-\frac{1}{x^2}}=\lim_{x\to0^+}(-x)=0.$$

例 10 求 $\lim\limits_{x\to+\infty}x^{-2}\mathrm{e}^x$.

解 $$\lim_{x\to+\infty}x^{-2}\mathrm{e}^x=\lim_{x\to+\infty}\frac{\mathrm{e}^x}{x^2}=\lim_{x\to+\infty}\frac{\mathrm{e}^x}{2x}=\lim_{x\to+\infty}\frac{\mathrm{e}^x}{2}=+\infty.$$

(2) 对于 $\infty-\infty$ 型未定式,可通分以后将其化为$\dfrac{0}{0}$型或$\dfrac{\infty}{\infty}$型未定式,再利用洛必达法则进行计算.

例 11 求 $\lim\limits_{x\to1}\left(\dfrac{1}{x-1}-\dfrac{1}{\ln x}\right)$.

解 $$\lim_{x\to1}\left(\frac{1}{x-1}-\frac{1}{\ln x}\right)=\lim_{x\to1}\frac{\ln x-x+1}{(x-1)\ln x}=\lim_{x\to1}\frac{\frac{1}{x}-1}{\ln x+(x-1)\frac{1}{x}}$$

$$=\lim_{x\to1}\frac{\frac{1}{x}-1}{\ln x+1-\frac{1}{x}}=\lim_{x\to1}\frac{-\frac{1}{x^2}}{\frac{1}{x}+\frac{1}{x^2}}=-\frac{1}{2}.$$

*§4.4　曲　　率

4.4.1　曲率的概念

车床上的轴、建筑物、厂房的钢梁在外力的作用下都会发生弯曲变形，弯曲到一定程度就会断裂. 如何描述这种"弯曲程度"，成为生产实践中经常要考虑的问题.

【案例 4.1】 设工件表面的截线为抛物线 $y=0.4x^2$，现拟用砂轮磨削其内表面，选用多大直径的砂轮比较合适?

要解决好这个问题，必须了解曲率半径. 下面首先引入平均曲率和曲率的概念.

定义 4.5 设曲线$\overset{\frown}{MN}$两端的切线的转角为α，曲线$\overset{\frown}{MN}$的长度为l，则称$|\alpha|$与l的比值为曲线$\overset{\frown}{MN}$的**平均曲率**(见图 4-6)，记作$\overline{K}$，即

$$\overline{K}=\frac{|\alpha|}{l}.$$

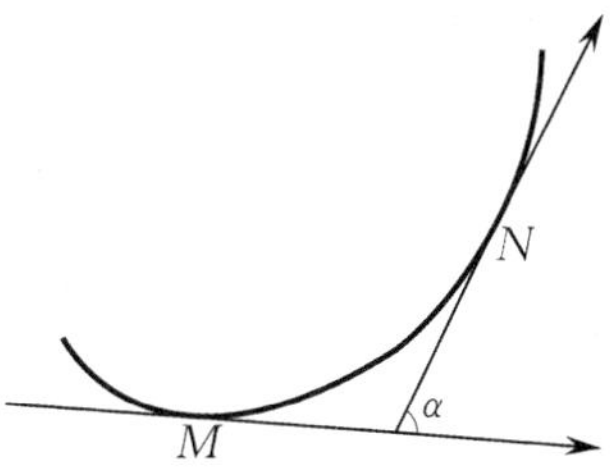

图 4-6

一般地，曲线上各点附近的弯曲程度并不相同，所以曲线的平均曲率只能表示整段曲线的平均弯曲程度.

定义 4.6 固定曲线$\overset{\frown}{MN}$的端点M，当点N沿曲线趋于点M时，若曲线$\overset{\frown}{MN}$的平均曲率的极限存在，则称该极限值为曲线$\overset{\frown}{MN}$在点M处的**曲率**，记作K，即

$$K=\lim_{N\to M}\frac{|\alpha|}{l}=\lim_{l\to0}\frac{|\alpha|}{l}.$$

注 (1) 角α的单位是弧度，平均曲率和曲率的单位都是弧度/长度.

(2) 曲率K越大，说明曲线$\overset{\frown}{MN}$在点M处的弯曲程度越大；反之，弯曲程度越小.

例 1 求直线上各点的曲率.

解 由于直线上切线的转角为$\alpha=0$，所以

$$K=\lim_{l\to0}\frac{|\alpha|}{l}=0,$$

即直线上各点的曲率都等于0.

例 2　求半径为 R 的圆上任一点处的曲率.

解　由于 $\Delta l = R\Delta\alpha$，于是 $\left|\dfrac{\Delta\alpha}{\Delta l}\right| = \dfrac{1}{R}$，故

$$K = \lim_{\Delta l \to 0}\left|\frac{\Delta\alpha}{\Delta l}\right| = \frac{1}{R}.$$

这说明半径为 R 的圆上各点的曲率是同一个常数 $\dfrac{1}{R}$，即圆的弯曲是均匀的，半径越小，弯曲程度越大.

下面给出曲率的一般计算公式：

$$K = \frac{|y''|}{[1+(y')^2]^{\frac{3}{2}}}.$$

例 3　求抛物线 $y = x^2$ 上任一点处的曲率.

解　由于 $y' = 2x, y'' = 2$，所以 $y = x^2$ 上任一点处的曲率为

$$K = \frac{|y''|}{[1+(y')^2]^{\frac{3}{2}}} = \frac{2}{(1+4x^2)^{\frac{3}{2}}}.$$

由此可以看出，抛物线 $y = x^2$ 在坐标原点(顶点)处的曲率最大.

4.4.2　曲率圆与曲率半径

由前面的讨论可知，圆上每一点的曲率都相同，且等于它的半径的倒数. 对于一般的曲线，其每一点的曲率一般不相同. 因此，在研究曲线在某一点的曲率时，如果用一个曲率与曲线在该点的曲率相同的圆来代替该点附近的曲线，常有便利之处. 这样的圆称为曲率圆.

定义 4.7　如果一个圆满足下列三个条件：

(1) 在点 M 处与曲线有相同的切线，

(2) 在点 M 处与曲线有相同的凹凸性，

(3) 在点 M 处与曲线有相同的曲率(见图 4－7)，

则称此圆为曲线在点 M 处的**曲率圆**.

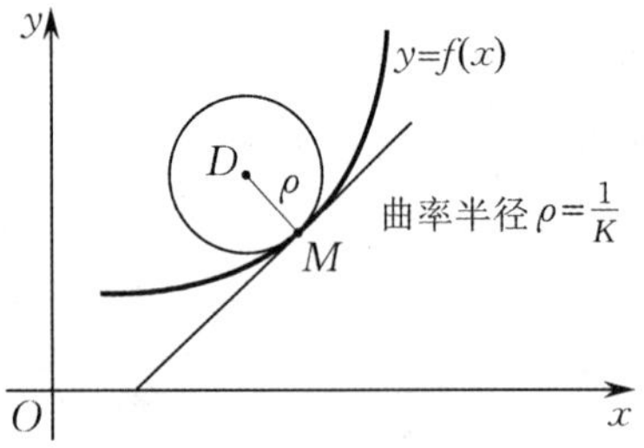

图 4－7

曲率圆的中心 D 叫作曲线在点 M 处的**曲率中心**，曲率圆的半径叫作曲线在点 M 处的**曲率半径**.

按上述规定，曲线在点 M 处的曲率 $K(K \neq 0)$ 与曲线在点 M 处的曲率半径 ρ 有如下关系：

$$\rho = \frac{1}{K},\quad K = \frac{1}{\rho}.$$

这就是说，曲线上任一点处的曲率半径与曲线在该点处的曲率互为倒数.

下面来求解案例 4.1 的问题.

解　为了在磨削时不使砂轮与工件接触处附近的那部分工件磨去太多，砂轮的半径应

不大于抛物线各点处曲率半径中的最小值. 由例 3 可知，抛物线在其顶点处的曲率最大，即抛物线在其顶点处的曲率半径最小. 因此，只要求出抛物线 $y=0.4x^2$ 在其顶点处的曲率半径即可. 由

$$y'=0.8x,\quad y''=0.8,$$

有

$$y'\Big|_{x=0}=0,\quad y''\Big|_{x=0}=0.8,$$

把它们代入曲率公式，得

$$K=0.8,$$

因而求得抛物线在其顶点处的曲率半径为

$$\rho=\frac{1}{K}=1.25.$$

因此，选用砂轮的半径不得超过 1.25 单位长，即直径不得超过 2.50 单位长.

习 题 4

1. 某车主上午 10 点驾车从某收费站上高速公路，上午 11 点从另一收费站下高速公路，两收费站相距 112 km，该段高速公路限速 100 km/h. 刚下高速公路，一位交警拦住了车主，向其递交了超速罚款单. 如果在这一个小时的行程中没人测量过该车的速度，试利用拉格朗日中值定理来解释对该车主递交罚款单是否合理.

2. 讨论下列函数的单调性：

(1) $y=x-e^x$；　(2) $y=(x-1)(x+1)^2$；

(3) $y=\sqrt{2x-x^2}$；　(4) $y=4x^3-9x^2+6x$；

(5) $y=2x+\dfrac{8}{x}\ (x>0)$.

3. 求下列函数的极值：

(1) $y=x^3+3x^2+7$；　(2) $y=\arctan x-\dfrac{1}{2}\ln(1+x^2)$；

(3) $y=x-\ln(1+x)$；　(4) $y=-x^4+2x^2$；

(5) $y=x+\sqrt{1-x}$.

4. 求下列曲线的拐点及凹凸区间：

(1) $y=x^3-5x^2+3x+5$；　(2) $y=xe^{-x}$；

(3) $y=\ln(x^2+1)$.

5. 求下列函数在指定区间上的最值：

(1) $y=2x^3-3x^2,[-1,4]$；　(2) $y=x^4-8x^2+2,[-1,3]$.

6. 某种玩具进货的价格为每件 6 元，若售价定为 7 元 / 件，估计可卖出 100 件；若售价每降低 0.1 元 / 件，则可多卖出 50 件. 问：应进多少件货，每件售价为多少时，可获得最大利润？最大利润是多少？

7. 用边长为 48 cm 的正方形铁皮做一个无盖的铁盒，在铁皮的四个角各截去面积相等的四个小正方形，然后将其四边折起做成一个无盖的铁盒. 问：截去多大的小正方形，能使所做的铁盒容积最大？

8. 一房地产公司有 50 套公寓要出租. 当月租金定为 1 000 元 / 套时，公寓会全部租出去. 当月租金每增加 50 元 / 套时，就会多一套公寓租不出去，而租出去的公寓每月需花费 100 元 / 套的维修费. 试问月租金定为多少可获得最大收入？

9. 某学生在暑假期间制作并销售项链，如果以 10 元 / 条的价格出售，每天可售出 20 条. 当价格每提高 1 元 / 条时，每天就少售出 2 条.

(1) 求价格函数(假定价格与销售量的函数关系是线性的)；

(2) 如果制作一条项链的成本是 6 元，该学生以什么价格出售才能获得最大利润？

10. 欲用长为 6 m 的铝合金料加工一个日字形窗框. 问：该窗框的长和宽分别为多少时，才能使窗户的面积最大？最大面积为多少？

11. 利用洛必达法则求下列极限：

(1) $\lim\limits_{x\to 0}\dfrac{\ln(1+x)}{x}$；

(2) $\lim\limits_{x\to 0}\dfrac{e^x-e^{-x}}{\sin x}$；

(3) $\lim\limits_{x\to 0}\dfrac{\sin 3x}{\tan 5x}$；

(4) $\lim\limits_{x\to a}\dfrac{x^m-a^m}{x^n-a^n}$；

(5) $\lim\limits_{x\to a}\dfrac{\ln x-\ln a}{x-a}$；

(6) $\lim\limits_{x\to \pi}\dfrac{\sin 3x}{\sin 7x}$；

(7) $\lim\limits_{x\to 0}\dfrac{3x}{\sin 2x}$；

(8) $\lim\limits_{x\to \infty}\dfrac{3x^3-3x}{x^4+x-2}$；

(9) $\lim\limits_{x\to +\infty}\dfrac{2x^4+1}{e^x-1}$；

(10) $\lim\limits_{x\to \infty}\dfrac{\ln(1+x^2)}{\ln(1+x^4)}$；

(11) $\lim\limits_{x\to +\infty}\dfrac{\sqrt{x+1}}{2\sqrt{x-1}}$；

(12) $\lim\limits_{x\to +\infty}\dfrac{\sqrt{x+1}+\sqrt{x}}{\sqrt{x+3}}$；

(13) $\lim\limits_{x\to 0}x\cot 2x$；

(14) $\lim\limits_{x\to \infty}x(e^{\frac{1}{x}}-1)$；

(15) $\lim\limits_{x\to \frac{\pi}{2}}(\sec x-\tan x)$；

(16) $\lim\limits_{x\to 0}\left(\dfrac{1}{x}-\dfrac{1}{e^x-1}\right)$.

* 12. 求抛物线 $y=x^2-4x+3$ 在其顶点处的曲率.

* 13. 求椭圆 $4x^2+y^2=4$ 在点(0,2) 处的曲率.

第5章

不定积分

前面我们已经讨论了一元函数的微分，它的基本问题是已知一个函数，求它的导数或微分.本章我们将研究与之相反的问题：已知一个函数的导数(或微分)，求这个函数(原函数).

§5.1 不定积分的概念与性质

5.1.1 原函数的概念

定义 5.1 若在某个区间上有

$$F'(x)=f(x) \quad \text{或} \quad \mathrm{d}F(x)=f(x)\mathrm{d}x,$$

则称 $F(x)$ 为函数 $f(x)$ 在该区间上的一个**原函数**.

例如,x^2 是函数 $2x$ 的一个原函数,因为$(x^2)'=2x$(或 $\mathrm{d}(x^2)=2x\mathrm{d}x$). 又因为

$$(x^2+1)'=2x, \quad (x^2-3)'=2x,$$

$$\left(x^2+\frac{1}{4}\right)'=2x, \quad (x^2+C)'=2x,$$

其中 C 为任意常数,所以一个函数的原函数并不是唯一的.

关于原函数,有以下两个定理.

定理 5.1 **如果函数 $f(x)$ 有原函数,那么它就有无限多个原函数,并且其中任意两个原函数的差是常数.**

由定理 5.1 可知,如果 $F(x)$ 是函数 $f(x)$ 的一个原函数,那么 $F(x)+C$ 就是 $f(x)$ 的全体原函数,其中 C 为任意常数.

定理 5.2 **如果函数 $f(x)$ 在闭区间$[a,b]$上连续,则函数 $f(x)$ 的原函数必定存在.**

由于初等函数在定义区间内连续,因此初等函数在定义区间内都有原函数.

5.1.2 不定积分的概念

定义 5.2 若 $F(x)$ 是函数 $f(x)$ 在某个区间上的一个原函数,则称 $F(x)+C$(C 为任意常数) 为 $f(x)$ 在该区间上的**不定积分**,记作$\int f(x)\mathrm{d}x$,即

$$\int f(x)\mathrm{d}x=F(x)+C,$$

其中$\int$ 称为**积分号**,$f(x)$ 称为**被积函数**,$f(x)\mathrm{d}x$ 称为**被积表达式**,x 称为**积分变量**,C 称为**积分常数**.

根据不定积分的定义可知,求函数 $f(x)$ 的不定积分,只需求出 $f(x)$ 的一个原函数再加上积分常数 C 即可.

例 1 求$\int x^2\mathrm{d}x$.

解 因为$\left(\frac{1}{3}x^3\right)'=x^2$，所以$\frac{1}{3}x^3$是$x^2$的一个原函数，因此

$$\int x^2\mathrm{d}x=\frac{1}{3}x^3+C.$$

例 2 求$\int\sin x\mathrm{d}x$.

解 因为$(-\cos x)'=\sin x$，所以$-\cos x$是$\sin x$的一个原函数，因此

$$\int\sin x\mathrm{d}x=-\cos x+C.$$

例 3 求$\int\frac{1}{1+x^2}\mathrm{d}x$.

解 因为$(\arctan x)'=\frac{1}{1+x^2}$，所以$\arctan x$是$\frac{1}{1+x^2}$的一个原函数，因此

$$\int\frac{1}{1+x^2}\mathrm{d}x=\arctan x+C.$$

5.1.3 不定积分的性质

由不定积分的定义，可得不定积分有下列性质(假设涉及的不定积分都存在).

性质 5.1 求不定积分与求导数(或微分)互为逆运算，即

$$\left(\int f(x)\mathrm{d}x\right)'=f(x)\quad\text{或}\quad \mathrm{d}\left(\int f(x)\mathrm{d}x\right)=f(x)\mathrm{d}x,$$

$$\int f'(x)\mathrm{d}x=f(x)+C\quad\text{或}\quad\int\mathrm{d}f(x)=f(x)+C.$$

例如，$\left(\int\sin 5x\mathrm{d}x\right)'=\sin 5x$，$\int\mathrm{d}(\sin 5x)=\sin 5x+C$.

性质 5.2 不为0的常数因子可以提到积分号之前，即

$$\int kf(x)\mathrm{d}x=k\int f(x)\mathrm{d}x.$$

例如，

$$\int\frac{2}{1+x^2}\mathrm{d}x=2\int\frac{1}{1+x^2}\mathrm{d}x=2\arctan x+C.$$

性质 5.3 两个函数代数和的不定积分等于两个函数不定积分的代数和，即

$$\int[f(x)+g(x)]\mathrm{d}x=\int f(x)\mathrm{d}x+\int g(x)\mathrm{d}x.$$

例如，

$$\int(2x+5\sin x)\mathrm{d}x=\int 2x\mathrm{d}x+\int 5\sin x\mathrm{d}x=x^2-5\cos x+C.$$

注 逐项求不定积分后，每个积分结果中都含有一个任意常数，由于任意常数之和仍是任意常数，因此只要在末尾加一个积分常数C就可以了.

性质5.3可以推广到任意有限多个函数代数和的情形，即

$$\int[f_1(x)\pm f_2(x)\pm\cdots\pm f_n(x)]\mathrm{d}x=\int f_1(x)\mathrm{d}x\pm\int f_2(x)\mathrm{d}x\pm\cdots\pm\int f_n(x)\mathrm{d}x.$$

例 4 求$\int(1+3x^2+\cos x-e^x)dx$.

解 $$\int(1+3x^2+\cos x-e^x)dx=\int dx+3\int x^2dx+\int\cos xdx-\int e^xdx$$
$$=x+x^3+\sin x-e^x+C.$$

5.1.4 基本积分公式

由于积分运算是微分运算的逆运算，所以从基本初等函数的导数公式，可以直接得到基本初等函数的积分公式. 例如，由导数公式

$$\left(\frac{x^{n+1}}{n+1}\right)'=x^n\quad(n\neq-1),$$

可得到积分公式

$$\int x^ndx=\frac{x^{n+1}}{n+1}+C\quad(n\neq-1).$$

类似地，可以推导出下列积分公式：

(1) $\int kdx=kx+C$；

(2) $\int x^a dx=\frac{x^{a+1}}{a+1}+C\quad(a\neq-1)$；

(3) $\int\frac{1}{x}dx=\ln|x|+C$；

(4) $\int e^xdx=e^x+C$；

(5) $\int a^xdx=\frac{a^x}{\ln a}+C$；

(6) $\int\sin xdx=-\cos x+C$；

(7) $\int\cos xdx=\sin x+C$；

(8) $\int\sec^2xdx=\int\frac{1}{\cos^2x}dx=\tan x+C$；

(9) $\int\csc^2xdx=\int\frac{1}{\sin^2x}dx=-\cot x+C$；

(10) $\int\sec x\tan xdx=\sec x+C$；

(11) $\int\csc x\cot xdx=-\csc x+C$；

(12) $\int\frac{1}{\sqrt{1-x^2}}dx=\arcsin x+C=-\arccos x+C$；

(13) $\int\frac{1}{1+x^2}dx=\arctan x+C=-\text{arccot}\,x+C$.

以上不定积分是基本积分公式，它是求不定积分的基础，必须熟记. 下面利用这些公式和不定积分的性质求一些简单的不定积分.

例 5 求下列不定积分：

(1) $\int\frac{1}{x^3}dx$；

(2) $\int x^2\sqrt{x}dx$.

解 (1) $\int\frac{1}{x^3}dx=\int x^{-3}dx=\frac{x^{-3+1}}{-3+1}+C=-\frac{1}{2x^2}+C.$

(2) $\int x^2\sqrt{x}dx=\int x^{\frac{5}{2}}dx=\frac{x^{\frac{5}{2}+1}}{\frac{5}{2}+1}+C=\frac{2}{7}x^{\frac{7}{2}}+C.$

例 5 表明,对某些分式或根式函数求不定积分,可先把它们转化为 x^a 的形式,然后应用幂函数的积分公式求不定积分.

例 6 求 $\int \frac{x^2}{1+x^2}dx$.

解 $\int \frac{x^2}{1+x^2}dx = \int \frac{1+x^2-1}{1+x^2}dx = \int dx - \int \frac{1}{1+x^2}dx = x - \arctan x + C.$

例 7 求 $\int \tan^2 x dx$.

解 $\int \tan^2 x dx = \int (\sec^2 x - 1)dx = \int \sec^2 x dx - \int dx = \tan x - x + C.$

例 8 求 $\int \cos^2 \frac{x}{2}dx$.

解 $\int \cos^2 \frac{x}{2}dx = \int \frac{1+\cos x}{2}dx = \frac{1}{2}\int dx + \frac{1}{2}\int \cos x dx = \frac{1}{2}x + \frac{1}{2}\sin x + C.$

例 9 $\int \frac{1}{\sin^2 x \cos^2 x}dx$.

解
$$\int \frac{1}{\sin^2 x \cos^2 x}dx = \int \frac{\sin^2 x + \cos^2 x}{\sin^2 x \cos^2 x}dx = \int \left(\frac{1}{\cos^2 x} + \frac{1}{\sin^2 x}\right)dx$$
$$= \tan x - \cot x + C.$$

上述几例求函数的不定积分,都是先直接对被积函数进行简单的恒等变形,然后用基本积分公式就能求出结果,这种求不定积分的方法称为**直接积分法**.

§5.2 不定积分的换元积分法

直接利用基本积分公式与不定积分的性质能计算的不定积分是有限的,必须进一步研究不定积分的求法.本节所介绍的不定积分的换元积分法,是把复合函数的求导法则反过来应用于不定积分,并通过适当的变量代换(换元),把某些不定积分化成基本积分公式中的形式,再求出不定积分.

5.2.1 第一类换元积分法(凑微分法)

定理 5.3 **若** $\int f(x)dx = F(x) + C, u = \varphi(x)$ **是可导函数,则**

$$\int f[\varphi(x)]\varphi'(x)dx = F[\varphi(x)] + C = \left[\int f(u)du\right]\Big|_{u=\varphi(x)}.$$

定理 5.3 表明,在基本积分公式中,把自变量 x 换成任一可导函数 $u = \varphi(x)$ 后公式仍成立.这就扩大了基本积分公式的使用范围.

例 1 求 $\int \cos 2x dx$.

解 基本积分公式里只有$\int\cos x\mathrm{d}x=\sin x+C$. 为求此不定积分，将它改写成

$$\int\cos 2x\mathrm{d}x=\frac{1}{2}\int\cos 2x\mathrm{d}(2x).$$

令$2x=u$，将u作为新的积分变量，利用基本积分公式得

$$\int\cos 2x\mathrm{d}x=\frac{1}{2}\int\cos u\mathrm{d}u=\frac{1}{2}\sin u+C.$$

再将u换成$2x$，得

$$\int\cos 2x\mathrm{d}x=\frac{1}{2}\sin 2x+C.$$

不难验证，以上所求的$\frac{1}{2}\sin 2x$就是$\cos 2x$的一个原函数.

注 $\int\cos 2x\mathrm{d}x\neq\sin 2x+C$，由于$\mathrm{d}(\sin 2x)=\cos 2x\mathrm{d}(2x)$，因此必须把$\mathrm{d}x$变成$\frac{1}{2}\mathrm{d}(2x)$，把$2x$看成中间变量，才能使用基本积分公式.

由此可见，当一个不定积分不能直接利用基本积分公式求得时，可以通过适当的凑微分，再做相应的变量代换，把它化成基本积分公式中已有的形式，求出它的不定积分后，再回代原来的变量，从而求得原不定积分.

应用定理5.3求不定积分的一般步骤为

$$\begin{aligned}\int f[\varphi(x)]\varphi'(x)\mathrm{d}x&\xlongequal{\text{凑微分}}\int f[\varphi(x)]\mathrm{d}\varphi(x)\\&\xlongequal{\text{令 }u=\varphi(x)}\int f(u)\mathrm{d}u=F(u)+C\\&\xlongequal{\text{回代}}F[\varphi(x)]+C.\end{aligned}$$

以上求不定积分的方法叫作**第一类换元积分法或凑微分法**.

例2 求$\int\mathrm{e}^{5x}\mathrm{d}x$.

解 $\int\mathrm{e}^{5x}\mathrm{d}x=\frac{1}{5}\int\mathrm{e}^{5x}\mathrm{d}(5x)\xlongequal{\text{令 }u=5x}\frac{1}{5}\int\mathrm{e}^{u}\mathrm{d}u=\frac{1}{5}\mathrm{e}^{u}+C\xlongequal{\text{回代}}\frac{1}{5}\mathrm{e}^{5x}+C.$

第一类换元积分法关键在于凑微分，即从被积表达式中凑出一个微分因子$\mathrm{d}\varphi(x)$. 这是一种技巧，需要熟记下列等式，其中a,b,c为常数：

(1) $\mathrm{d}x=\frac{1}{a}\mathrm{d}(ax)=\frac{1}{a}\mathrm{d}(ax+b)$；

(2) $x\mathrm{d}x=\frac{1}{2a}\mathrm{d}(ax^2)=\frac{1}{2a}\mathrm{d}(ax^2+b)$；

(3) $(ax+b)\mathrm{d}x=\mathrm{d}\left(\frac{ax^2}{2}+bx+c\right)$；

(4) $\frac{1}{\sqrt{x}}\mathrm{d}x=2\mathrm{d}(\sqrt{x})$；

(5) $\frac{1}{x}\mathrm{d}x=\mathrm{d}(\ln x)=\mathrm{d}(\ln x+b)$；

(6) $\frac{1}{x-a}\mathrm{d}x=\mathrm{d}[\ln(x-a)]$；

(7) $\mathrm{e}^x\mathrm{d}x=\mathrm{d}(\mathrm{e}^x)=\frac{1}{a}\mathrm{d}(a\mathrm{e}^x+b)$；

(8) $\frac{1}{x^2}\mathrm{d}x=-\mathrm{d}\left(\frac{1}{x}\right)$；

(9) $\sin x\mathrm{d}x=-\mathrm{d}(\cos x)$；

(10) $\cos x\mathrm{d}x=\mathrm{d}(\sin x)$；

(11) $\sec^2 x\mathrm{d}x = \mathrm{d}(\tan x)$； (12) $\csc^2 x\mathrm{d}x = -\mathrm{d}(\cot x)$；

(13) $\dfrac{1}{\sqrt{1-x^2}}\mathrm{d}x = \mathrm{d}(\arcsin x) = -\mathrm{d}(\arccos x)$；

(14) $\dfrac{1}{1+x^2}\mathrm{d}x = \mathrm{d}(\arctan x) = -\mathrm{d}(\mathrm{arccot}\, x)$.

例 3 求$\int (1+2x)^3\mathrm{d}x$.

解 $$\int (1+2x)^3\mathrm{d}x = \int \frac{1}{2}(1+2x)^3\mathrm{d}(1+2x) \xlongequal{令 u=1+2x} \frac{1}{2}\int u^3\mathrm{d}u$$
$$= \frac{1}{8}u^4 + C \xlongequal{回代} \frac{1}{8}(1+2x)^4 + C.$$

例 4 求$\int \dfrac{1}{2-3x}\mathrm{d}x$.

解 $$\int \frac{1}{2-3x}\mathrm{d}x = -\frac{1}{3}\int \frac{1}{2-3x}\mathrm{d}(2-3x) \xlongequal{令 u=2-3x} -\frac{1}{3}\int \frac{1}{u}\mathrm{d}u$$
$$= -\frac{1}{3}\ln|u| + C \xlongequal{回代} -\frac{1}{3}\ln|2-3x| + C.$$

例 5 求$\int x^2 \mathrm{e}^{x^3}\mathrm{d}x$.

解 $$\int x^2\mathrm{e}^{x^3}\mathrm{d}x = \frac{1}{3}\int \mathrm{e}^{x^3}\mathrm{d}(x^3) \xlongequal{令 u=x^3} \frac{1}{3}\int \mathrm{e}^u\mathrm{d}u = \frac{1}{3}\mathrm{e}^u + C \xlongequal{回代} \frac{1}{3}\mathrm{e}^{x^3} + C.$$

例 6 求$\int x\sqrt{1-x^2}\mathrm{d}x$.

解 $$\int x\sqrt{1-x^2}\mathrm{d}x = -\frac{1}{2}\int \sqrt{1-x^2}\mathrm{d}(1-x^2) \xlongequal{令 u=1-x^2} -\frac{1}{2}\int u^{\frac{1}{2}}\mathrm{d}u$$
$$= -\frac{1}{3}u^{\frac{3}{2}} + C \xlongequal{回代} -\frac{1}{3}(1-x^2)^{\frac{3}{2}} + C.$$

例 7 求$\int \dfrac{\mathrm{e}^x}{1+\mathrm{e}^x}\mathrm{d}x$.

解 $$\int \frac{\mathrm{e}^x}{1+\mathrm{e}^x}\mathrm{d}x = \int \frac{1}{1+\mathrm{e}^x}\mathrm{d}(1+\mathrm{e}^x) \xlongequal{令 u=1+\mathrm{e}^x} \int \frac{1}{u}\mathrm{d}u$$
$$= \ln|u| + C \xlongequal{回代} \ln(1+\mathrm{e}^x) + C.$$

熟悉这种方法后，换元的中间步骤可以省略，将其凑成以上的某种形式后直接利用基本积分公式得出结果.

例 8 求$\int \mathrm{e}^{2x-1}\mathrm{d}x$.

解 $$\int \mathrm{e}^{2x-1}\mathrm{d}x = \frac{1}{2}\int \mathrm{e}^{2x-1}\mathrm{d}(2x-1) = \frac{1}{2}\mathrm{e}^{2x-1} + C.$$

例 9 求$\int \dfrac{\cos\sqrt{x}}{\sqrt{x}}\mathrm{d}x$.

解 $$\int \frac{\cos\sqrt{x}}{\sqrt{x}}\mathrm{d}x = 2\int \cos\sqrt{x}\,\mathrm{d}(\sqrt{x}) = 2\sin\sqrt{x} + C.$$

例 10 求$\int \frac{\ln x}{x}\mathrm{d}x$.

解 $\int \frac{\ln x}{x}\mathrm{d}x = \int \ln x\mathrm{d}(\ln x) = \frac{1}{2}\ln^2 x + C$.

例 11 求$\int \tan x\mathrm{d}x$.

解 $\int \tan x\mathrm{d}x = \int \frac{\sin x}{\cos x}\mathrm{d}x = -\int \frac{1}{\cos x}\mathrm{d}(\cos x) = -\ln|\cos x| + C$.

例 12 求$\int \sin x\cos x\mathrm{d}x$.

解 **方法一** $\int \sin x\cos x\mathrm{d}x = \int \sin x\mathrm{d}(\sin x) = \frac{1}{2}\sin^2 x + C_1$.

方法二 $\int \sin x\cos x\mathrm{d}x = -\int \cos x\mathrm{d}(\cos x) = -\frac{1}{2}\cos^2 x + C_2$.

方法三 $\int \sin x\cos x\mathrm{d}x = \frac{1}{2}\int \sin 2x\mathrm{d}x = \frac{1}{4}\int \sin 2x\mathrm{d}(2x) = -\frac{1}{4}\cos 2x + C_3$.

上面三种方法得到三个不同的结果,利用三角公式可化为相同的形式:

$$-\frac{1}{2}\cos^2 x + C_2 = -\frac{1}{2}(1-\sin^2 x) + C_2 = \frac{1}{2}\sin^2 x + C_1 \quad \left(C_1 = C_2 - \frac{1}{2}\right),$$

$$-\frac{1}{4}\cos 2x + C_3 = -\frac{1}{4}(1-2\sin^2 x) + C_3 = \frac{1}{2}\sin^2 x + C_1 \quad \left(C_1 = C_3 - \frac{1}{4}\right).$$

易见,由三种方法得到的例 12 的结果较容易化为相同的形式,然而在实际计算中要把很多积分化为相同的形式会有一定的困难. 事实上,要检查不定积分的计算结果是否正确,只要对所得结果求导,如果这个导数与被积函数相同,那么结果就是正确的.

例 13 求$\int \frac{1}{4+x^2}\mathrm{d}x$.

解 $\int \frac{1}{4+x^2}\mathrm{d}x = \frac{1}{4}\int \frac{1}{1+\frac{x^2}{4}}\mathrm{d}x = \frac{1}{2}\int \frac{1}{1+\left(\frac{x}{2}\right)^2}\mathrm{d}\left(\frac{x}{2}\right) = \frac{1}{2}\arctan\frac{x}{2} + C$.

在例 13 中,将数字 4 换成常数 $a^2(a \neq 0)$,可以得到

$$\int \frac{1}{a^2+x^2}\mathrm{d}x = \frac{1}{a}\arctan\frac{x}{a} + C \quad (a \neq 0).$$

类似地,可以得到

$$\int \frac{1}{\sqrt{a^2-x^2}}\mathrm{d}x = \arcsin\frac{x}{a} + C \quad (a > 0).$$

例 14 求$\int \frac{1}{x^2-a^2}\mathrm{d}x \ (a \neq 0)$.

解 $\int \frac{1}{x^2-a^2}\mathrm{d}x = \int \frac{1}{(x+a)(x-a)}\mathrm{d}x = \frac{1}{2a}\int \left(\frac{1}{x-a} - \frac{1}{x+a}\right)\mathrm{d}x$

$$= \frac{1}{2a}\left[\int \frac{\mathrm{d}(x-a)}{x-a} - \int \frac{\mathrm{d}(x+a)}{x+a}\right] = \frac{1}{2a}(\ln|x-a| - \ln|x+a|) + C$$

$$= \frac{1}{2a}\ln\left|\frac{x-a}{x+a}\right| + C.$$

例 15 求 $\int \sec x\mathrm{d}x$.

解 $\int \sec x\mathrm{d}x = \int \frac{1}{\cos x}\mathrm{d}x = \int \frac{\cos x}{\cos^2 x}\mathrm{d}x = \int \frac{\mathrm{d}(\sin x)}{1-\sin^2 x} = -\int \frac{\mathrm{d}(\sin x)}{\sin^2 x - 1}$(利用例 14 的结果)

$$= \frac{1}{2}\ln\left|\frac{1+\sin x}{1-\sin x}\right| + C = \frac{1}{2}\ln\frac{(1+\sin x)^2}{\cos^2 x} + C$$

$$= \ln\left|\frac{1+\sin x}{\cos x}\right| + C = \ln|\sec x + \tan x| + C.$$

同理可得

$$\int \csc x\mathrm{d}x = \ln|\csc x - \cot x| + C.$$

5.2.2 第二类换元积分法

第一类换元积分法虽然应用比较广泛，但对于某些不定积分，如 $\int \sqrt{a^2-x^2}\,\mathrm{d}x$，$\int \frac{1}{1+\sqrt{3-x}}\mathrm{d}x$，$\int \frac{1}{\sqrt{x^2+a^2}}\mathrm{d}x$ 等，就不一定合适，为此介绍第二类换元积分法.

定理 5.4 **设 $x=\varphi(t)$ 是单调可导函数，且 $\varphi'(t)\neq 0$. 若 $\int f[\varphi(t)]\varphi'(t)\mathrm{d}t = F(t)+C$，则**

$$\int f(x)\mathrm{d}x = F[\varphi^{-1}(x)] + C.$$

注 定理 5.4 中的式子可以改写为便于应用的形式，即

$$\int f(x)\mathrm{d}x \xlongequal{x=\varphi(t)} \int f[\varphi(t)]\varphi'(t)\mathrm{d}t$$

$$= F(t) + C = F[\varphi^{-1}(x)] + C.$$

例 16 求 $\int \frac{x}{\sqrt{x-1}}\mathrm{d}x$.

解 设 $\sqrt{x-1}=t$，则 $x=t^2+1$，$\mathrm{d}x=2t\mathrm{d}t$，于是

$$\int \frac{x}{\sqrt{x-1}}\mathrm{d}x = \int \frac{t^2+1}{t}2t\mathrm{d}t = 2\int (t^2+1)\mathrm{d}t = \frac{2}{3}t^3 + 2t + C$$

$$= \frac{2}{3}(x-1)^{\frac{3}{2}} + 2(x-1)^{\frac{1}{2}} + C.$$

例 17 求 $\int \frac{1}{1+\sqrt{x}}\mathrm{d}x$.

解 设 $\sqrt{x}=t$，则 $x=t^2$，$\mathrm{d}x=2t\mathrm{d}t$，于是

$$\int \frac{1}{1+\sqrt{x}}\mathrm{d}x = \int \frac{1}{t+1}2t\mathrm{d}t = 2\int \frac{t+1-1}{t+1}\mathrm{d}t = 2\int\left(1-\frac{1}{t+1}\right)\mathrm{d}t$$

$$= 2t - 2\ln|t+1| + C = 2\sqrt{x} - 2\ln(\sqrt{x}+1) + C.$$

例 18 求$\int \frac{1}{\sqrt{e^x+1}}dx$.

解 设$\sqrt{e^x+1}=t$,则 $x=\ln(t^2-1)$,$dx=\frac{2t}{t^2-1}dt$,于是

$$\int \frac{1}{\sqrt{e^x+1}}dx=\int \frac{1}{t}\cdot\frac{2t}{t^2-1}dt=\int \frac{2}{t^2-1}dt=2\int \frac{1}{(t-1)(t+1)}dt$$

$$=\int\left(\frac{1}{t-1}-\frac{1}{t+1}\right)dt=\int \frac{1}{t-1}d(t-1)-\int \frac{1}{t+1}d(t+1)$$

$$=\ln|t-1|-\ln|t+1|+C=\ln\left|\frac{t-1}{t+1}\right|+C$$

$$=\ln\frac{\sqrt{e^x+1}-1}{\sqrt{e^x+1}+1}+C.$$

例 19 求$\int \frac{1}{\sqrt{x}(1+\sqrt[3]{x})}dx$.

解 设$\sqrt[6]{x}=t$,则 $x=t^6$,$dx=6t^5dt$,于是

$$\int \frac{1}{\sqrt{x}(1+\sqrt[3]{x})}dx=\int \frac{6t^5}{t^3(1+t^2)}dt=6\int \frac{t^2}{1+t^2}dt=6\int\left(1-\frac{1}{1+t^2}\right)dt$$

$$=6(t-\arctan t)+C=6(\sqrt[6]{x}-\arctan\sqrt[6]{x})+C.$$

注 例 19 中令$\sqrt[6]{x}=t$,主要目的是能同时消去$\sqrt{x}$ 和$\sqrt[3]{x}$ 这两个根式.

§ 5.3 不定积分的分部积分法

不定积分的换元积分法的应用范围虽然很广泛,但还有很多类型的不定积分利用换元积分法是求不出来的,如$\int x^n\ln^m x\,dx$,$\int x^n\sin bx\,dx$,$\int x^n e^{ax}\,dx$,$\int x^n\arctan x\,dx$ 等. 下面将利用两个函数乘积的微分法推导出另一个重要积分方法 —— 分部积分法.

定理 5.5 **设函数 $u=u(x)$,$v=v(x)$ 具有连续导数,则有**

$$\int u(x)v'(x)dx=u(x)v(x)-\int v(x)u'(x)dx$$

或

$$\int u\,dv=uv-\int v\,du.$$

这个公式叫作**分部积分公式**,其作用在于把比较难求的$\int u\,dv$ 化为比较容易求的$\int v\,du$ 来计算,从而化难为易.

例 1 求$\int \ln x\mathrm{d}x$.

解 设 $u=\ln x, v=x$,由分部积分公式得

$$\int \ln x\mathrm{d}x = x\ln x - \int x\mathrm{d}(\ln x) = x\ln x - \int x\cdot\frac{1}{x}\mathrm{d}x$$
$$= x\ln x - \int \mathrm{d}x = x\ln x - x + C.$$

例 2 求$\int x\sin x\mathrm{d}x$.

解 由于 $\sin x\mathrm{d}x=\mathrm{d}(-\cos x)$,设 $u=x, v=-\cos x$,由分部积分公式得

$$\int x\sin x\mathrm{d}x = \int x\mathrm{d}(-\cos x) = x(-\cos x) - \int(-\cos x)\mathrm{d}x$$
$$= -x\cos x + \int\cos x\mathrm{d}x = -x\cos x + \sin x + C.$$

注 对于初学者来说,也可能将不定积分$\int x\sin x\mathrm{d}x$改写成$\int \sin x\mathrm{d}\left(\frac{x^2}{2}\right)$,即取 $u=\sin x$, $v=\frac{x^2}{2}$,由分部积分公式得

$$\int x\sin x\mathrm{d}x = \int\sin x\mathrm{d}\left(\frac{x^2}{2}\right) = \frac{x^2}{2}\sin x - \int\frac{x^2}{2}\mathrm{d}(\sin x)$$
$$= \frac{x^2}{2}\sin x - \frac{1}{2}\int x^2\cos x\mathrm{d}x.$$

由于不定积分$\int x^2\cos x\mathrm{d}x$比原来所求的不定积分更为复杂,因此这种 u,v 的选取是不合适的.在应用分部积分法求不定积分时,关键在于恰当地选取 u 和 v,一般考虑如下两点:

(1) v 易由 $\mathrm{d}v$ 直接求得;

(2) $\int v\mathrm{d}u$ 比$\int u\mathrm{d}v$ 易于计算.

例 3 求$\int x\ln x\mathrm{d}x$.

解 由于 $x\mathrm{d}x=\mathrm{d}\left(\frac{x^2}{2}\right)$,设 $u=\ln x, v=\frac{x^2}{2}$,由分部积分公式得

$$\int x\ln x\mathrm{d}x = \int\ln x\mathrm{d}\left(\frac{x^2}{2}\right) = \frac{x^2}{2}\ln x - \int\frac{x^2}{2}\mathrm{d}(\ln x)$$
$$= \frac{x^2}{2}\ln x - \frac{1}{2}\int x\mathrm{d}x = \frac{x^2}{2}\ln x - \frac{1}{4}x^2 + C.$$

对分部积分法熟练以后,计算时 u 和 $\mathrm{d}v$ 可不必写出.

例 4 求$\int x\mathrm{e}^x\mathrm{d}x$.

解 $\int x\mathrm{e}^x\mathrm{d}x = \int x\mathrm{d}(\mathrm{e}^x) = x\mathrm{e}^x - \int\mathrm{e}^x\mathrm{d}x = x\mathrm{e}^x - \mathrm{e}^x + C.$

例 5 求$\int \mathrm{e}^x\sin x\mathrm{d}x$.

解 $\int e^x \sin x\mathrm{d}x = \int \sin x\mathrm{d}(e^x) = e^x\sin x - \int e^x \cos x\mathrm{d}x$

$$= e^x\sin x - \int \cos x\mathrm{d}(e^x) = e^x\sin x - e^x\cos x - \int e^x\sin x\mathrm{d}x.$$

将 $-\int e^x\sin x\mathrm{d}x$ 移到等式左边,再将等式两边同时除以 2,得

$$\int e^x \sin x\mathrm{d}x = \frac{1}{2}e^x(\sin x - \cos x) + C.$$

注 因为上式右边已不包含积分项,所以必须加上任意常数 C.

关于不定积分,还有一点需要说明:对初等函数来说,其在定义区间内是连续的,因此初等函数的原函数一定存在.然而有很多初等函数的原函数却不能用初等函数表示出来.一般地,如果初等函数的原函数不是初等函数,我们就可以称 $\int f(x)\mathrm{d}x$ 为**"积不出来的不定积分"**.例如,$\int e^{-x^2}\mathrm{d}x$,$\int \frac{1}{\ln x}\mathrm{d}x$,$\int \frac{\sin x}{x}\mathrm{d}x$ 等看起来简单,但实际上它们都是"积不出来的不定积分".

习 题 5

1. 求下列不定积分:

(1) $\int (1-2x^2)\mathrm{d}x$;

(2) $\int (2^x + x^2)\mathrm{d}x$;

(3) $\int \frac{1}{x^2}\mathrm{d}x$;

(4) $\int (x^5 + 3e^x + \csc^2 x - 3^x)\mathrm{d}x$;

(5) $\int \left(\frac{1}{x} - 2\cos x\right)\mathrm{d}x$;

(6) $\int \frac{1-x^2}{\sqrt{x}}\mathrm{d}x$;

(7) $\int \frac{1}{x^2(1+x^2)}\mathrm{d}x$;

(8) $\int \frac{3}{\sqrt{1-x^2}}\mathrm{d}x$;

(9) $\int (\sqrt{x}+1)(x^2-1)\mathrm{d}x$;

(10) $\int \frac{x^4}{1+x^2}\mathrm{d}x$;

(11) $\int \frac{2-\sin^2 x}{\cos^2 x}\mathrm{d}x$;

(12) $\int \frac{\cos 2x}{\cos x - \sin x}\mathrm{d}x$;

(13) $\int \sin^2 \frac{x}{2}\mathrm{d}x$;

(14) $\int \sec x(\sec x + \tan x)\mathrm{d}x$;

(15) $\int \frac{\cos 2x}{\cos^2 x \sin^2 x}\mathrm{d}x$;

(16) $\int \frac{1+\cos^2 x}{1+\cos 2x}\mathrm{d}x$.

2. 已知一曲线在其上任一点处的切线斜率等于该点处横坐标的倒数,且该曲线过点 $(e^2, 3)$,求该曲线的方程.

3. 在下列横线处填上适当的内容,使等式成立:

(1) $\mathrm{d}x =$ ________ $\mathrm{d}\left(\frac{x}{4}\right)$;

(2) $x\mathrm{d}x =$ ________ $\mathrm{d}(x^2)$;

(3) $e^{2x}dx =$ ________ $d(e^{2x})$；

(4) $\frac{1}{x}dx =$ ________ $d(3-5\ln x)$；

(5) $\frac{1}{\sqrt{x}}dx =$ ________ $d(\sqrt{x})$；

(6) $\frac{1}{x^2}dx =$ ________ $d\left(\frac{1}{x}\right)$；

(7) $\frac{1}{\sqrt{1-x^2}}dx =$ ________ $d(1-\arcsin x)$；

(8) $\sec^2 x dx =$ ________ $d(\tan x)$；

(9) $\cos\frac{x}{2}dx =$ ________ $d\left(\sin\frac{x}{2}\right)$；

(10) $\frac{1}{1+9x^2}dx =$ ________ $d(\arctan 3x)$.

4. 求下列不定积分：

(1) $\int (x+5)^4 dx$；

(2) $\int \frac{1}{1-2x}dx$；

(3) $\int \frac{1}{\sqrt{2-3x}}dx$；

(4) $\int \cos(2x+1)dx$；

(5) $\int e^{-x}dx$；

(6) $\int x\sqrt{x^2+2}\,dx$；

(7) $\int \frac{e^{\sqrt{x}}}{\sqrt{x}}dx$；

(8) $\int x^2 e^{x^3+1}dx$；

(9) $\int \frac{(\ln x)^2}{x}dx$；

(10) $\int \frac{x^2-4}{x+1}dx$；

(11) $\int \frac{1}{4x^2-1}dx$；

(12) $\int e^x \cos e^x dx$；

(13) $\int \frac{\sin x}{\cos^2 x}dx$；

(14) $\int \frac{\sin x}{1+\cos x}dx$；

(15) $\int \frac{\sin\sqrt{x}}{\sqrt{x}}dx$；

(16) $\int \cos^3 x dx$；

(17) $\int \frac{1}{x^2+2x+5}dx$；

(18) $\int \cot x \ln(\sin x)dx$.

5. 求下列不定积分：

(1) $\int x\sqrt{x-1}\,dx$；

(2) $\int \frac{x}{\sqrt{x-3}}dx$；

(3) $\int \frac{\sqrt{x}}{1+x}dx$；

(4) $\int \frac{1}{\sqrt{x}-\sqrt[3]{x^2}}dx$；

(5) $\int \frac{\sqrt{1+\ln x}}{x}dx$.

6. 求下列不定积分：

(1) $\int \arctan x dx$；

(2) $\int x\arctan x dx$；

(3) $\int x\cos x dx$；

(4) $\int e^x \cos x dx$；

(5) $\int x e^{-2x}dx$；

(6) $\int e^{\sqrt{x}}dx$；

(7) $\int \ln(1+x^2)dx$；

(8) $\int \sec^3 x dx$.

第 6 章

定积分及其应用

上一章我们讨论了积分学的第一个基本问题——不定积分,不定积分是作为微分的逆运算而引入的.本章我们将研究积分学的第二个问题——定积分,定积分主要解决一类和式极限的计算问题.本章先从实例出发引出定积分的概念,讨论定积分的基本性质,揭示出定积分与不定积分的关系,找出定积分的计算方法,给出定积分的一些简单应用,并简单介绍了广义积分的概念.

§ 6.1 定积分的概念与性质

6.1.1 曲边梯形的面积

【案例 6.1】 某新产品的销售量由下式给出：

$$f(x)=100-90e^{-x},$$

其中 x 是新产品上市的天数，前四天的总销售量是曲线 $y=f(x)$ 与 x 轴在 $[0,4]$ 之间的面积(见图 6－1)，求前四天的总销售量.

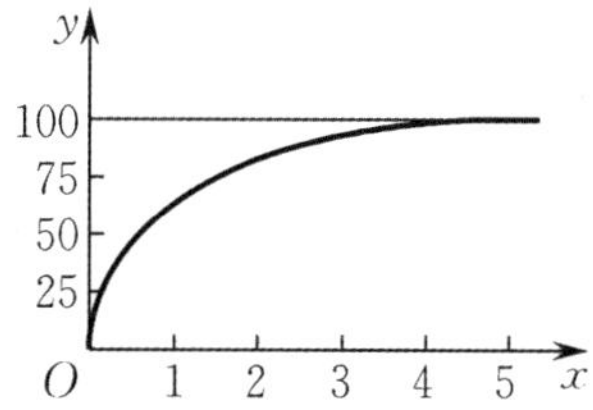

图 6－1

分析：在初等数学中，对于一些规则的平面图形，如三角形、矩形和梯形等，都很容易得到其面积计算公式，但对此案例中以曲线 $y=f(x)$ 为边缘的平面图形的面积，并没有给出其计算公式. 这类不规则平面图形的面积计算问题需要引入新的方法加以解决.

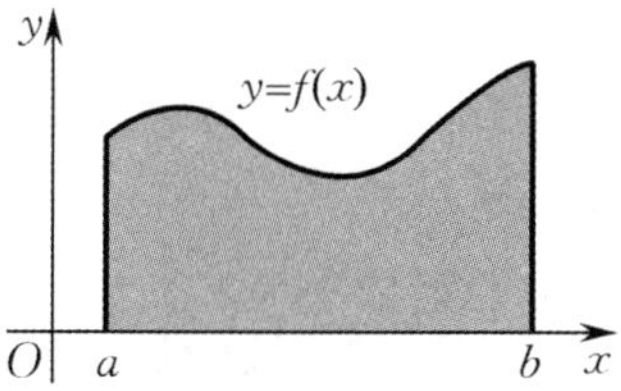

图 6－2

首先从不规则平面图形中较为简单的曲边梯形的面积问题来加以考虑. 所谓**曲边梯形**，是指由连续曲线 $y=f(x)$(不妨设 $f(x)\geqslant 0$) 与直线 $x=a, x=b$ 及 $y=0$ 所围成的平面图形(见图 6－2).

通过将曲边梯形与矩形的面积进行比较可以看出，矩形的高是常量，而曲边梯形的高 $f(x)$ 是变量. 因此，不能直接用矩形的面积公式计算曲边梯形的面积. 为此，我们用极限的思想来解决. 具体步骤如下：

(1) **分割**. 如图 6－3 所示，在 (a,b) 内任意插入 $n-1$ 个分点，使得

$$a=x_0<x_1<x_2<\cdots<x_{n-1}<x_n=b,$$

将区间 $[a,b]$ 分成 n 个小区间 $[x_{i-1},x_i]$ $(i=1,2,\cdots,n)$，每个小区间的长度依次记为

$$\Delta x_i=x_i-x_{i-1}\quad(i=1,2,\cdots,n).$$

过各分点 x_i $(i=1,2,\cdots,n-1)$ 作 x 轴的垂线，将原曲边梯形划分为 n 个小曲边梯形.

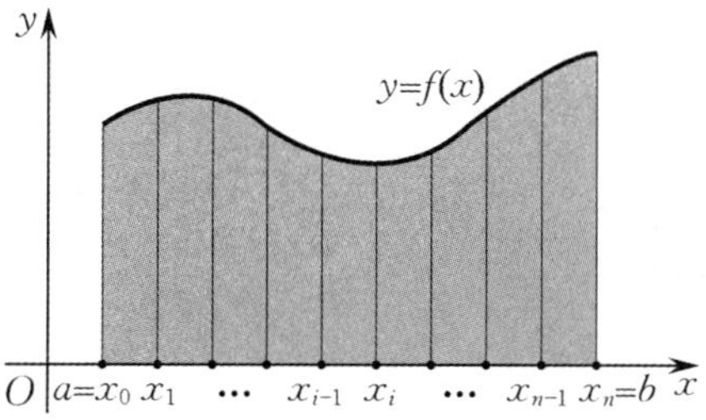

图 6－3

(2) **近似代替**(以直代曲). 在每个小区间 $[x_{i-1},x_i]$ 上任取一点 ξ_i $(x_{i-1}\leqslant\xi_i\leqslant x_i)$，当 Δx_i

很小时，用以 Δx_i 为宽，$f(\xi_i)$ 为高的小矩形面积近似代替第 $i(i=1,2,\cdots,n)$ 个小曲边梯形的面积 ΔA_i，即

$$\Delta A_i \approx f(\xi_i)\Delta x_i.$$

(3) **求和**. 将这 n 个小曲边梯形的面积的近似值相加，就得到原曲边梯形的面积 A 的近似值，即

$$A=\sum_{i=1}^{n}\Delta A_i \approx \sum_{i=1}^{n} f(\xi_i)\Delta x_i.$$

(4) **取极限**. 若无限细分区间 $[a,b]$，并使所有小区间的长度趋于0，为此，记 $\lambda=\max\limits_{1\leqslant i\leqslant n}\{\Delta x_i\}$，当 $\lambda \to 0$ 时，和式 $\sum\limits_{i=1}^{n} f(\xi_i)\Delta x_i$ 的极限便是原曲边梯形的面积 A，即

$$A=\lim_{\lambda\to 0}\sum_{i=1}^{n} f(\xi_i)\Delta x_i.$$

6.1.2 定积分的定义

上面这个实例是一个几何学问题，反映到数量上就是求某个整体量，它取决于一个函数及其自变量的变化区间，结果是一个具有特定和式的极限. 类似这样的实际问题还有很多(如物理学中变速直线运动的路程问题)，忽略这些问题的具体意义，分析它们在数量关系上的共同特性，可以概括出定积分的定义.

定义 6.1 设函数 $f(x)$ 在区间 $[a,b]$ 上有界，在 (a,b) 内任意插入 $n-1$ 个分点，使得

$$a=x_0<x_1<x_2<\cdots<x_{n-1}<x_n=b,$$

将区间 $[a,b]$ 分成 n 个小区间 $[x_{i-1},x_i](i=1,2,\cdots,n)$，每个小区间的长度依次为

$$\Delta x_i=x_i-x_{i-1}\quad(i=1,2,\cdots,n).$$

在每个小区间 $[x_{i-1},x_i]$ 上任取一点 $\xi_i(x_{i-1}\leqslant \xi_i\leqslant x_i)$，做函数值 $f(\xi_i)$ 与小区间长度 Δx_i 的乘积 $f(\xi_i)\Delta x_i(i=1,2,\cdots,n)$，并做和式

$$s=\sum_{i=1}^{n} f(\xi_i)\Delta x_i.$$

记 $\lambda=\max\limits_{1\leqslant i\leqslant n}\{\Delta x_i\}$，如果无论对 $[a,b]$ 怎样分割，也无论在小区间上如何取点 ξ_i，只要当 $\lambda\to 0$ 时，和式 s 总趋于确定的极限，则称这个极限值为函数 $f(x)$ 在区间 $[a,b]$ 上的**定积分**，记作 $\int_a^b f(x)\mathrm{d}x$，即

$$\int_a^b f(x)\mathrm{d}x=\lim_{\lambda\to 0}\sum_{i=1}^{n} f(\xi_i)\Delta x_i,$$

其中 $f(x)$ 叫作**被积函数**，$f(x)\mathrm{d}x$ 叫作**被积表达式**，x 叫作**积分变量**，a 叫作**积分下限**，b 叫作**积分上限**，$[a,b]$ 叫作**积分区间**.

由定积分的定义可知，由连续曲线 $y=f(x)$ 与直线 $x=a$，$x=b$ 及 $y=0$ 所围成的曲边梯形的面积 A 可表示为

$$A=\int_a^b f(x)\mathrm{d}x.$$

需要说明的是：

(1) 定积分是一个数值，它只与积分区间和被积函数有关，而与$[a,b]$的分法和ξ_i的取法无关，且与积分变量的记号无关，因此若$\int_a^b f(x)\mathrm{d}x$存在，则有

$$\int_a^b f(x)\mathrm{d}x=\int_a^b f(u)\mathrm{d}u=\int_a^b f(t)\mathrm{d}t.$$

(2) 在定义中设$a<b$，为了计算方便，规定

$$\int_a^b f(x)\mathrm{d}x=-\int_b^a f(x)\mathrm{d}x,\quad \int_a^a f(x)\mathrm{d}x=0.$$

(3) 如果定积分$\int_a^b f(x)\mathrm{d}x$存在，则称函数$f(x)$在$[a,b]$上**可积**，否则称为**不可积**.

关于定积分，还有一个重要的问题：函数$f(x)$在区间$[a,b]$上满足怎样的条件时一定可积？关于这个问题，本书不做深入讨论，只给出下面两个定理.

定理 6.1 **若函数$f(x)$在区间$[a,b]$上连续，则$f(x)$在区间$[a,b]$上可积.**

定理 6.2 **若函数$f(x)$在区间$[a,b]$上有界，且只有有限个间断点，则$f(x)$在区间$[a,b]$上可积.**

由于初等函数在其定义区间内是连续的，故初等函数在其定义域内的闭区间上可积.

6.1.3 定积分的几何意义

在前面的曲边梯形的面积问题中，我们看到，如果$f(x)>0$，平面图形在x轴上方，定积分的值为平面图形的面积，即

$$\int_a^b f(x)\mathrm{d}x=A.$$

如果$f(x)<0$，平面图形在x轴下方，定积分的值为平面图形的面积的负值，即

$$\int_a^b f(x)\mathrm{d}x=-A.$$

如果$f(x)$在$[a,b]$上有正有负，则定积分的值就等于曲线$y=f(x)$在x轴上方的平面图形的面积与在x轴下方的平面图形的面积的代数和，如图 6-4 所示，即

$$\int_a^b f(x)\mathrm{d}x=A_1-A_2+A_3.$$

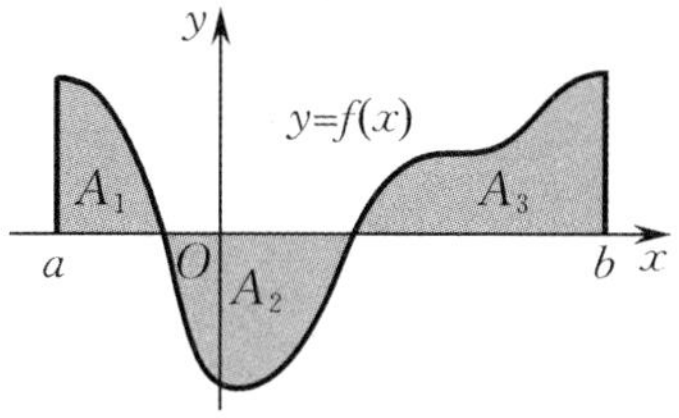

图 6-4

总之，定积分$\int_a^b f(x)\mathrm{d}x$在各种实际问题中所代表的实际意义不同，但它们的数值在几何上可用曲边梯形面积的代数和来表示，这就是定积分的几何意义.

根据定积分的几何意义，可知案例 6.1 中，新产品前四天的总销售量可表示为

$$Q=\int_0^4(100-90\mathrm{e}^{-x})\mathrm{d}x.$$

按定积分的定义，即通过和式极限求该定积分是十分困难的，必须寻求定积分的有效计算方

法.下面介绍的定积分的基本性质有助于定积分的计算,也有助于读者对定积分的理解.

6.1.4 定积分的性质

假定函数在所讨论的区间上可积,则定积分有如下性质.

性质 6.1 函数代数和的定积分等于函数定积分的代数和,即

$$\int_a^b [f(x) \pm g(x)]\mathrm{d}x = \int_a^b f(x)\mathrm{d}x \pm \int_a^b g(x)\mathrm{d}x.$$

性质 6.1 可推广到任意有限多个函数代数和的情况.

性质 6.2 被积函数中的常数因子可以提到积分号外,即

$$\int_a^b kf(x)\mathrm{d}x = k\int_a^b f(x)\mathrm{d}x \quad (k \text{ 为常数}).$$

性质 6.3 被积函数为常数 k 时,其积分值等于 k 乘以积分区间的长度,即

$$\int_a^b k\,\mathrm{d}x = k(b-a).$$

特别地,有

$$\int_a^b 1\mathrm{d}x = \int_a^b \mathrm{d}x = b-a.$$

性质 6.4(积分区间的可加性) 设 c 为区间 $[a,b]$ 内(或外)的一点,则有

$$\int_a^b f(x)\mathrm{d}x = \int_a^c f(x)\mathrm{d}x + \int_c^b f(x)\mathrm{d}x.$$

性质 6.5(保序性) 在区间 $[a,b]$ 上,若 $f(x) \leqslant g(x)$,则 $\int_a^b f(x)\mathrm{d}x \leqslant \int_a^b g(x)\mathrm{d}x$.

例 1 试证明不等式 $\int_0^{\frac{\pi}{4}} \sin^3 x\mathrm{d}x \leqslant \int_0^{\frac{\pi}{4}} \sin^2 x\mathrm{d}x$.

证 因为在区间 $\left[0,\frac{\pi}{4}\right]$ 上,$0 \leqslant \sin x < 1$,故 $\sin^3 x \leqslant \sin^2 x$,所以

$$\int_0^{\frac{\pi}{4}} \sin^3 x\mathrm{d}x \leqslant \int_0^{\frac{\pi}{4}} \sin^2 x\mathrm{d}x.$$

性质 6.6(估值定理) 设 M 和 m 分别是函数 $f(x)$ 在 $[a,b]$ 上的最大值与最小值,则

$$m(b-a) \leqslant \int_a^b f(x)\mathrm{d}x \leqslant M(b-a).$$

证 因为 $m \leqslant f(x) \leqslant M(a \leqslant x \leqslant b)$,由性质 6.5 得

$$\int_a^b m\mathrm{d}x \leqslant \int_a^b f(x)\mathrm{d}x \leqslant \int_a^b M\mathrm{d}x.$$

又由性质 6.3 得

$$m(b-a) \leqslant \int_a^b f(x)\mathrm{d}x \leqslant M(b-a).$$

例 2 估计定积分 $\int_1^4 (x^2+1)\mathrm{d}x$ 的值.

解 因为被积函数 $f(x) = x^2+1$ 在积分区间 $[1,4]$ 上是单调递增的,所以有最小值 $m = f(1) = 2$,最大值 $M = f(4) = 17$.于是由性质 6.6 可得

$$6 \leqslant \int_1^4 (x^2+1)\mathrm{d}x \leqslant 51.$$

性质 6.7(定积分中值定理) 若函数 $f(x)$ 在闭区间 $[a,b]$ 上连续,则至少存在一点 $\xi \in [a,b]$,使得

$$\int_a^b f(x)\mathrm{d}x = f(\xi)(b-a).$$

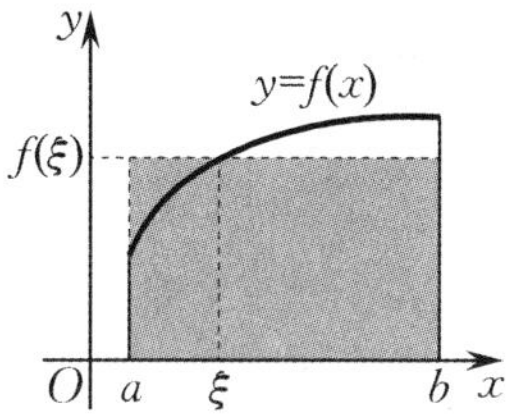

图 6-5

注 定积分中值定理对 $a<b$ 或 $a>b$ 都成立. $\int_a^b f(x)\mathrm{d}x = f(\xi)(b-a)$ 的几何意义:在区间 $[a,b]$ 上至少存在一点 ξ,使得以区间 $[a,b]$ 为底,以曲线 $y=f(x)$ 为曲边的曲边梯形的面积等于一个同一底边而高为 $f(\xi)(a<\xi<b)$ 的矩形的面积(见图 6-5).

§ 6.2 微积分基本定理

虽然不定积分作为原函数的概念与定积分作为和式极限的概念是有区别的,但是牛顿(Newton)和莱布尼茨(Leibniz)不仅发现而且找到了这两个概念之间存在的内在联系,即微积分基本定理,并由此开辟了求定积分的新途径 —— 牛顿-莱布尼茨公式,从而使积分学与微分学一起构成了变量数学的基础学科 —— 微积分学.

6.2.1 积分上限函数

设函数 $f(x)$ 在区间 $[a,b]$ 上连续,则对区间 $[a,b]$ 上的任意一点 x,$f(x)$ 在区间 $[a,x]$ 上仍连续,因此定积分 $\int_a^x f(x)\mathrm{d}x$ 存在. 这时变量 x 既表示积分上限,又表示积分变量. 由于定积分与积分变量的记号无关,为了避免混淆,把积分变量 x 换成 t,于是有

$$\int_a^x f(t)\mathrm{d}t.$$

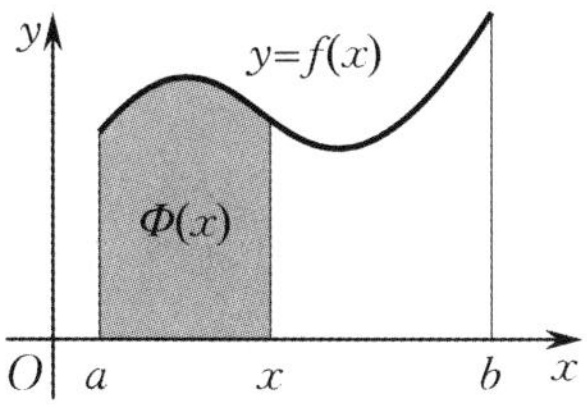

图 6-6

如图 6-6 所示,显然,当积分上限 x 在 $[a,b]$ 上任意变动时,$\int_a^x f(t)\mathrm{d}t$ 就是**积分上限函数**,记作 $\Phi(x)$,即

$$\Phi(x) = \int_a^x f(t)\mathrm{d}t \quad (a \leqslant x \leqslant b).$$

积分上限函数 $\Phi(x)(a \leqslant x \leqslant b)$ 具有以下重要性质.

定理 6.3 **设函数 $f(x)$ 在区间 $[a,b]$ 上连续,那么积分上限函数**

$$\Phi(x) = \int_a^x f(t)\mathrm{d}t \quad (a \leqslant x \leqslant b)$$

在 $[a,b]$ 上可导,且

$$\Phi'(x)=\frac{\mathrm{d}}{\mathrm{d}x}\int_a^x f(t)\mathrm{d}t=f(x).$$

定理 6.4(原函数存在定理) 如果函数 $f(x)$ 在区间 $[a,b]$ 上连续,则它的原函数一定存在,且其中的一个原函数为

$$\Phi(x)=\int_a^x f(t)\mathrm{d}t.$$

例 1 求下列函数的导数:

(1) $\int_0^x \mathrm{e}^{-t}\mathrm{d}t$; (2) $\int_0^{x^2} \mathrm{e}^{-t}\mathrm{d}t$; (3) $\int_x^{x^2} \mathrm{e}^{-t}\mathrm{d}t$.

解 (1) $f(t)=\mathrm{e}^{-t}$ 是连续函数,由定理 6.3 得

$$\frac{\mathrm{d}}{\mathrm{d}x}\int_0^x \mathrm{e}^{-t}\mathrm{d}t=\mathrm{e}^{-x}.$$

(2) 设 $u=x^2$,由复合函数的求导法则得

$$\frac{\mathrm{d}}{\mathrm{d}x}\int_0^{x^2} \mathrm{e}^{-t}\mathrm{d}t=\frac{\mathrm{d}}{\mathrm{d}u}\int_0^u \mathrm{e}^{-t}\mathrm{d}t\cdot\frac{\mathrm{d}u}{\mathrm{d}x}=\mathrm{e}^{-u}\cdot 2x=2x\mathrm{e}^{-x^2}.$$

(3) 由积分区间的可加性,对任一常数 a,有

$$\int_x^{x^2} \mathrm{e}^{-t}\mathrm{d}t=\int_x^a \mathrm{e}^{-t}\mathrm{d}t+\int_a^{x^2} \mathrm{e}^{-t}\mathrm{d}t=\int_a^{x^2} \mathrm{e}^{-t}\mathrm{d}t-\int_a^x \mathrm{e}^{-t}\mathrm{d}t,$$

于是

$$\frac{\mathrm{d}}{\mathrm{d}x}\int_x^{x^2} \mathrm{e}^{-t}\mathrm{d}t=\frac{\mathrm{d}}{\mathrm{d}x}\int_a^{x^2} \mathrm{e}^{-t}\mathrm{d}t-\frac{\mathrm{d}}{\mathrm{d}x}\int_a^x \mathrm{e}^{-t}\mathrm{d}t=2x\mathrm{e}^{-x^2}-\mathrm{e}^{-x}.$$

例 2 求 $\lim\limits_{x\to 0}\dfrac{\int_{\cos x}^1 \mathrm{e}^{-t^2}\mathrm{d}t}{x^2}$.

解 由于所求极限为 $\dfrac{0}{0}$ 型未定式,故由洛必达法则得

$$\lim_{x\to 0}\frac{\int_{\cos x}^1 \mathrm{e}^{-t^2}\mathrm{d}t}{x^2}=\lim_{x\to 0}\frac{\sin x\cdot \mathrm{e}^{-\cos^2 x}}{2x}=\lim_{x\to 0}\frac{\mathrm{e}^{-\cos^2 x}}{2}=\frac{1}{2\mathrm{e}}.$$

6.2.2 牛顿-莱布尼茨公式

定理 6.5 如果函数 $f(x)$ 在区间 $[a,b]$ 上连续,且 $F(x)$ 是 $f(x)$ 的一个原函数,那么

$$\int_a^b f(x)\mathrm{d}x=F(x)\Big|_a^b=F(b)-F(a).$$

通常称此公式为**牛顿-莱布尼茨公式**. 这个公式揭示了不定积分与定积分之间的内在联系. 计算一个连续函数 $f(x)$ 在区间 $[a,b]$ 上的定积分,等于求它的一个原函数 $F(x)$ 在区间 $[a,b]$ 上的改变量. 通常也把该公式称为**微积分基本公式**.

例 3 求 $\int_0^1 x^2\mathrm{d}x$.

解 $\int_0^1 x^2\mathrm{d}x=\frac{1}{3}x^3\Big|_0^1=\frac{1}{3}(1^3-0^3)=\frac{1}{3}$.

例 4 求$\int_{-2}^{-1}\frac{1}{x}dx$.

解 $\int_{-2}^{-1}\frac{1}{x}dx=(\ln|x|)\Big|_{-2}^{-1}=\ln 1-\ln 2=-\ln 2$.

例 5 求$\int_{0}^{1}(2-3\cos x)dx$.

解 $\int_{0}^{1}(2-3\cos x)dx=(2x-3\sin x)\Big|_{0}^{1}=2-3\sin 1$.

例 6 求$\int_{0}^{1}\frac{x^2}{1+x^2}dx$.

解
$$\int_{0}^{1}\frac{x^2}{1+x^2}dx=\int_{0}^{1}\left(1-\frac{1}{1+x^2}\right)dx=\int_{0}^{1}dx-\int_{0}^{1}\frac{1}{1+x^2}dx$$
$$=x\Big|_{0}^{1}-\arctan x\Big|_{0}^{1}=1-\frac{\pi}{4}.$$

例 7 求$\int_{-1}^{2}|1-x|dx$.

解 由积分区间的可加性,得
$$\int_{-1}^{2}|1-x|dx=\int_{-1}^{1}(1-x)dx+\int_{1}^{2}(x-1)dx=\left(x-\frac{x^2}{2}\right)\Big|_{-1}^{1}+\left(\frac{x^2}{2}-x\right)\Big|_{1}^{2}$$
$$=2+\frac{1}{2}=\frac{5}{2}.$$

§6.3 定积分的换元积分法与分部积分法

与不定积分的积分方法相对应,定积分也有换元积分法和分部积分法,且其也是用于简化定积分的计算.

6.3.1 定积分的换元积分法

定理 6.6 **若函数 $f(x)$ 在区间$[a,b]$上连续,函数 $x=\varphi(t)$ 在区间$[\alpha,\beta]$上单调且有连续而不为 0 的导数 $\varphi'(t)$,又有 $\varphi(\alpha)=a,\varphi(\beta)=b$,则**
$$\int_{a}^{b}f(x)dx=\int_{\alpha}^{\beta}f[\varphi(t)]\varphi'(t)dt.$$

这就是**定积分的换元积分公式.**

定积分的换元积分公式与不定积分的换元积分公式很相似,不同的是用不定积分的换元积分公式时,最后需将变量还原,而用定积分的换元积分公式时,需要将积分上、下限做相应的改变,即换元必换限.

例 1 求$\int_{0}^{3}\frac{x}{\sqrt{1+x}}dx$.

解 设$\sqrt{1+x}=t$，则$x=t^2-1$，$dx=2tdt$，且当$x=0$时，$t=1$；当$x=3$时，$t=2$. 于是

$$\int_0^3 \frac{x}{\sqrt{1+x}}dx=\int_1^2 \frac{t^2-1}{t}\cdot 2tdt=2\int_1^2 (t^2-1)dt$$

$$=2\left(\frac{t^3}{3}-t\right)\Big|_1^2=\frac{8}{3}.$$

例 2 求$\int_0^{\ln 2}\sqrt{e^x-1}\,dx$.

解 设$\sqrt{e^x-1}=t$，则$x=\ln(t^2+1)$，$dx=\frac{2t}{t^2+1}dt$，且当$x=0$时，$t=0$；当$x=\ln 2$时，$t=1$. 于是

$$\int_0^{\ln 2}\sqrt{e^x-1}\,dx=\int_0^1 \frac{2t^2}{t^2+1}dt=2\int_0^1\left(1-\frac{1}{t^2+1}\right)dt$$

$$=2(t-\arctan t)\Big|_0^1=2-\frac{\pi}{2}.$$

例 3 求$\int_0^{\frac{\pi}{2}}\cos^3 x\sin x dx$.

解 设$t=\cos x$，则$dt=-\sin x dx$，且当$x=0$时，$t=1$；当$x=\frac{\pi}{2}$时，$t=0$. 于是

$$\int_0^{\frac{\pi}{2}}\cos^3 x\sin x dx=-\int_1^0 t^3 dt=\int_0^1 t^3 dt=\frac{1}{4}t^4\Big|_0^1=\frac{1}{4}.$$

在这个定积分中，被积函数的原函数也可用凑微分法求得，即

$$\int_0^{\frac{\pi}{2}}\cos^3 x\sin x dx=-\int_0^{\frac{\pi}{2}}\cos^3 x d(\cos x)=-\frac{1}{4}\cos^4 x\Big|_0^{\frac{\pi}{2}}=\frac{1}{4}.$$

例 4 求$\int_0^1 (2x-1)^{100}dx$.

解 $\int_0^1 (2x-1)^{100}dx=\frac{1}{2}\int_0^1 (2x-1)^{100}d(2x-1)$

$$=\frac{1}{2}\left[\frac{1}{101}(2x-1)^{101}\right]\Big|_0^1=\frac{1}{101}.$$

由以上例子可知：

(1) 使用定积分的换元积分法，最后不必回代原来的变量. 但必须记住，在换元的同时，积分上、下限一定要做相应的变换，而且积分下限α不一定比积分上限β小.

(2) 用凑微分法求定积分时，可以不设中间变量，因而积分上、下限也不用变换，一般这样计算更加简单.

学习了定积分的换元积分法(凑微分法)之后，我们就可以解决案例 6.1 中的问题了.

解 新产品前四天的总销售量为

$$Q=\int_0^4 (100-90e^{-x})dx=(100x+90e^{-x})\Big|_0^4$$

$$=(400+90e^{-4})-(0+90)=310+90e^{-4}.$$

6.3.2　定积分的分部积分法

定理 6.7　设函数 $u(x)$，$v(x)$ 在区间 $[a,b]$ 上具有连续导数 $u'(x)$，$v'(x)$，则有

$$\int_a^b u(x)\mathrm{d}v(x) = u(x)v(x)\Big|_a^b - \int_a^b v(x)\mathrm{d}u(x)$$

或

$$\int_a^b u\mathrm{d}v = uv\Big|_a^b - \int_a^b v\mathrm{d}u.$$

上述公式称为**定积分的分部积分公式**.

注　此公式与不定积分的分部积分公式相似，不同的是每一项都带有积分上、下限.

例 5　求 $\int_0^{\pi} x\cos x\mathrm{d}x$.

解　$\int_0^{\pi} x\cos x\mathrm{d}x = \int_0^{\pi} x\mathrm{d}(\sin x) = x\sin x\Big|_0^{\pi} - \int_0^{\pi}\sin x\mathrm{d}x = 0-(-\cos x)\Big|_0^{\pi} = -2.$

由此可见，定积分的分部积分法，本质上是先利用不定积分的分部积分法求出原函数，再用牛顿-莱布尼茨公式求得结果，这两者的区别在于定积分通过分部积分后，积出部分就代入积分上、下限，即积出一步代入一步，不必等到最后一起代入.

例 6　求 $\int_1^2 x^2\ln x\mathrm{d}x$.

解

$$\begin{aligned}\int_1^2 x^2\ln x\mathrm{d}x &= \int_1^2 \ln x\mathrm{d}\left(\frac{x^3}{3}\right) = \frac{1}{3}x^3\ln x\Big|_1^2 - \int_1^2\frac{x^3}{3}\mathrm{d}(\ln x)\\ &= \frac{8}{3}\ln 2 - \frac{1}{3}\int_1^2 x^2\mathrm{d}x = \frac{8}{3}\ln 2 - \frac{1}{9}x^3\Big|_1^2 = \frac{8}{3}\ln 2 - \frac{7}{9}.\end{aligned}$$

例 7　求 $\int_0^1 \mathrm{e}^{\sqrt{x}}\mathrm{d}x$.

解　设 $\sqrt{x} = t$，则 $x = t^2$，$\mathrm{d}x = 2t\mathrm{d}t$，且当 $x = 0$ 时，$t = 0$；当 $x = 1$ 时，$t = 1$. 于是

$$\begin{aligned}\int_0^1 \mathrm{e}^{\sqrt{x}}\mathrm{d}x &= \int_0^1 \mathrm{e}^t\cdot 2t\mathrm{d}t = 2\int_0^1 t\mathrm{e}^t\mathrm{d}t = 2\int_0^1 t\mathrm{d}(\mathrm{e}^t)\\ &= 2t\mathrm{e}^t\Big|_0^1 - 2\int_0^1\mathrm{e}^t\mathrm{d}t = 2\mathrm{e} - 2\mathrm{e}^t\Big|_0^1 = 2.\end{aligned}$$

§ 6.4　无限区间上的广义积分

前面所讨论的定积分，其积分区间都是有限的，并且被积函数在积分区间上是有界函数，这种积分叫作**常义积分**. 如果积分区间是无限区间，或积分区间是有限区间但被积函数在积分区间上无界，这两种情况的积分叫作广义积分. 本节将着重介绍无限区间上的广义积分.

定义 6.2　设函数 $f(x)$ 在区间 $[a,+\infty)$ 上连续，取 $b > a$，若极限

$$\lim_{b\to+\infty}\int_a^b f(x)\mathrm{d}x$$

存在，则称此极限值为函数 $f(x)$ 在区间 $[a,+\infty)$ 上的**广义积分**，记作 $\int_a^{+\infty} f(x)\mathrm{d}x$，即

$$\int_a^{+\infty} f(x)\mathrm{d}x=\lim_{b\to+\infty}\int_a^b f(x)\mathrm{d}x.$$

这时也称**广义积分** $\int_a^{+\infty} f(x)\mathrm{d}x$ **收敛**. 如果上述极限不存在，就称函数 $f(x)$ 在 $[a,+\infty)$ 上的**广义积分** $\int_a^{+\infty} f(x)\mathrm{d}x$ **发散**.

类似地，可以定义函数 $f(x)$ 在区间 $(-\infty,b]$ 上的广义积分为

$$\int_{-\infty}^b f(x)\mathrm{d}x=\lim_{a\to-\infty}\int_a^b f(x)\mathrm{d}x;$$

而函数 $f(x)$ 在区间 $(-\infty,+\infty)$ 上的广义积分为

$$\int_{-\infty}^{+\infty} f(x)\mathrm{d}x=\int_{-\infty}^a f(x)\mathrm{d}x+\int_a^{+\infty} f(x)\mathrm{d}x\quad(a\text{ 为常数}),$$

当上式右边两个广义积分同时收敛时，称广义积分 $\int_{-\infty}^{+\infty} f(x)\mathrm{d}x$ 收敛，否则称广义积分 $\int_{-\infty}^{+\infty} f(x)\mathrm{d}x$ 发散.

由广义积分的定义可知，它是一类常义积分的极限. 因此，广义积分的计算就是先计算常义积分，再相应地取极限.

例 1 求 $\int_0^{+\infty}\frac{1}{1+x^2}\mathrm{d}x$.

解

$$\int_0^{+\infty}\frac{1}{1+x^2}\mathrm{d}x=\lim_{b\to+\infty}\int_0^b\frac{1}{1+x^2}\mathrm{d}x=\lim_{b\to+\infty}\arctan x\Big|_0^b$$

$$=\lim_{b\to+\infty}(\arctan b-\arctan 0)=\frac{\pi}{2}.$$

为书写简便，若有 $F'(x)=f(x)$，则可记

$$\int_a^{+\infty} f(x)\mathrm{d}x=F(x)\Big|_a^{+\infty}=\lim_{x\to+\infty}F(x)-F(a).$$

类似地，也可记

$$\int_{-\infty}^b f(x)\mathrm{d}x=F(x)\Big|_{-\infty}^b=F(b)-\lim_{x\to-\infty}F(x).$$

例 2 判断广义积分 $\int_0^{+\infty}\frac{x}{1+x^2}\mathrm{d}x$ 的敛散性.

解 由于

$$\int_0^{+\infty}\frac{x}{1+x^2}\mathrm{d}x=\frac{1}{2}\int_0^{+\infty}\frac{1}{1+x^2}\mathrm{d}(1+x^2)=\frac{1}{2}\ln(1+x^2)\Big|_0^{+\infty}=+\infty,$$

故广义积分 $\int_0^{+\infty}\frac{x}{1+x^2}\mathrm{d}x$ 发散.

例 3 求 $\int_{-\infty}^0 \mathrm{e}^x\mathrm{d}x$.

解 $\int_{-\infty}^{0} e^x dx = e^x \Big|_{-\infty}^{0} = 1 - \lim\limits_{x \to -\infty} e^x = 1 - 0 = 1.$

例 4　求 $\int_{-\infty}^{+\infty} \frac{1}{1+x^2} dx.$

解 $\int_{-\infty}^{+\infty} \frac{1}{1+x^2} dx = \int_{-\infty}^{0} \frac{1}{1+x^2} dx + \int_{0}^{+\infty} \frac{1}{1+x^2} dx = \arctan x \Big|_{-\infty}^{0} + \arctan x \Big|_{0}^{+\infty}$

$$= \frac{\pi}{2} + \frac{\pi}{2} = \pi.$$

§6.5 定积分的应用

前面我们讨论了定积分的概念及计算方法，在这个基础上进一步来研究定积分的应用. 定积分在科学技术问题中有着广泛的应用，本节主要介绍它在几何学中求平面图形面积的应用及在经济学中的一些应用.

6.5.1　利用定积分求平面图形的面积

根据前面的分析可知，由曲线 $y = f(x)(f(x) \geqslant 0)$ 与直线 $x = a, x = b$ 及 $y = 0$ 所围成的曲边梯形，其面积为

$$A = \int_a^b f(x) dx.$$

一般地，由上、下曲线 $y = f(x), y = g(x)(f(x) \geqslant g(x))$ 及直线 $x = a, x = b$ 所围成的平面图形(见图 6-7)，其面积可看作分别由 $y = f(x)$ 和 $y = g(x)$ 所围成的曲边梯形的面积之差，于是

$$A = \int_a^b [f(x) - g(x)] dx.$$

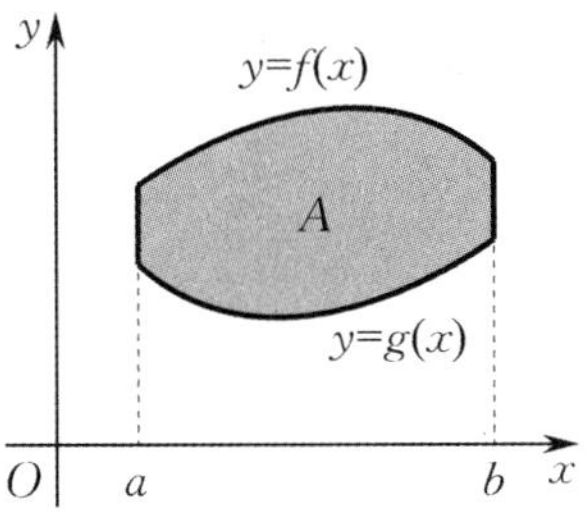

图 6-7

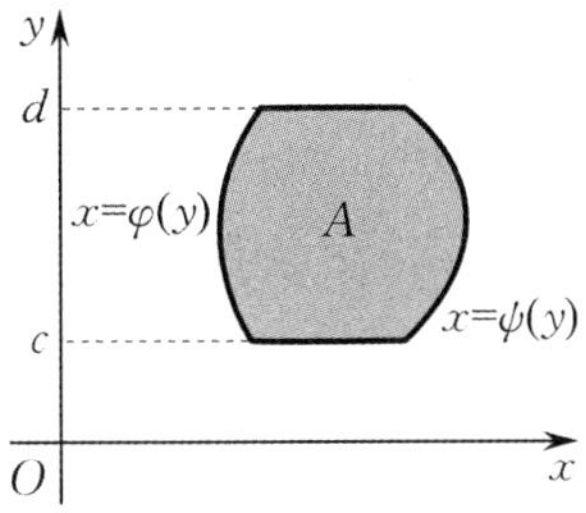

图 6-8

类似地，由左、右曲线 $x = \varphi(y), x = \psi(y)(\psi(y) \geqslant \varphi(y))$ 及直线 $y = c, y = d$ 所围成的平面图形(见图 6-8) 的面积为

$$A = \int_c^d [\psi(y) - \varphi(y)] dy.$$

例 1 求由两条抛物线 $y=x^2, y^2=x$ 所围成的平面图形的面积.

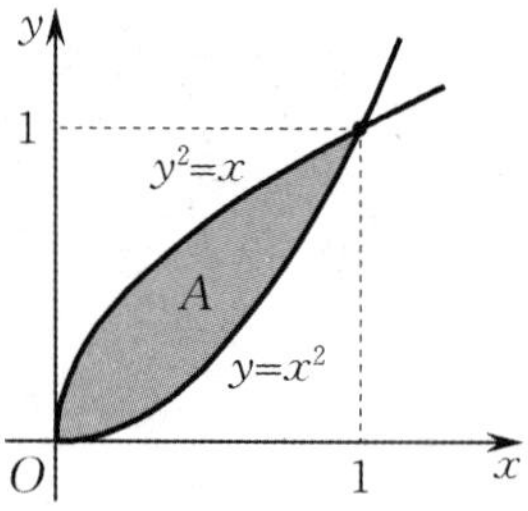

图 6-9

解 如图 6-9 所示，联立两曲线方程 $\begin{cases} y=x^2, \\ y^2=x, \end{cases}$ 得交点为 $(0,0),(1,1)$，故所求面积为

$$A=\int_0^1(\sqrt{x}-x^2)\mathrm{d}x=\left(\frac{2}{3}x^{\frac{3}{2}}-\frac{1}{3}x^3\right)\Big|_0^1=\frac{1}{3}.$$

本题也可选择纵坐标 y 作为积分变量，则积分区间为 $[0,1]$，于是所求面积为

$$A=\int_0^1(\sqrt{y}-y^2)\mathrm{d}y=\left(\frac{2}{3}y^{\frac{3}{2}}-\frac{1}{3}y^3\right)\Big|_0^1=\frac{1}{3}.$$

例 2 求由抛物线 $y^2=2x$ 及直线 $y=x-4$ 所围成的平面图形的面积.

解 如图 6-10 所示，联立两曲线方程 $\begin{cases} y^2=2x, \\ y=x-4 \end{cases}$ 得交点为 $(2,-2),(8,4)$，故所求面积为

$$A=\int_{-2}^4\left(y+4-\frac{y^2}{2}\right)\mathrm{d}y=\left(\frac{1}{2}y^2+4y-\frac{1}{6}y^3\right)\Big|_{-2}^4=18.$$

本题如果不选择 y 为积分变量，而选择 x 为积分变量，则积分区间为 $[0,8]$，需分成 $[0,2]$ 和 $[2,8]$ 两部分，即所给平面图形由直线 $x=2$ 分成两部分面积 A_1 和 A_2，且

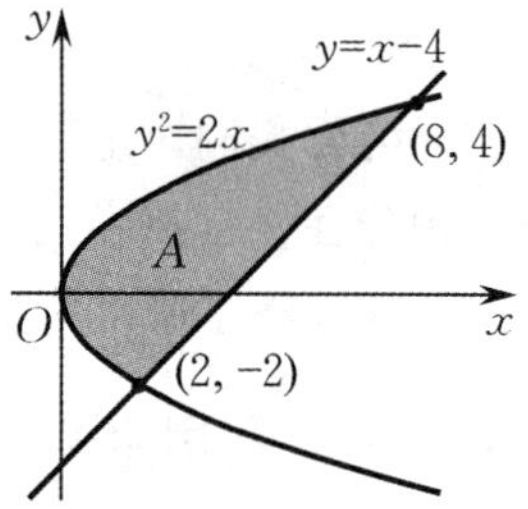

图 6-10

$$A=A_1+A_2=\int_0^2[\sqrt{2x}-(-\sqrt{2x})]\mathrm{d}x+\int_2^8[\sqrt{2x}-(x-4)]\mathrm{d}x=18.$$

比较两种算法可知，选择 y 为积分变量要简单得多. 因此，对具体问题应恰当地选择积分变量，以使计算简便.

6.5.2 定积分在经济学中的应用

定积分在经济学中有着广泛的应用，下面列举一些定积分在经济学方面常见的应用实例，以便更好地掌握用定积分的知识来解决实际问题.

总量函数有成本函数、收入函数和利润函数等，边际函数有边际成本函数、边际收入函数和边际利润函数等. 因为总量函数的导数是边际函数，所以当给定初始条件时，可以用不定积分或定积分求得总量函数. 例如，设边际成本函数为 $C'(x)$，固定成本为 $C(0)$，边际收入函数为 $R'(x)$，则

成本函数为 $C(x)=\int_0^x C'(t)\mathrm{d}t+C(0)$；

收入函数为 $R(x)=\int_0^x R'(t)\mathrm{d}t$；

利润函数为 $L(x)=R(x)-C(x)=\int_0^x[R'(t)-C'(t)]\mathrm{d}t-C(0)$.

例 3 设某种产品每天生产 x 单位时的固定成本为 80 元，边际成本函数(单位：

元/单位）为 $C'(x)=\frac{2}{5}x+6$.

(1) 求成本函数 $C(x)$；

(2) 如果这种产品的销售价格为 20 元/单位，且可以全部售出，求利润函数；

(3) 每天生产多少单位该种产品时，利润最大？并求最大利润.

解　(1) 由题意得，固定成本 $C(0)=80$ 元，所以成本函数（单位：元）为

$$C(x)=\int_0^x C'(t)\mathrm{d}t+C(0)=\int_0^x\left(\frac{2}{5}t+6\right)\mathrm{d}t+80$$

$$=\left(\frac{1}{5}t^2+6t\right)\Big|_0^x+80=\frac{1}{5}x^2+6x+80.$$

(2) 利润函数（单位：元）为

$$L(x)=R(x)-C(x)=20x-\left(\frac{1}{5}x^2+6x+80\right)=-\frac{1}{5}x^2+14x-80.$$

(3) 对 $L(x)$ 求导并令其导数为 0，得

$$L'(x)=-\frac{2}{5}x+14=0,$$

解得 $x=35$. 又因为 $L''(35)=-\frac{2}{5}<0$，所以每天生产 35 单位该种产品时，利润最大，最大利润为

$$L(35)=-\frac{1}{5}\times35^2+14\times35-80=165(\text{元}).$$

例 4　设生产 x 单位某种产品时，边际收入函数（单位：元/单位）为 $R'(x)=100-\frac{2}{5}x$. 求：

(1) 收入函数 $R(x)$ 和平均收入函数 $\overline{R}(x)$；

(2) 生产 50 单位该种产品的收入；

(3) 生产 50 单位该种产品后再生产 50 单位的收入.

解　(1) 由题意得收入函数（单位：元）为

$$R(x)=\int_0^x R'(t)\mathrm{d}t=\int_0^x\left(100-\frac{2}{5}t\right)\mathrm{d}t=\left(100t-\frac{1}{5}t^2\right)\Big|_0^x=100x-\frac{1}{5}x^2,$$

平均收入函数（单位：元/单位）为

$$\overline{R}(x)=\frac{R(x)}{x}=100-\frac{1}{5}x.$$

(2) $R(50)=\left(100x-\frac{1}{5}x^2\right)\Big|_{x=50}=4\,500(\text{元}).$

(3) $R=\int_{50}^{100}\left(100-\frac{2}{5}t\right)\mathrm{d}t=\left(100t-\frac{1}{5}t^2\right)\Big|_{50}^{100}=3\,500(\text{元}).$

习 题 6

1. 填空题：

(1) 由曲线 $y=x^2+1$ 与直线 $x=1,x=3$ 及 x 轴所围成的曲边梯形的面积用定积分表示为________；

(2) 定积分 $\int_{-3}^{3}\sin t\mathrm{d}t$ 的积分上限是________，积分下限是________，积分区间是________.

2. 利用定积分的几何意义，判断下列定积分值的正负：

(1) $\int_0^{\frac{\pi}{2}}\sin x\mathrm{d}x$；　　(2) $\int_{-1}^{2}x^2\mathrm{d}x$.

3. 在不计算定积分值的情况下，比较下列定积分的大小：

(1) $\int_0^1 x^2\mathrm{d}x$ 和 $\int_0^1 x^3\mathrm{d}x$；　　(2) $\int_1^2\ln x\mathrm{d}x$ 和 $\int_1^2\ln^2 x\mathrm{d}x$；

(3) $\int_0^{\frac{\pi}{4}}\cos x\mathrm{d}x$ 和 $\int_0^{\frac{\pi}{4}}\sin x\mathrm{d}x$；　　(4) $\int_0^{\frac{1}{2}}\mathrm{e}^x\mathrm{d}x$ 和 $\int_0^{\frac{1}{2}}\mathrm{e}^{x^2}\mathrm{d}x$.

4. 已知 $\int_0^2 x^2\mathrm{d}x=\dfrac{8}{3}$，$\int_{-1}^0 x^2\mathrm{d}x=\dfrac{1}{3}$，计算下列定积分：

(1) $\int_{-1}^2 x^2\mathrm{d}x$；　　(2) $\int_{-1}^2(2x^2+4)\mathrm{d}x$.

5. 利用定积分的性质，估计下列定积分的值：

(1) $\int_1^2 2x^2\mathrm{d}x$；　　(2) $\int_{-1}^2\mathrm{e}^{-x^2}\mathrm{d}x$.

6. 两个人赛马，若在比赛中的任意时刻，甲的马的速度都比乙的马的速度快，试问：甲是否一定获胜？请解释你的结论.

7. 求下列函数的导数：

(1) $\Phi(x)=\int_0^x\cos(t+1)\mathrm{d}t$；　　(2) $\Phi(x)=\int_x^1\mathrm{e}^{t^2}\mathrm{d}t$；　　(3) $\Phi(x)=\int_1^{\mathrm{e}^x}\dfrac{\ln t}{t}\mathrm{d}t$.

8. 计算下列极限：

(1) $\lim\limits_{x\to 0}\dfrac{\int_0^x\sin t\mathrm{d}t}{3x^2}$；　　(2) $\lim\limits_{x\to 1}\dfrac{\int_x^1\mathrm{e}^{t^3}\mathrm{d}t}{\ln x}$；　　(3) $\lim\limits_{x\to 0}\dfrac{\int_0^{x^2}\arctan t\mathrm{d}t}{\sin x^4}$.

9. 计算下列定积分：

(1) $\int_0^1 x^{100}\mathrm{d}x$；　　(2) $\int_1^4\sqrt{x}\mathrm{d}x$；　　(3) $\int_0^1\mathrm{e}^x\mathrm{d}x$；

(4) $\int_0^1 100^x\mathrm{d}x$；　　(5) $\int_0^{\frac{\pi}{2}}\sin x\mathrm{d}x$；　　(6) $\int_{\frac{1}{\sqrt{3}}}^{\sqrt{3}}\dfrac{1}{1+x^2}\mathrm{d}x$；

(7) $\int_0^2(3x^2+2)\mathrm{d}x$；　　(8) $\int_0^{\pi}|\cos x|\mathrm{d}x$；　　(9) $\int_0^1\dfrac{x^3+x-1}{1+x^2}\mathrm{d}x$.

10. 计算下列定积分：

(1) $\int_0^1 xe^{x^2}\mathrm{d}x$；　(2) $\int_1^e \frac{\ln x}{x}\mathrm{d}x$；　(3) $\int_0^\pi \cos\left(\frac{x}{4}+\frac{\pi}{4}\right)\mathrm{d}x$；

(4) $\int_0^1 x\sqrt{1-x^2}\,\mathrm{d}x$；　(5) $\int_{-2}^0 \frac{1}{x^2+2x+2}\mathrm{d}x$；　(6) $\int_0^1 \frac{1}{\sqrt{1+3x}+1}\mathrm{d}x$；

(7) $\int_0^4 \frac{1}{1+\sqrt{x}}\mathrm{d}x$；　(8) $\int_1^5 \frac{\sqrt{x-1}}{x}\mathrm{d}x$；　(9) $\int_0^\pi \sin^2\frac{x}{2}\mathrm{d}x$；

(10) $\int_0^{\frac{\pi}{2}} x\cos 3x\mathrm{d}x$；　(11) $\int_0^1 \arcsin x\mathrm{d}x$；　(12) $\int_0^{\frac{\pi}{2}} e^x\sin x\mathrm{d}x$.

11. 某公路管理处在城市高速公路出口处，记录了几个星期内车辆的平均行驶速度. 数据统计表明，某个工作日的下午1:00至6:00之间，t时刻车辆的平均行驶速度(单位:km/h)为$v(t)=2t^3-21t^2+60t+40$，试计算在这天下午1:00至6:00之间车辆的平均行驶速度.(提示:连续函数在区间上的平均值等于该函数在这个区间上的定积分除以这个区间的长度.)

12. 设产品在t时刻总产量的变化率(单位:单位/h)为

$$f(t)=100+12t-0.6t^2.$$

求从$t=2$ h到$t=4$ h这两个小时的总产量.

13. 判断下列广义积分的敛散性，若收敛，计算其值：

(1) $\int_1^{+\infty} \frac{1}{x^3}\mathrm{d}x$；　(2) $\int_1^{+\infty} \frac{1}{\sqrt{x}}\mathrm{d}x$；　(3) $\int_0^{+\infty} e^{-3x}\mathrm{d}x$；

(4) $\int_0^{+\infty} \sin x\mathrm{d}x$；　(5) $\int_2^{+\infty} \frac{1}{x\ln x}\mathrm{d}x$；　(6) $\int_{-\infty}^{+\infty} \frac{1}{x^2+4x+5}\mathrm{d}x$.

14. 求下列平面图形的面积：

(1) 由曲线$y=4-x^2$与x轴所围成的平面图形；

(2) 由曲线$y=\frac{1}{x}$与直线$y=x$及$x=2$所围成的平面图形；

(3) 由曲线$y=x^2$与$y=2x-x^2$所围成的平面图形；

(4) 由曲线$y=x^2$，$y=4x^2$与直线$y=1$所围成的平面图形；

(5) 由曲线$y=\sqrt{x}$，$y=-\sin x$与直线$x=\pi$所围成的平面图形.

15. 已知某种商品每天生产x单位时的固定成本为20元，边际成本函数(单位:元/单位)为$C'(x)=0.4x+12$.

(1) 求成本函数$C(x)$；

(2) 如果这种产品的销售价格为40元/单位，且可以全部售出，求利润函数；

(3) 每天生产多少单位该种商品时，才能获得最大利润？并求最大利润.

16. 设某种产品的边际函数(单位:万元/百台)为$C'(x)=1$，固定成本为$C(0)=1$万元，边际收入函数(单位:万元/百台)为$R'(x)=5-x$.

(1) 求产量为多少时，利润最大；

(2) 在利润最大时又多生产了1百台，利润减少了多少？

第 7 章

常微分方程

函数是客观事物的内部联系在数量方面的反映，利用函数关系又可以对客观事物的规律进行研究.因此如何寻找出所需要的函数关系，在实践中具有重要意义.在许多问题中，往往不能直接找出所需要的函数关系，但是根据问题所提供的情况，有时可以列出含有要找的函数及其导数的关系式，这样的关系式就是微分方程.微分方程建立以后，对其进行研究，并找出未知函数来，这就是解微分方程.本章将着重介绍微分方程的基本概念及常见微分方程的解法.

§7.1 一阶微分方程

7.1.1 微分方程的基本概念

在物理学、力学和经济管理等科学领域中，我们可以看到许多表达自然定律和运动机理的例子.

【案例 7.1】 设一物体的温度为 100 ℃，将其放置在空气温度为 20 ℃ 的环境中冷却. 根据冷却定律：物体温度的变化率与物体温度和当时空气温度之差成正比，设物体的温度 T 与时间 t 的函数关系为 $T=T(t)$，则可建立函数 $T(t)$ 满足的方程

$$\frac{\mathrm{d}T}{\mathrm{d}t}=-k(T-20), \tag{7.1}$$

其中 $k(k>0)$ 为比例常数. 根据题意，$T=T(t)$ 还需满足 $T\Big|_{t=0}=100$.

这就是物体冷却的数学模型. 物体冷却的数学模型在多个领域有着广泛的应用. 例如，警方破案时，法医要根据尸体当时的温度推断这个人的死亡时间，就可以利用这个模型来计算解决.

若要求解方程(7.1)，则涉及微分方程的相关知识. 接下来我们首先通过几个例题来说明微分方程的基本概念.

例 1 已知一曲线上任一点 $P(x,y)$ 处的切线斜率为 e^x，且该曲线过点(0,2)，求该曲线的方程.

解 设所求曲线方程为 $y=f(x)$，由导数的几何意义，得

$$\frac{\mathrm{d}y}{\mathrm{d}x}=f'(x)=\mathrm{e}^x. \tag{7.2}$$

同时，$f(x)$ 还应满足

$$f(0)=2 \quad 或 \quad y\Big|_{x=0}=2. \tag{7.3}$$

对(7.2)式两边分别积分，得

$$f(x)=\int \mathrm{e}^x\mathrm{d}x=\mathrm{e}^x+C \quad 或 \quad y=\mathrm{e}^x+C, \tag{7.4}$$

其中 C 为任意常数.

将(7.3)式代入(7.4)式，得 $C=1$，于是所求曲线方程为

$$y=\mathrm{e}^x+1. \tag{7.5}$$

例 2 列车在平直公路上以 20 m/s 的速度行驶，制动时列车获得加速度

$-0.4\ \mathrm{m/s^2}$. 问:开始制动后多长时间列车才能停住,在这段时间内列车行驶了多少路程?

解 设列车开始制动的时刻为 $t=0$,制动 t s 行驶了 s m 后停住. 根据题意,列车制动阶段运动规律的函数 $s=s(t)$ 应满足

$$s''(t)=-0.4, \tag{7.6}$$

$s(t)$ 还应满足

$$s(0)=0,\quad s'(0)=20. \tag{7.7}$$

对(7.6)式两边分别积分,得

$$v=s'(t)=-0.4t+C_1, \tag{7.8}$$

再对(7.8)式两边分别积分,得

$$s=-0.2t^2+C_1t+C_2, \tag{7.9}$$

其中 C_1,C_2 均为任意常数.

将(7.7)式中的 $s'(0)=20$ 代入(7.8)式,得 $C_1=20$;将(7.7)式中的 $s(0)=0$ 代入(7.9)式,得 $C_2=0$.

将 C_1,C_2 的值代入(7.8)式及(7.9)式,得

$$v=-0.4t+20, \tag{7.10}$$

$$s=-0.2t^2+20t. \tag{7.11}$$

在(7.10)式中,令 $v=0$,则得列车从开始制动到停住所需时间为

$$t=\frac{20}{0.4}=50(\mathrm{s}).$$

再将 $t=50$ 代入(7.11)式,得到列车在制动阶段行驶的路程为

$$s=-0.2\times50^2+20\times50=500(\mathrm{m}).$$

在例1和例2中,(7.2)式和(7.6)式都含有未知函数的导数,这样的方程称为微分方程. 一般地,有如下定义:

定义 7.1 含有自变量、自变量的未知函数及未知函数的导数(或微分)的方程称为**微分方程**. 如果微分方程中的未知函数仅含有一个自变量,这样的微分方程称为**常微分方程**.

微分方程中出现的未知函数各阶导数的最高阶数称为**微分方程的阶**. 例如,$y'=x$,$x\mathrm{d}y+y\mathrm{d}x=0$ 都是一阶微分方程;$\frac{\mathrm{d}^2s}{\mathrm{d}t^2}=g$,$y''+2y'+y=\sin x$ 都是二阶微分方程;$y'''+4y''+4y=x\mathrm{e}^x$ 是三阶微分方程……

能够满足微分方程的函数称为**微分方程的解**. 例如例1中,(7.4)式和(7.5)式是微分方程(7.2)的解;例2中,(7.9)式和(7.11)式是微分方程(7.6)的解.

本章仅讨论一些常微分方程及其解法.

从上述例子可见,微分方程的解可能含有也可能不含有任意常数. 一般地,微分方程的不含有任意常数的解称为微分方程的**特解**. 含有相互独立的任意常数,且任意常数的个数与微分方程的阶数相等的解称为微分方程的**通解**. 通解的意思是指,满足这种形式的函数都是微分方程的解.

例如,例1中的(7.4)式和(7.5)式分别为微分方程(7.2)的通解和特解.

注　这里所说的相互独立的任意常数是指它们不能通过合并而使得通解中的任意常数的个数减少. 例如 $y=C_1x+C_2x+1$ 与 $y=Cx+1$(C_1,C_2,C 都是任意常数) 所表示的函数族是相同的, 因此 $y=C_1x+C_2x+1$ 中的任意常数 C_1,C_2 是不独立的; 而(7.9) 式 $s=-0.2t^2+C_1t+C_2$ 中的任意常数 C_1,C_2 是不能合并的, 即 C_1,C_2 是相互独立的.

许多实际问题都要求寻找满足某些附加条件的解, 利用这些附加条件, 可以确定通解中的任意常数, 这些附加条件通常称为微分方程的**初始条件**.

例如, 例 1 中的(7.3) 式是微分方程(7.2) 的初始条件; 例 2 中的(7.7) 式是微分方程(7.6) 的初始条件.

一般地, 一阶微分方程的初始条件为

$$y(x_0)=y_0 \quad 或 \quad y\Big|_{x=x_0}=y_0,$$

二阶微分方程的初始条件为

$$\begin{cases} y(x_0)=y_0, \\ y'(x_0)=y_1 \end{cases} \quad 或 \quad \begin{cases} y\Big|_{x=x_0}=y_0, \\ y'\Big|_{x=x_0}=y_1, \end{cases}$$

其中 x_0,y_0,y_1 为已知数.

求微分方程满足初始条件的特解的问题, 称为**初值问题**.

微分方程的解的图形是一条曲线, 称为微分方程的**积分曲线**. 例如, $y=x^2+C$ 是一族积分曲线, $y=x^2+1$ 是其中的一条积分曲线.

一阶微分方程的一般形式为

$$F(x,y,y')=0.$$

下面我们仅讨论几种特殊类型的一阶微分方程及其解法.

7.1.2　分离变量法

一般地, 如果一个一阶微分方程 $\frac{\mathrm{d}y}{\mathrm{d}x}=h(x,y)$ 或 $F(x,y,y')=0$ 可化为

$$g(y)\mathrm{d}y=f(x)\mathrm{d}x \tag{7.12}$$

的形式, 那么就称原微分方程为**可分离变量的微分方程**.

对微分方程(7.12) 两边分别积分, 且设 $G(y),F(x)$ 分别为 $g(y),f(x)$ 的原函数, 则微分方程(7.12) 的通解为

$$G(y)=F(x)+C.$$

例 3　求微分方程 $\frac{\mathrm{d}y}{\mathrm{d}x}=\frac{x^2}{y}$ 的通解.

解　这是可分离变量的微分方程, 分离变量得

$$y\mathrm{d}y=x^2\mathrm{d}x.$$

两边分别积分得

$$\int y\mathrm{d}y=\int x^2\mathrm{d}x,$$

则

$$\frac{1}{2}y^2 = \frac{1}{3}x^3 + C_1,$$

即

$$y^2 = \frac{2}{3}x^3 + 2C_1.$$

因为 $2C_1$ 为任意常数，把它记作 C，所以原微分方程的通解为

$$y^2 = \frac{2}{3}x^3 + C.$$

例 4　求微分方程 $xy\mathrm{d}y + \mathrm{d}x = y^2\mathrm{d}x + y\mathrm{d}y$ 的通解.

解　微分方程变形得

$$y(x-1)\mathrm{d}y = (y^2-1)\mathrm{d}x,$$

当 $x \neq 1, y \neq \pm 1$ 时，分离变量得

$$\frac{y}{y^2-1}\mathrm{d}y = \frac{1}{x-1}\mathrm{d}x.$$

两边分别积分得

$$\int \frac{y}{y^2-1}\mathrm{d}y = \int \frac{1}{x-1}\mathrm{d}x, \quad 即 \quad \frac{1}{2}\ln|y^2-1| = \ln|x-1| + C_1,$$

于是有

$$y^2 = \pm \mathrm{e}^{2C_1}(x-1)^2 + 1,$$

其中 $\pm \mathrm{e}^{2C_1}$ 是任意非零常数. 又因为 $y = \pm 1$ 也是原微分方程的解，故原微分方程的通解为

$$y^2 = C(x-1)^2 + 1.$$

注　上述求通解形式的化简过程，以后还会经常用到，为此约定简化写法如下：

对于微分方程 $G'(y) = F'(x)G(y)$，当 $G(y) \neq 0$ 时，有

$$\int \frac{\mathrm{d}(G(y))}{G(y)} = \int F'(x)\mathrm{d}x,$$

则

$$\ln|G(y)| = F(x) + C_1,$$

即

$$G(y) = \pm \mathrm{e}^{C_1} \cdot \mathrm{e}^{F(x)},$$

其中 C_1 为任意常数. 令 $C = \pm \mathrm{e}^{C_1}$，于是

$$G(y) = C\mathrm{e}^{F(x)} \quad (C\text{ 为任意非零常数}).$$

又 $G(y) = 0$ 也是原微分方程的解，此时 $C = 0$，于是原微分方程的通解为

$$G(y) = C\mathrm{e}^{F(x)} \quad (C\text{ 为任意常数}).$$

例 5　求微分方程 $(1+\mathrm{e}^x)yy' = \mathrm{e}^x$ 满足初始条件 $y\big|_{x=0} = 1$ 的特解.

解　微分方程变形后分离变量得

$$y\mathrm{d}y = \frac{\mathrm{e}^x}{1+\mathrm{e}^x}\mathrm{d}x,$$

两边分别积分得原微分方程的通解为

$$\frac{1}{2}y^2 = \ln(1+e^x)+C.$$

由初始条件 $y\Big|_{x=0}=1$,得

$$C=\frac{1}{2}-\ln 2,$$

故所求特解为

$$y^2 = 2\ln(1+e^x)+1-2\ln 2.$$

在案例 7.1 中我们已经建立了物体冷却的数学模型,现将此模型应用于刑事侦探中死亡时间的鉴定.

例 6 人的正常体温是 37 ℃,当一次谋杀发生后,尸体的温度将从原来的 37 ℃ 按照冷却定律(物体温度的变化率与物体温度和当时空气温度之差成正比)开始下降.已知两小时后尸体温度变为 35 ℃,并且周围空气温度保持在 20 ℃ 不变.如果尸体发现时的温度是 30 ℃,时间是下午 4 点整,那么谋杀是何时发生的?

解 设尸体温度 T 与时间 t 的函数关系为 $T=T(t)$,则有

$$\frac{dT}{dt}=-k(T-20),$$

其中 $k(k>0)$ 为比例常数.分离变量得

$$\frac{1}{T-20}dT=-k dt,$$

两边分别积分得

$$\int\frac{1}{T-20}dT=\int -k dt,$$

即

$$\ln|T-20|=-kt+C_1,$$

从而

$$T=20+Ce^{-kt}.$$

再将初始条件 $T\Big|_{t=0}=37$ 代入上式,得 $C=37-20=17$,于是

$$T=20+17e^{-kt}.$$

为求出 k 值,根据两小时后尸体温度变为 35 ℃ 这一已知条件,有

$$35=20+17e^{-2k},$$

解得 $k\approx 0.063$,于是

$$T=20+17e^{-0.063t}. \tag{7.13}$$

将 $T=30$ 代入(7.13)式,有 $\frac{10}{17}=e^{-0.063t}$,即 $t\approx 8.4$(h).

于是,可以判定谋杀大致发生在尸体被发现前的 8.4 小时,即 8 小时 24 分钟前,因此该谋杀案大致是在上午 7 点 36 分发生的.

7.1.3 常数变易法

方程

$$\frac{\mathrm{d}y}{\mathrm{d}x}+P(x)y=Q(x) \tag{7.14}$$

称为**一阶线性微分方程**. 当 $Q(x)$ 恒为 0 时,微分方程(7.14) 变为

$$\frac{\mathrm{d}y}{\mathrm{d}x}+P(x)y=0, \tag{7.15}$$

此时微分方程(7.15) 称为**一阶齐次线性微分方程**. 当 $Q(x)$ 不恒为 0 时,微分方程(7.14) 称为**一阶非齐次线性微分方程**. 通常称微分方程(7.15) 为微分方程(7.14) 所对应的一阶齐次线性微分方程.

我们首先讨论如何解一阶齐次线性微分方程(7.15).

一阶齐次线性微分方程(7.15) 是可分离变量的微分方程,分离变量得

$$\frac{\mathrm{d}y}{y}=-P(x)\mathrm{d}x \quad (y\neq 0),$$

两边分别积分得

$$\int\frac{\mathrm{d}y}{y}=-\int P(x)\mathrm{d}x,$$

从而

$$\ln|y|=-\int P(x)\mathrm{d}x+C_1,$$

即

$$y=\pm \mathrm{e}^{C_1}\cdot \mathrm{e}^{-\int P(x)\mathrm{d}x},$$

其中 C_1 为任意常数,$\int P(x)\mathrm{d}x$ 表示 $P(x)$ 的一个原函数. 令 $C=\pm \mathrm{e}^{C_1}$,可知 C 为任意非零常数,又因为 $y=0$ 也是一阶齐次线性微分方程(7.15) 的解,于是一阶齐次线性微分方程(7.15) 的通解为

$$y=C\mathrm{e}^{-\int P(x)\mathrm{d}x}, \tag{7.16}$$

其中 C 为任意常数.

下面我们用常数变易法在一阶齐次线性微分方程(7.15) 的通解(7.16) 的基础上来求解一阶非齐次线性微分方程(7.14) 的通解,即把通解(7.16) 中的 C 看作 x 的函数 $C(x)$.

设

$$y=C(x)\mathrm{e}^{-\int P(x)\mathrm{d}x} \tag{7.17}$$

是一阶非齐次线性微分方程(7.14) 的解,将(7.17) 式代入一阶非齐次线性微分方程(7.14),由此来确定待定函数 $C(x)$.

将(7.17) 式两边分别对 x 求导,得

$$\frac{\mathrm{d}y}{\mathrm{d}x}=C'(x)\mathrm{e}^{-\int P(x)\mathrm{d}x}-C(x)P(x)\mathrm{e}^{-\int P(x)\mathrm{d}x}. \tag{7.18}$$

将(7.17)式和(7.18)式代入一阶非齐次线性微分方程(7.14)，整理得

$$C'(x)\mathrm{e}^{-\int P(x)\mathrm{d}x}=Q(x),$$

即

$$C'(x)=Q(x)\mathrm{e}^{\int P(x)\mathrm{d}x}.$$

两边分别积分得

$$C(x)=\int Q(x)\mathrm{e}^{\int P(x)\mathrm{d}x}\mathrm{d}x+C. \tag{7.19}$$

将(7.19)式代入(7.17)式，得

$$y=\mathrm{e}^{-\int P(x)\mathrm{d}x}\left[\int Q(x)\mathrm{e}^{\int P(x)\mathrm{d}x}\mathrm{d}x+C\right]\quad(C\text{ 为任意常数}). \tag{7.20}$$

这就是一阶非齐次线性微分方程(7.14)的通解.

将(7.20)式改写为下面的形式：

$$y=C\mathrm{e}^{-\int P(x)\mathrm{d}x}+\mathrm{e}^{-\int P(x)\mathrm{d}x}\int Q(x)\mathrm{e}^{\int P(x)\mathrm{d}x}\mathrm{d}x.$$

由上式可以看出，上式右边第一项恰是对应的一阶齐次线性微分方程(7.15)的通解，第二项是一阶非齐次线性微分方程(7.14)的一个特解. 由此可知，一阶非齐次线性微分方程的通解是对应的一阶齐次线性微分方程的通解与它的一个特解之和.

一般地，一阶非齐次线性微分方程(7.14)通解的求解方法(常数变易法)归纳如下：

(1) 求出对应的一阶齐次线性微分方程(7.15)的通解 $y=C\mathrm{e}^{-\int P(x)\mathrm{d}x}$.

(2) 设 $y=C(x)\mathrm{e}^{-\int P(x)\mathrm{d}x}$ 为一阶非齐次线性微分方程(7.14)的解，并求$\frac{\mathrm{d}y}{\mathrm{d}x}$.

(3) 将 y 和$\frac{\mathrm{d}y}{\mathrm{d}x}$代入原微分方程得$C'(x)=Q(x)\mathrm{e}^{\int P(x)\mathrm{d}x}$，解得

$$C(x)=\int Q(x)\mathrm{e}^{\int P(x)\mathrm{d}x}\mathrm{d}x+C.$$

(4) 将求出的 $C(x)$ 代入 $y=C(x)\mathrm{e}^{-\int P(x)\mathrm{d}x}$ 中可得一阶非齐次线性微分方程(7.14)的通解.

例 7 求微分方程 $x^2\mathrm{d}y+(2xy-x+1)\mathrm{d}x=0$ 满足初始条件 $y\big|_{x=1}=0$ 的特解.

解 将原微分方程变形为

$$\frac{\mathrm{d}y}{\mathrm{d}x}+\frac{2}{x}y=\frac{x-1}{x^2},$$

显然这是一个一阶非齐次线性微分方程.

(1) 求出对应的一阶齐次线性微分方程$\frac{\mathrm{d}y}{\mathrm{d}x}+\frac{2}{x}y=0$的通解为

$$y=\frac{C}{x^2}.$$

(2) 用常数变易法，设 $y=\frac{C(x)}{x^2}$，有

$$\frac{\mathrm{d}y}{\mathrm{d}x}=\frac{C'(x)}{x^2}-\frac{2C(x)}{x^3}.$$

(3) 将 y 和$\frac{\mathrm{d}y}{\mathrm{d}x}$代入原微分方程得

$$C'(x)=x-1,$$

两边分别积分得

$$C(x)=\frac{1}{2}x^2-x+C.$$

(4) 将 $C(x)=\frac{1}{2}x^2-x+C$ 代入 $y=\frac{C(x)}{x^2}$ 得原微分方程的通解为

$$y=\frac{1}{x^2}\left(\frac{1}{2}x^2-x+C\right)=\frac{1}{2}-\frac{1}{x}+\frac{C}{x^2}.$$

把初始条件 $y\Big|_{x=1}=0$ 代入上式,得 $C=\frac{1}{2}$,故所求特解为

$$y=\frac{1}{2}-\frac{1}{x}+\frac{1}{2x^2}.$$

注 如不用常数变易法,可直接应用通解公式(7.20)进行求解.

例 8 求微分方程 $y'+2y=\mathrm{e}^{-x}$ 的通解.

解 令 $P(x)=2,Q(x)=\mathrm{e}^{-x}$,则根据一阶非齐次线性微分方程的通解公式(7.20)可得所求通解为

$$\begin{aligned}y&=\mathrm{e}^{-\int 2\mathrm{d}x}\left(\int \mathrm{e}^{-x}\mathrm{e}^{\int 2\mathrm{d}x}\mathrm{d}x+C\right)=\mathrm{e}^{-2x}\left(\int \mathrm{e}^{x}\mathrm{d}x+C\right)\\&=\mathrm{e}^{-2x}(\mathrm{e}^{x}+C)=\mathrm{e}^{-x}+C\mathrm{e}^{-2x}.\end{aligned}$$

§7.2 几种特殊类型的二阶微分方程

二阶及二阶以上的微分方程统称为**高阶微分方程**.对于有些高阶微分方程,我们可以通过适当的变量代换将它转化成低阶的微分方程来求解.本节介绍了三种特殊类型的二阶微分方程的解法——采用逐步降低微分方程阶数的方法进行求解.

7.2.1 $y''=f(x)$ 型的微分方程

微分方程 $y''=f(x)$ 的右边仅含有自变量 x.这种微分方程通过两次积分即可求出通解.对微分方程 $y''=f(x)$ 两边分别积分一次得

$$y'=\int f(x)\mathrm{d}x+C_1,$$

再对上式两边分别积分一次得原微分方程的通解为

$$y=\int\left[\int f(x)\mathrm{d}x\right]\mathrm{d}x+C_1x+C_2\quad (C_1,C_2\text{ 为任意常数}).$$

例 1　求微分方程 $y''=x+\cos x$ 的通解.

解　对所给微分方程两边分别积分一次得

$$y'=\int(x+\cos x)\mathrm{d}x+C_1=\frac{1}{2}x^2+\sin x+C_1,$$

再对上式两边分别积分一次得到所求通解为

$$y=\frac{1}{6}x^3-\cos x+C_1x+C_2.$$

7.2.2　$y''=f(x,y')$ 型的微分方程

微分方程 $y''=f(x,y')$ 的右边不显含未知函数 y. 设 $y'=p(x)$，则 $y''=p'$，将原微分方程 $y''=f(x,y')$ 化为一阶微分方程

$$p'=f(x,p).$$

这是一个关于变量 x,p 的一阶微分方程，求出该微分方程的通解为

$$p=\varphi(x,C_1).$$

再根据关系式 $y'=p(x)$，得到关于变量 x,y 的一阶微分方程

$$y'=\varphi(x,C_1).$$

再对上式两边分别积分一次，即可得到原微分方程的通解为

$$y=\int\varphi(x,C_1)\mathrm{d}x+C_2\quad (C_1,C_2\text{ 为任意常数}).$$

例 2　求微分方程 $y''=\frac{1}{x}y'+xe^x$ 的通解.

解　设 $y'=p$，则 $y''=p'$，于是原微分方程可化为

$$p'=\frac{1}{x}p+xe^x,$$

即

$$p'-\frac{1}{x}p=xe^x.$$

这是关于 x,p 的一阶非齐次线性微分方程，其通解为

$$p=e^{\int\frac{1}{x}\mathrm{d}x}\left(\int xe^xe^{-\int\frac{1}{x}\mathrm{d}x}\mathrm{d}x+C_1\right)=x(e^x+C_1),$$

即

$$y'=x(e^x+C_1),$$

从而得所给微分方程的通解为

$$y=(x-1)e^x+\frac{C_1}{2}x^2+C_2.$$

7.2.3　$y''=f(y,y')$ 型的微分方程

微分方程 $y''=f(y,y')$ 的右边不显含自变量 x. 把 y' 暂时看作自变量 y 的函数，并做变

换 $y' = p(y)$，由复合函数的求导法则得

$$y'' = \frac{dp}{dx} = \frac{dp}{dy} \cdot \frac{dy}{dx} = p\frac{dp}{dy}.$$

将微分方程 $y'' = f(y, y')$ 化为关于变量 y, p 的一阶微分方程

$$p\frac{dp}{dy} = f(y, p),$$

求出该微分方程的通解为

$$y' = p = \varphi(y, C_1).$$

分离变量并两边分别积分，即得原微分方程的通解为

$$\int \frac{dy}{\varphi(y, C_1)} = x + C_2 \quad (C_1, C_2 \text{ 为任意常数}).$$

例 3 求微分方程 $yy'' - (y')^2 = 0$ 的通解.

解 设 $y' = p$，则 $y'' = p\frac{dp}{dy}$，于是原微分方程可化为

$$yp\frac{dp}{dy} - p^2 = 0.$$

若 $y \neq 0, p \neq 0$，分离变量得

$$\frac{dp}{p} = \frac{dy}{y}.$$

对上式两边分别积分得

$$\ln|p| = \ln|y| + \ln|C_1|,$$

即

$$p = C_1 y.$$

再由 $\frac{dy}{dx} = p = C_1 y$，得 $\frac{dy}{y} = C_1 dx$，对其两边分别积分得

$$y = C_2 e^{C_1 x}.$$

若 $p = 0$，即 $y = C$，它显然是原微分方程的解，且包含在当 $p \neq 0$ 时的通解中(此时取 $C_1 = 0$)，故所求通解为

$$y = C_2 e^{C_1 x} \quad (C_1, C_2 \text{ 为任意常数}).$$

例 4 求微分方程 $y'' = 3\sqrt{y}$ 满足初始条件 $y\big|_{x=0} = 1, y'\big|_{x=0} = 2$ 的特解.

解 设 $y' = p$，则 $y'' = p\frac{dp}{dy}$，于是原微分方程可化为

$$p\frac{dp}{dy} = 3\sqrt{y},$$

即

$$p\,dp = 3\sqrt{y}\,dy.$$

对上式两边分别积分得

$$\frac{p^2}{2} = 2y^{\frac{3}{2}} + C_1.$$

将 $y'\Big|_{x=0}=2, y\Big|_{x=0}=1$ 代入上式，得 $C_1=0$，所以

$$y'=p=2y^{\frac{3}{4}},$$

即

$$y^{-\frac{3}{4}}\mathrm{d}y=2\mathrm{d}x.$$

对上式两边分别积分得

$$4y^{\frac{1}{4}}=2x+C_2.$$

将 $y\Big|_{x=0}=1$ 代入上式，得 $C_2=4$. 因此原微分方程的特解为

$$y=\left(1+\frac{1}{2}x\right)^4.$$

§7.3 二阶常系数线性微分方程

形如

$$y''+p(x)y'+q(x)y=f(x) \tag{7.21}$$

的微分方程称为**二阶线性微分方程**.

当 $f(x)\neq 0$ 时，微分方程(7.21)称为**二阶非齐次线性微分方程**.

当 $f(x)\equiv 0$ 时，微分方程

$$y''+p(x)y'+q(x)y=0 \tag{7.22}$$

称为**二阶齐次线性微分方程**.

当系数 $p(x)$ 和 $q(x)$ 分别为常数 p 和 q 时，微分方程(7.21)和(7.22)分别成为

$$y''+py'+qy=f(x) \tag{7.23}$$

和

$$y''+py'+qy=0, \tag{7.24}$$

称微分方程(7.23)为**二阶常系数非齐次线性微分方程**，微分方程(7.24)为**二阶常系数齐次线性微分方程**.

7.3.1　二阶常系数齐次线性微分方程的解的结构

定理 7.1　**若 y_1, y_2 是二阶常系数齐次线性微分方程(7.24)的两个解，则**

$$y=C_1y_1+C_2y_2$$

也是二阶常系数齐次线性微分方程(7.24)的解，其中 C_1, C_2 为任意常数.

需要指出的是，$y=C_1y_1+C_2y_2$ 虽然是二阶常系数齐次线性微分方程(7.24)的解，且从形式上看也含有两个任意常数，但这两个任意常数未必是独立的，所以 $y=C_1y_1+C_2y_2$ 有可能不是二阶常系数齐次线性微分方程(7.24)的通解. 为了检验常数 C_1, C_2 是否独立，以确定

$y = C_1y_1 + C_2y_2$ 是否是二阶常系数齐次线性微分方程(7.24)的通解,下面给出两个函数线性相关的概念.

当$\frac{y_2}{y_1}$恒等于常数时,称 y_1,y_2 **线性相关**;当$\frac{y_2}{y_1}$不恒等于常数时,称 y_1,y_2 **线性无关**.有了线性相关与线性无关的概念,下面给出二阶常系数齐次线性微分方程的通解的结构定理.

定理 7.2 **如果函数 y_1,y_2 是二阶常系数齐次线性微分方程(7.24)的两个线性无关的特解,则**

$$y = C_1y_1 + C_2y_2 \quad (C_1,C_2 \text{ 为任意常数})$$

是二阶常系数齐次线性微分方程(7.24)的通解.

例如,方程 $y'' - y = 0$ 是一个二阶常系数齐次线性微分方程,容易看出 $y_1 = e^x, y_2 = e^{-x}$ 都是它的解,且$\frac{y_2}{y_1} = e^{-2x}$不恒等于常数,即 y_1,y_2 线性无关,则 $y = C_1e^x + C_2e^{-x}$ 是二阶常系数齐次线性微分方程 $y'' - y = 0$ 的通解.

7.3.2 二阶常系数齐次线性微分方程的通解求法

定理7.2说明,如果能求出二阶常系数齐次线性微分方程(7.24)的两个线性无关的特解 y_1 和 y_2,那么 $y = C_1y_1 + C_2y_2(C_1,C_2$ 为任意常数) 为其通解.

由于微分方程是常系数的,指数函数 e^{rx} 的导数为其自身的倍数,故可设二阶常系数齐次线性微分方程(7.24)有形如 $y = e^{rx}$ 的解,其中 r 为待定常数.

将 $y = e^{rx}, y' = re^{rx}, y'' = r^2e^{rx}$ 代入二阶常系数齐次线性微分方程(7.24)得

$$e^{rx}(r^2 + pr + q) = 0,$$

由于 $e^{rx} \neq 0$,因此

$$r^2 + pr + q = 0. \tag{7.25}$$

只要 r 满足方程(7.25),则函数 $y = e^{rx}$ 一定是二阶常系数齐次线性微分方程(7.24)的解,此时称方程(7.25)为二阶常系数齐次线性微分方程(7.24)的**特征方程**.

设 r_1,r_2 是特征方程的两个根,分以下三种情形讨论二阶常系数齐次线性微分方程(7.24)的通解:

(1) 若 $p^2 - 4q > 0$,那么 r_1,r_2 为两个不相等的实根,则

$$y_1 = e^{r_1x}, \quad y_2 = e^{r_2x}$$

为二阶常系数齐次线性微分方程(7.24)的特解.又$\frac{y_2}{y_1} = e^{(r_2-r_1)x}$不是常数,所以 y_1,y_2 线性无关,于是二阶常系数齐次线性微分方程(7.24)的通解为

$$y = C_1e^{r_1x} + C_2e^{r_2x} \quad (C_1,C_2 \text{ 为任意常数}).$$

(2) 若 $p^2 - 4q = 0$,那么 r_1,r_2 为两个相等的实根,则仅得到二阶常系数齐次线性微分方程(7.24)的一个特解 $y_1 = e^{r_1x}$.为了求出另一个与其线性无关的特解 y_2,且$\frac{y_2}{y_1} \neq$ 常数,我们设 $y_2 = C(x)e^{r_1x}$ 为二阶常系数齐次线性微分方程(7.24)的解,下面来求 $C(x)$.

对 y_2 分别求一阶及二阶导数，得

$$y_2' = C'(x)e^{r_1x} + r_1C(x)e^{r_1x},$$
$$y_2'' = C''(x)e^{r_1x} + 2r_1C'(x)e^{r_1x} + r_1^2C(x)e^{r_1x},$$

将 y_2, y_2', y_2'' 代入二阶常系数齐次线性微分方程(7.24)，得

$$C''(x)e^{r_1x} + (p+2r_1)C'(x)e^{r_1x} + (r_1^2 + pr_1 + q)C(x)e^{r_1x} = 0.$$

由于 r_1 是特征方程的重根，因此 $r_1^2 + pr_1 + q = 0$，且 $p + 2r_1 = 0$. 又 $e^{r_1x} \neq 0$，从而上式可化为

$$C''(x) = 0.$$

对上式两边连续积分两次，得

$$C(x) = C_1x + C_2.$$

因为只需找一个特解，故取 $C_1 = 1, C_2 = 0$，则 $C(x) = x$. 于是就得到了需要的另一个特解 $y_2 = xe^{r_1x}$，所以二阶常系数齐次线性微分方程(7.24)的通解为

$$y = (C_1 + C_2x)e^{r_1x} \quad (C_1, C_2 \text{ 为任意常数}).$$

(3) 若 $p^2 - 4q < 0$，此时特征方程无实根，但有一对共轭复根 $r_1 = \alpha + i\beta, r_2 = \alpha - i\beta$($\alpha$, β 为实数，且 $\beta \neq 0$)，其中 $\alpha = -\frac{p}{2}, \beta = \frac{\sqrt{4q - p^2}}{2}$. 于是二阶常系数齐次线性微分方程(7.24)有两个复数形式的特解

$$y_1 = e^{(\alpha+i\beta)x}, \quad y_2 = e^{(\alpha-i\beta)x}.$$

为了得到实数形式的解，利用欧拉公式

$$e^{i\theta} = \cos\theta + i\sin\theta$$

将 y_1 与 y_2 改写成

$$y_1 = e^{\alpha x}(\cos\beta x + i\sin\beta x), \quad y_2 = e^{\alpha x}(\cos\beta x - i\sin\beta x).$$

由定理 7.1 可知

$$\frac{1}{2}(y_1 + y_2) = e^{\alpha x}\cos\beta x,$$

$$\frac{1}{2i}(y_1 - y_2) = e^{\alpha x}\sin\beta x$$

也是二阶常系数齐次线性微分方程(7.24)的特解，且它们线性无关，故二阶常系数齐次线性微分方程(7.24)的通解为

$$y = e^{\alpha x}(C_1\cos\beta x + C_2\sin\beta x) \quad (C_1, C_2 \text{ 为任意常数}).$$

综上所述，求二阶常系数齐次线性微分方程(7.24)的通解的步骤如下：

(1) 写出二阶常系数齐次线性微分方程(7.24)所对应的特征方程 $r^2 + pr + q = 0$.

(2) 求出特征方程的两个根 r_1, r_2.

(3) 根据特征根的不同情况，写出二阶常系数齐次线性微分方程(7.24)的通解(见表 7-1).

表 7-1

特征方程 $r^2+pr+q=0$ 的两个根 r_1,r_2	二阶常系数齐次线性微分方程 $y''+py'+qy=0$ 的通解
两个不相等的实根 r_1,r_2	$y=C_1e^{r_1x}+C_2e^{r_2x}$
两个相等的实根 $r_1=r_2=r$	$y=(C_1+C_2x)e^{rx}$
一对共轭复根 $r_{1,2}=\alpha\pm i\beta$	$y=e^{\alpha x}(C_1\cos\beta x+C_2\sin\beta x)$

例 1 求微分方程 $y''-2y'-3y=0$ 的通解.

解 特征方程为

$$r^2-2r-3=0,$$

解上述特征方程得 $r_1=-1,r_2=3$，故原微分方程的通解为

$$y=C_1e^{-x}+C_2e^{3x}.$$

例 2 求微分方程 $y''+2y'+y=0$ 满足初始条件 $y\Big|_{x=0}=0,y'\Big|_{x=0}=1$ 的特解.

解 特征方程为

$$r^2+2r+1=0,$$

其有两个相等的实根 $r_1=r_2=-1$，故原微分方程的通解为

$$y=(C_1+C_2x)e^{-x}.$$

由初始条件 $y\Big|_{x=0}=0$，得 $C_1=0$. 又有

$$y'=C_2e^{-x}-C_2xe^{-x},$$

由初始条件 $y'\Big|_{x=0}=1$，得 $C_2=1$，故满足初始条件的特解为

$$y=xe^{-x}.$$

例 3 求微分方程 $y''-2y'+5y=0$ 的通解.

解 特征方程为

$$r^2-2r+5=0,$$

其有一对共轭复根 $r_{1,2}=1\pm 2i$，故原微分方程的通解为

$$y=e^x(C_1\cos 2x+C_2\sin 2x).$$

7.3.3 二阶常系数非齐次线性微分方程的通解求法

定理 7.3 **设 y^* 是二阶常系数非齐次线性微分方程(7.23)的一个特解，$\overline{y}$ 是与二阶常系数非齐次线性微分方程(7.23)对应的二阶常系数齐次线性微分方程(7.24)的通解，那么**

$$y=\overline{y}+y^*$$

是二阶常系数非齐次线性微分方程(7.23)的通解.

二阶常系数齐次线性微分方程(7.24)的通解问题前面已经完全解决了，因此求二阶常系数非齐次线性微分方程(7.23)的通解关键是求出它的一个特解. 对于一般形式的函数

$f(x)$，二阶常系数非齐次线性微分方程(7.23)的一个特解形式是很难确定的，但如果 $f(x)$ 是一些特殊形式的函数，就有可能预先给出一个特解形式，然后用待定系数法求出该特解. 下面仅给出 $f(x)$ 的一种形式下的特解的求法.

若 $f(x)=e^{\lambda x}P_m(x)$（λ 为常数，$P_m(x)$ 表示 x 的最高次为 m 次的多项式），则可设

$$y^* = x^k e^{\lambda x}Q_m(x),\quad k=\begin{cases}0, & \lambda \text{ 不是特征方程的根},\\ 1, & \lambda \text{ 是特征方程的单根},\\ 2, & \lambda \text{ 是特征方程的重根},\end{cases}$$

其中 $Q_m(x)$ 为另一个 x 的最高次为 m 次的多项式. 将其代入二阶常系数非齐次线性微分方程(7.23)，比较等式两边 x 的同次幂的系数，建立方程组求出待定系数，即可得到所求特解.

例 4 求微分方程 $y''-3y'+2y=xe^{2x}$ 的通解.

解 特征方程为

$$r^2-3r+2=0,$$

解上述特征方程得 $r_1=1, r_2=2$，故原微分方程对应的齐次微分方程的通解为

$$\overline{y}=C_1e^x+C_2e^{2x}.$$

由于 $\lambda=2, P_m(x)=x$，则可设

$$y^*=x(Ax+B)e^{2x}.$$

将上式代入原微分方程，得

$$2Ax+B+2A=x,$$

比较等式两边 x 的同次幂的系数，得方程组

$$\begin{cases}2A=1,\\ B+2A=0.\end{cases}$$

解上述方程组得 $A=\dfrac{1}{2}, B=-1$，于是

$$y^*=x\left(\frac{1}{2}x-1\right)e^{2x},$$

故原微分方程的通解为

$$y=C_1e^x+C_2e^{2x}+x\left(\frac{1}{2}x-1\right)e^{2x}.$$

习 题 7

1. 指出下列微分方程的阶数：

(1) $x\left(\dfrac{dy}{dx}\right)^2+2y\dfrac{dy}{dx}=-x$；　　(2) $\dfrac{d^2x}{dt^2}+t\dfrac{dx}{dt}+t=0$；

(3) $xy'''-y'+x=0$；　　(4) $x^2dx+ydy=0$.

2. 判断下列函数是否为所给微分方程的解，如果是解，是通解还是特解：

(1) $\frac{\mathrm{d}y}{\mathrm{d}x}+3y=1, y=\frac{1}{3}-C\mathrm{e}^{-3x}$；　(2) $y''=\frac{1}{2}\sqrt{1+(y')^2}, y=\mathrm{e}^{\frac{x}{2}}+\mathrm{e}^{-\frac{x}{2}}$.

3. 求下列微分方程的通解或满足所给初始条件的特解：

(1) $x\mathrm{d}y-y\mathrm{d}x=0$；　(2) $\mathrm{e}^{x+y}\mathrm{d}y=\mathrm{d}x$；

(3) $\frac{\mathrm{d}y}{\mathrm{d}x}=\sqrt{1-y^2}$；　(4) $y\mathrm{d}x=\tan x\mathrm{d}y, y\left(\frac{\pi}{4}\right)=4$.

4. 细菌的增长率与总数成正比. 如果培养的细菌总数在 24 小时内由 100 增长到 400，那么 16 小时后细菌总数是多少？

5. 求下列微分方程的通解或满足所给初始条件的特解：

(1) $y'+y=2\mathrm{e}^x$；　(2) $\frac{\mathrm{d}y}{\mathrm{d}x}+y\tan x=\sin 2x$；

(3) $xy'+y=\mathrm{e}^x$；　(4) $xy'-y=2, y\big|_{x=1}=3$.

6. 下列函数组中哪些是线性无关的？

(1) $\mathrm{e}^x, \mathrm{e}^{-x}$；　(2) $\sin 3x, \cos 3x$；

(3) $\cos^2 x, 1+\cos 2x$；　(4) $\mathrm{e}^{-x}\cos x, \mathrm{e}^{-x}\sin x$.

7. 验证 $y=C_1\mathrm{e}^x+C_2\mathrm{e}^{-x}+\mathrm{e}^{2x}$ 是微分方程 $y''-y=3\mathrm{e}^{2x}$ 的通解（C_1, C_2 为任意常数）.

8. 求下列微分方程的通解：

(1) $\frac{\mathrm{d}^2y}{\mathrm{d}x^2}=x^2$；　(2) $y''=\mathrm{e}^{2x}$；

(3) $y''-y'=x$；　(4) $xy''+y'=0$；

(5) $y''=y'$；　(6) $yy''+(1-y)(y')^2=0$.

9. 求下列微分方程满足所给初始条件的特解：

(1) $y''=\ln x, y\big|_{x=1}=0, y'\big|_{x=1}=0$；

(2) $(1-x^2)y''-xy'=0, y\big|_{x=0}=0, y'\big|_{x=0}=1$；

(3) $y''=\mathrm{e}^{2y}, y\big|_{x=0}=0, y'\big|_{x=0}=1$；

(4) $y^3y''+1=0, y\big|_{x=1}=1, y'\big|_{x=1}=0$.

10. 试求 $y''=x$ 的经过点 $M(0,1)$ 且在此点处与直线 $y=\frac{x}{2}+1$ 相切的积分曲线.

11. 求下列微分方程的通解：

(1) $y''-7y'+12y=0$；　(2) $y''+4y'+3y=0$；

(3) $y''+6y'+9y=0$；　(4) $4y''-y=0$；

(5) $y''+6y'+13y=0$；　(6) $y''+2y'=0$；

(7) $4\frac{\mathrm{d}^2x}{\mathrm{d}t^2}-20\frac{\mathrm{d}x}{\mathrm{d}t}+25x=0$.

12. 求下列微分方程满足所给初始条件的特解：

(1) $y''-4y'+3y=0, y\Big|_{x=0}=6, y'\Big|_{x=0}=10$；

(2) $4y''+4y'+y=0, y\Big|_{x=0}=2, y'\Big|_{x=0}=0$；

(3) $y''+4y=0, y\Big|_{x=0}=2, y'\Big|_{x=0}=6$.

13. 求下列微分方程的通解：

(1) $y''-2y'-3y=3x+1$；　　(2) $y''-y=xe^{-x}$.

14. 某池塘内最多能养 1 000 尾鱼. 在 t 时刻，池塘内鱼存在的数量 y 是时间 t 的函数，即 $y=y(t)$，其变化率与鱼存在的数量 y 及 $1\,000-y$ 的乘积成正比. 已知开始在池塘内放养 100 尾鱼，3 个月后池塘内有 250 尾鱼，求放养 t 月后池塘内鱼存在的数量 $y(t)$ 的公式.

15. 一个煮熟了的鸡蛋的温度是 98 ℃，把它放在 18 ℃ 的水池里，5 min 后鸡蛋的温度是 38 ℃. 假定水的温度不变，问：鸡蛋到达 20 ℃ 还需要多长时间？

第 8 章

线性代数初步

线性代数是高等代数的一大分支，它是高等数学范畴中除微积分以外的另一门重要基础课程. 由于科学研究中的数学模型常常可以近似为线性模型，使得线性代数被广泛地应用于自然科学和社会科学中. 线性代数不仅在数学、物理学、工程技术学、经济学和管理学中有着各种重要的应用，还特别适用于电子计算机的计算. 因此，随着计算机科学的不断发展，也使得线性代数得到越来越广泛和深入的应用. 本章将主要介绍行列式、矩阵和线性方程组的一般理论及其简单应用.

§8.1 行　列　式

8.1.1　行列式的概念

【案例 8.1】　甲、乙两地相距 750 km，船从甲地到乙地顺水航行需要 30 h，从乙地到甲地逆水航行需要 50 h，假设船速固定不变，问：船速、水速各是多少？

分析：用 x，y 分别代表船速和水速，则由题意可得

$$\begin{cases}30(x+y)=750,\\50(x-y)=750,\end{cases}\quad 即 \quad \begin{cases}x+y=25,\\x-y=15.\end{cases}$$

这是一个二元一次方程组，我们可以用中学时熟知的代入消元法或加减消元法求解. 下面介绍一种新的方法，即行列式法来求解.

首先，我们给出二阶行列式的定义：设 a_{11}，a_{12}，a_{21}，a_{22} 为任意四个数，记

$$\begin{vmatrix}a_{11} & a_{12}\\a_{21} & a_{22}\end{vmatrix}=a_{11}a_{22}-a_{12}a_{21},$$

称 $\begin{vmatrix}a_{11} & a_{12}\\a_{21} & a_{22}\end{vmatrix}$ 为**二阶行列式**，$a_{11}a_{22}-a_{12}a_{21}$ 称为**二阶行列式的值**，其中 a_{11}，a_{12}，a_{21}，a_{22} 称为**元素**. 行列式中的横排称为**行**，竖排称为**列**. 元素 a_{ij} 的第一个下标 i 称为**行标**，表明该元素位于第 i 行，第二个下标 j 称为**列标**，表明该元素位于第 j 列.

其次，我们来看二阶行列式与二元一次方程组的解的关系. 假设有如下二元一次方程组

$$\begin{cases}a_{11}x_1+a_{12}x_2=b_1,\\a_{21}x_1+a_{22}x_2=b_2,\end{cases}$$

其中 x_1，x_2 为未知量，a_{11}，a_{12}，a_{21}，a_{22} 为未知量的系数，b_1，b_2 为常数项. 利用加减消元法，得

$$(a_{11}a_{22}-a_{12}a_{21})x_1=b_1a_{22}-b_2a_{12},$$
$$(a_{11}a_{22}-a_{12}a_{21})x_2=b_2a_{11}-b_1a_{21}.$$

当 $a_{11}a_{22}-a_{12}a_{21}\neq 0$ 时，此方程组有唯一解

$$x_1=\frac{b_1a_{22}-b_2a_{12}}{a_{11}a_{22}-a_{12}a_{21}},\quad x_2=\frac{b_2a_{11}-b_1a_{21}}{a_{11}a_{22}-a_{12}a_{21}}.$$

利用二阶行列式的定义，记

$$D=a_{11}a_{22}-a_{12}a_{21}=\begin{vmatrix}a_{11} & a_{12}\\a_{21} & a_{22}\end{vmatrix},$$

$$D_1=b_1a_{22}-b_2a_{12}=\begin{vmatrix}b_1 & a_{12}\\b_2 & a_{22}\end{vmatrix},\quad D_2=b_2a_{11}-b_1a_{21}=\begin{vmatrix}a_{11} & b_1\\a_{21} & b_2\end{vmatrix}.$$

因此,对于上述方程组,当其系数组成的二阶行列式 $D \neq 0$ 时,方程组的解可表示为

$$x_1 = \frac{D_1}{D}, \quad x_2 = \frac{D_2}{D},$$

其中 D 叫作**系数行列式**,其元素由方程组中未知量 x_1,x_2 的系数按原来的位置次序组成. D_1 是将 D 中第一列元素 a_{11},a_{21} 依次换成常数项 b_1,b_2;D_2 是将 D 中第二列元素 a_{12},a_{22} 依次换成常数项 b_1,b_2.

例 1 计算下列二阶行列式:

(1) $\begin{vmatrix} 2 & -4 \\ 3 & 5 \end{vmatrix}$;　　(2) $\begin{vmatrix} \sin x & \cos x \\ -\cos x & \sin x \end{vmatrix}$.

解 (1) $\begin{vmatrix} 2 & -4 \\ 3 & 5 \end{vmatrix} = 2 \cdot 5 - (-4) \cdot 3 = 22.$

(2) $\begin{vmatrix} \sin x & \cos x \\ -\cos x & \sin x \end{vmatrix} = \sin^2 x - (-\cos^2 x) = 1.$

例 2 利用行列式法求解案例 8.1 中的方程组

$$\begin{cases} x + y = 25, \\ x - y = 15. \end{cases}$$

解 由于

$$D = \begin{vmatrix} 1 & 1 \\ 1 & -1 \end{vmatrix} = 1 \cdot (-1) - 1 \cdot 1 = -2 \neq 0,$$

$$D_1 = \begin{vmatrix} 25 & 1 \\ 15 & -1 \end{vmatrix} = 25 \cdot (-1) - 15 \cdot 1 = -40,$$

$$D_2 = \begin{vmatrix} 1 & 25 \\ 1 & 15 \end{vmatrix} = 1 \cdot 15 - 1 \cdot 25 = -10,$$

因此原方程组的解为

$$x = \frac{D_1}{D} = \frac{-40}{-2} = 20, \quad y = \frac{D_2}{D} = \frac{-10}{-2} = 5,$$

即船速为 20 km/h,水速为 5 km/h.

此法可推广到三元及以上的线性方程组的求解问题中. 为了便于理解,我们先给出三阶行列式的定义.

三阶行列式的一般形式为

$$\begin{vmatrix} a_{11} & a_{12} & a_{13} \\ a_{21} & a_{22} & a_{23} \\ a_{31} & a_{32} & a_{33} \end{vmatrix},$$

它有 3 行 3 列,共 9 个元素组成,其中 a_{ij} 表示行列式中位于第 i 行第 j 列的元素($i = 1,2,3$;$j = 1,2,3$),如 a_{23} 表示行列式中位于第 2 行第 3 列的元素. 一般地,我们做如下规定:

$$\begin{vmatrix} a_{11} & a_{12} & a_{13} \\ a_{21} & a_{22} & a_{23} \\ a_{31} & a_{32} & a_{33} \end{vmatrix} = a_{11}a_{22}a_{33} + a_{12}a_{23}a_{31} + a_{13}a_{21}a_{32} - a_{13}a_{22}a_{31} - a_{12}a_{21}a_{33} - a_{11}a_{23}a_{32}.$$

三阶行列式是一些乘积的代数和，而每一项乘积都是由行列式中位于不同行和不同列的元素构成. 为了方便记忆，可参考图 8-1，其中实线上元素的乘积符号取正，虚线上元素的乘积符号取负.

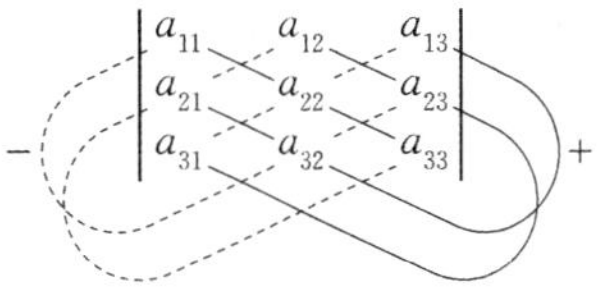

图 8-1

例 3　计算下列三阶行列式：

(1) $\begin{vmatrix} 2 & 1 & 4 \\ 0 & 3 & -2 \\ 1 & 5 & 3 \end{vmatrix}$；　　　(2) $\begin{vmatrix} a & b & c \\ 0 & d & e \\ 0 & 0 & f \end{vmatrix}$.

解　(1) $\begin{vmatrix} 2 & 1 & 4 \\ 0 & 3 & -2 \\ 1 & 5 & 3 \end{vmatrix} = 2\cdot3\cdot3 + 1\cdot(-2)\cdot1 + 4\cdot0\cdot5$

$$-4\cdot3\cdot1 - 1\cdot0\cdot3 - 2\cdot(-2)\cdot5$$

$$= 18 - 2 + 0 - 12 - 0 - (-20) = 24.$$

(2) $\begin{vmatrix} a & b & c \\ 0 & d & e \\ 0 & 0 & f \end{vmatrix} = a\cdot d\cdot f + b\cdot e\cdot 0 + c\cdot 0\cdot 0 - c\cdot d\cdot 0 - b\cdot 0\cdot f - a\cdot e\cdot 0 = adf.$

现在我们对三阶行列式的定义加以推广，得到 n 阶行列式的定义.

定义 8.1　用 n^2 个元素组成的记号

$$\begin{vmatrix} a_{11} & a_{12} & \cdots & a_{1n} \\ a_{21} & a_{22} & \cdots & a_{2n} \\ \vdots & \vdots & & \vdots \\ a_{n1} & a_{n2} & \cdots & a_{nn} \end{vmatrix}$$

称为 n **阶行列式**，其中从左上角到右下角的对角线称为**主对角线**，从右上角到左下角的对角线称为**次对角线**.

形如

$$\begin{vmatrix} a_{11} & a_{12} & \cdots & a_{1n} \\ 0 & a_{22} & \cdots & a_{2n} \\ \vdots & \vdots & & \vdots \\ 0 & 0 & \cdots & a_{nn} \end{vmatrix} \quad 和 \quad \begin{vmatrix} a_{11} & 0 & \cdots & 0 \\ a_{21} & a_{22} & \cdots & 0 \\ \vdots & \vdots & & \vdots \\ a_{n1} & a_{n2} & \cdots & a_{nn} \end{vmatrix}$$

的行列式分别称为**上三角形行列式**和**下三角形行列式**，其特点是上三角形行列式主对角线以下的元素全为 0，下三角形行列式主对角线以上的元素全为 0. 特别地，除主对角线上的元素外其余元素都为 0 的行列式称为**对角行列式**. 显然，对角行列式既是上三角形行列式又是下三角形行列式.

命题 8.1 上、下三角形行列式的值等于它们主对角线上各元素的乘积,即

$$\begin{vmatrix} a_{11} & a_{12} & \cdots & a_{1n} \\ 0 & a_{22} & \cdots & a_{2n} \\ \vdots & \vdots & & \vdots \\ 0 & 0 & \cdots & a_{nn} \end{vmatrix} = a_{11}a_{22}\cdots a_{nn}, \quad \begin{vmatrix} a_{11} & 0 & \cdots & 0 \\ a_{21} & a_{22} & \cdots & 0 \\ \vdots & \vdots & & \vdots \\ a_{n1} & a_{n2} & \cdots & a_{nn} \end{vmatrix} = a_{11}a_{22}\cdots a_{nn}.$$

例如,

$$\begin{vmatrix} 1 & 2 & 3 \\ 0 & 4 & 5 \\ 0 & 0 & 6 \end{vmatrix} = 1 \cdot 4 \cdot 6 = 24, \quad \begin{vmatrix} 1 & 0 & 0 \\ 2 & 3 & 0 \\ 4 & 5 & 6 \end{vmatrix} = 1 \cdot 3 \cdot 6 = 18.$$

8.1.2 行列式的性质

性质 8.1 若将行列式的行与列互换,则变换前后的行列式的值相等,即

$$\begin{vmatrix} a_{11} & a_{12} & \cdots & a_{1n} \\ a_{21} & a_{22} & \cdots & a_{2n} \\ \vdots & \vdots & & \vdots \\ a_{n1} & a_{n2} & \cdots & a_{nn} \end{vmatrix} = \begin{vmatrix} a_{11} & a_{21} & \cdots & a_{n1} \\ a_{12} & a_{22} & \cdots & a_{n2} \\ \vdots & \vdots & & \vdots \\ a_{1n} & a_{2n} & \cdots & a_{nn} \end{vmatrix}.$$

例如,

$$\begin{vmatrix} 3 & 2 & 4 \\ 4 & 1 & 5 \\ 0 & 3 & -1 \end{vmatrix} = \begin{vmatrix} 3 & 4 & 0 \\ 2 & 1 & 3 \\ 4 & 5 & -1 \end{vmatrix}.$$

性质 8.2 行列式的任意一行(列)的公因子可以提到行列式外面.

例如,

$$\begin{vmatrix} 1 & 3 & 4 \\ 6 & 8 & 10 \\ 2 & 1 & 7 \end{vmatrix} = \begin{vmatrix} 1 & 3 & 4 \\ 2 \cdot 3 & 2 \cdot 4 & 2 \cdot 5 \\ 2 & 1 & 7 \end{vmatrix} = 2\begin{vmatrix} 1 & 3 & 4 \\ 3 & 4 & 5 \\ 2 & 1 & 7 \end{vmatrix}.$$

推论 1 若行列式中某一行(列)的元素全为 0,则该行列式的值为 0.

性质8.3 若行列式中某一行(列)的元素都可以拆成两个元素的和,则该行列式等于两个行列式之和,这两个行列式的这一行(列)的元素分别是从原行列式这一行(列)的元素拆成的两个元素中各取一项作为相应的行(列),而其余各行(列)不变.

例如,

$$\begin{vmatrix} 3 & 1 & 2 \\ 6 & 5 & 3 \\ 2 & 0 & 1 \end{vmatrix} = \begin{vmatrix} 3 & 1 & 2 \\ 2+4 & 1+4 & -1+4 \\ 2 & 0 & 1 \end{vmatrix} = \begin{vmatrix} 3 & 1 & 2 \\ 2 & 1 & -1 \\ 2 & 0 & 1 \end{vmatrix} + \begin{vmatrix} 3 & 1 & 2 \\ 4 & 4 & 4 \\ 2 & 0 & 1 \end{vmatrix}.$$

性质 8.4 交换行列式的任意两行(列),行列式变号.

例如,

$$\begin{vmatrix} 2 & 1 & 4 \\ 5 & -1 & 2 \\ 3 & 0 & 1 \end{vmatrix} = -\begin{vmatrix} 3 & 0 & 1 \\ 5 & -1 & 2 \\ 2 & 1 & 4 \end{vmatrix}.$$

性质 8.5 若行列式的某两行(列)的对应元素相同,则该行列式的值为 0.

例如,

$$\begin{vmatrix} 4 & 5 & 1 \\ 1 & 2 & 4 \\ 4 & 5 & 1 \end{vmatrix} = 0, \quad \begin{vmatrix} 1 & 3 & 1 & 2 \\ 5 & 1 & 5 & 0 \\ 4 & 0 & 4 & 3 \\ 2 & -1 & 2 & 4 \end{vmatrix} = 0.$$

推论 2 若行列式中某两行(列)的对应元素成比例,则该行列式的值为 0.

例如,

$$\begin{vmatrix} 1 & 2 & 3 \\ 4 & 5 & 7 \\ 3 & 6 & 9 \end{vmatrix} = 0.$$

性质 8.6 行列式的任意一行(列)的各元素乘以同一数后加到另一行(列)对应的元素上,行列式的值不变.

例如,

$$\begin{vmatrix} 1 & 2 & -1 \\ 3 & 0 & 2 \\ 2 & 1 & 4 \end{vmatrix} = \begin{vmatrix} 1 & 2 & -1 \\ 3 & 0 & 2 \\ 2+4\cdot 1 & 1+4\cdot 2 & 4+4\cdot(-1) \end{vmatrix} = \begin{vmatrix} 1 & 2 & -1 \\ 3 & 0 & 2 \\ 6 & 9 & 0 \end{vmatrix}.$$

为了叙述方便,我们在行列式的计算中约定:

(1) $r_i \leftrightarrow r_j$ 表示互换行列式第 i 行和第 j 行各元素的位置;

(2) $c_i \leftrightarrow c_j$ 表示互换行列式第 i 列和第 j 列各元素的位置;

(3) $r_j + kr_i$ 表示将行列式第 i 行各元素的 k 倍加到第 j 行对应的元素上;

(4) $c_j + kc_i$ 表示将行列式第 i 列各元素的 k 倍加到第 j 列对应的元素上.

例 4 计算下列行列式:

(1) $\begin{vmatrix} 2 & 9 & 13 \\ 5 & -4 & 6 \\ -1 & 2 & 0 \end{vmatrix}$; (2) $\begin{vmatrix} -3 & 1 & 4 \\ 17 & 71 & -56 \\ 2 & 7 & -6 \end{vmatrix}$.

解 (1) $\begin{vmatrix} 2 & 9 & 13 \\ 5 & -4 & 6 \\ -1 & 2 & 0 \end{vmatrix} \xlongequal{c_3+(-2)c_1} \begin{vmatrix} 2 & 9 & 9 \\ 5 & -4 & -4 \\ -1 & 2 & 2 \end{vmatrix} = 0$(因为第 2 列与第 3 列的对应元素相同).

(2) $\begin{vmatrix} -3 & 1 & 4 \\ 17 & 71 & -56 \\ 2 & 7 & -6 \end{vmatrix} = \begin{vmatrix} -3 & 1 & 4 \\ 20-3 & 70+1 & -60+4 \\ 2 & 7 & -6 \end{vmatrix}$

$$= \begin{vmatrix} -3 & 1 & 4 \\ 20 & 70 & -60 \\ 2 & 7 & -6 \end{vmatrix} + \begin{vmatrix} -3 & 1 & 4 \\ -3 & 1 & 4 \\ 2 & 7 & -6 \end{vmatrix}$$

$= 0+0=0$(因为第一个行列式的第 2 行与第 3 行的对应元素成比例,第二个行列式的第 1 行与第 2 行的对应元素相同).

例 4 表明,我们可以利用行列式的性质将所求行列式转化为一类特殊的行列式,然后计算其值.虽然这种方式能简化运算,但需要一定的技巧,且针对不同类型的行列式,其技巧也有所不同,并不能成为一种通用方法.

8.1.3 行列式的计算(Ⅰ)

上三角形行列式的计算非常简单,其值等于它的主对角线上各元素的乘积.于是得到一个计算行列式的基本方法:利用行列式的性质,将所要计算的行列式化为上三角形行列式.

例 5 计算下列行列式:

(1) $\begin{vmatrix} 1 & 1 & -5 \\ -2 & 2 & 1 \\ 3 & 11 & 6 \end{vmatrix}$; (2) $\begin{vmatrix} 0 & 1 & 5 & -6 \\ -1 & -3 & -5 & 0 \\ 1 & 2 & 0 & -1 \\ 1 & 2 & 3 & -4 \end{vmatrix}$; (3) $\begin{vmatrix} 5 & -28 & -3 \\ \frac{3}{7} & -\frac{3}{14} & \frac{5}{14} \\ -1 & 2 & 3 \end{vmatrix}$.

解 (1) $\begin{vmatrix} 1 & 1 & -5 \\ -2 & 2 & 1 \\ 3 & 11 & 6 \end{vmatrix} \xlongequal[r_3+(-3)r_1]{r_2+2r_1} \begin{vmatrix} 1 & 1 & -5 \\ 0 & 4 & -9 \\ 0 & 8 & 21 \end{vmatrix} \xlongequal{r_3+(-2)r_2} \begin{vmatrix} 1 & 1 & -5 \\ 0 & 4 & -9 \\ 0 & 0 & 39 \end{vmatrix}$

$$= 1 \cdot 4 \cdot 39 = 156.$$

(2) 显然,当行列式左上角元素为 1 或 −1 时,将行列式第 1 列其余元素化为 0 比较容易.如果不为 1 或 −1,可采用行(列)互换或提取公因子等方法变换.

$$\begin{vmatrix} 0 & 1 & 5 & -6 \\ -1 & -3 & -5 & 0 \\ 1 & 2 & 0 & -1 \\ 1 & 2 & 3 & -4 \end{vmatrix} \xlongequal{r_1 \leftrightarrow r_3} - \begin{vmatrix} 1 & 2 & 0 & -1 \\ -1 & -3 & -5 & 0 \\ 0 & 1 & 5 & -6 \\ 1 & 2 & 3 & -4 \end{vmatrix} \xlongequal[r_4+(-1)r_1]{r_2+r_1} - \begin{vmatrix} 1 & 2 & 0 & -1 \\ 0 & -1 & -5 & -1 \\ 0 & 1 & 5 & -6 \\ 0 & 0 & 3 & -3 \end{vmatrix}$$

$$\xlongequal{r_3+r_2} - \begin{vmatrix} 1 & 2 & 0 & -1 \\ 0 & -1 & -5 & -1 \\ 0 & 0 & 0 & -7 \\ 0 & 0 & 3 & -3 \end{vmatrix} \xlongequal{r_3 \leftrightarrow r_4} \begin{vmatrix} 1 & 2 & 0 & -1 \\ 0 & -1 & -5 & -1 \\ 0 & 0 & 3 & -3 \\ 0 & 0 & 0 & -7 \end{vmatrix}$$

$$= 1 \cdot (-1) \cdot 3 \cdot (-7) = 21.$$

(3) 为了尽量避免分数运算,可利用性质 8.2 从第 2 行中提出公因子 $\frac{1}{14}$,把原行列式转化成元素都是整数的行列式.

$$\begin{vmatrix} 5 & -28 & -3 \\ \frac{3}{7} & -\frac{3}{14} & \frac{5}{14} \\ -1 & 2 & 3 \end{vmatrix} = \frac{1}{14}\begin{vmatrix} 5 & -28 & -3 \\ 6 & -3 & 5 \\ -1 & 2 & 3 \end{vmatrix} \xlongequal{r_1 \leftrightarrow r_3} -\frac{1}{14}\begin{vmatrix} -1 & 2 & 3 \\ 6 & -3 & 5 \\ 5 & -28 & -3 \end{vmatrix}$$

$$\xlongequal[r_3+5r_1]{r_2+6r_1} -\frac{1}{14}\begin{vmatrix} -1 & 2 & 3 \\ 0 & 9 & 23 \\ 0 & -18 & 12 \end{vmatrix} \xlongequal{r_3+2r_2} -\frac{1}{14}\begin{vmatrix} -1 & 2 & 3 \\ 0 & 9 & 23 \\ 0 & 0 & 58 \end{vmatrix}$$

$$= -\frac{1}{14} \cdot (-1) \cdot 9 \cdot 58 = \frac{261}{7}.$$

8.1.4　行列式的计算(Ⅱ)

行列式的运算是一个比较复杂的问题,除前面介绍的将所要计算的行列式化为上三角形行列式外,我们还可以把一个阶数较高的行列式转化为几个阶数较低的行列式简化其计算 —— 行列式按行(列)展开,此方法也称为**降阶法**.

为此,先介绍余子式和代数余子式这两个概念.

定义 8.2　在 $n(n \geqslant 2)$ 阶行列式中,划去元素 a_{ij} 所在的第 i 行和第 j 列,剩下的元素按原来的次序组成的 $n-1$ 阶行列式称为元素 a_{ij} 的**余子式**,记作 M_{ij},并记

$$A_{ij} = (-1)^{i+j} M_{ij},$$

称 A_{ij} 为元素 a_{ij} 的**代数余子式**.

例如,对三阶行列式

$$\begin{vmatrix} a_{11} & a_{12} & a_{13} \\ a_{21} & a_{22} & a_{23} \\ a_{31} & a_{32} & a_{33} \end{vmatrix},$$

元素 a_{11}, a_{12}, a_{13} 的余子式分别为

$$M_{11} = \begin{vmatrix} a_{22} & a_{23} \\ a_{32} & a_{33} \end{vmatrix},\quad M_{12} = \begin{vmatrix} a_{21} & a_{23} \\ a_{31} & a_{33} \end{vmatrix},\quad M_{13} = \begin{vmatrix} a_{21} & a_{22} \\ a_{31} & a_{32} \end{vmatrix}.$$

它们的代数余子式分别为

$$A_{11} = (-1)^{1+1} M_{11} = \begin{vmatrix} a_{22} & a_{23} \\ a_{32} & a_{33} \end{vmatrix},$$

$$A_{12} = (-1)^{1+2} M_{12} = -\begin{vmatrix} a_{21} & a_{23} \\ a_{31} & a_{33} \end{vmatrix},$$

$$A_{13} = (-1)^{1+3} M_{13} = \begin{vmatrix} a_{21} & a_{22} \\ a_{31} & a_{32} \end{vmatrix}.$$

n 阶行列式共有 n^2 个元素,每一个元素都有其代数余子式,因此共有 n^2 个代数余子式.

我们规定:若 a 是一个数,则一阶行列式 $|a| = a$. 值得注意的是,一阶行列式不是绝对值. 例如,一阶行列式 $|-2| = -2$,而绝对值 $|-2| = 2$. 要注意区分,不可混淆.

若三阶行列式

$$D=\begin{vmatrix} a_{11} & a_{12} & a_{13} \\ a_{21} & a_{22} & a_{23} \\ a_{31} & a_{32} & a_{33} \end{vmatrix}=a_{11}a_{22}a_{33}+a_{12}a_{23}a_{31}+a_{13}a_{21}a_{32}-a_{13}a_{22}a_{31}-a_{12}a_{21}a_{33}-a_{11}a_{23}a_{32},$$

将上式右边按第 1 行的元素提取公因子,可得

$$\begin{aligned} D &= a_{11}(a_{22}a_{33}-a_{23}a_{32})-a_{12}(a_{21}a_{33}-a_{23}a_{31})+a_{13}(a_{21}a_{32}-a_{22}a_{31}) \\ &= a_{11}\begin{vmatrix} a_{22} & a_{23} \\ a_{32} & a_{33} \end{vmatrix}-a_{12}\begin{vmatrix} a_{21} & a_{23} \\ a_{31} & a_{33} \end{vmatrix}+a_{13}\begin{vmatrix} a_{21} & a_{22} \\ a_{31} & a_{32} \end{vmatrix} \\ &= a_{11}M_{11}-a_{12}M_{12}+a_{13}M_{13} \\ &= a_{11}A_{11}+a_{12}A_{12}+a_{13}A_{13}. \end{aligned}$$

我们将

$$\begin{vmatrix} a_{11} & a_{12} & a_{13} \\ a_{21} & a_{22} & a_{23} \\ a_{31} & a_{32} & a_{33} \end{vmatrix}=a_{11}A_{11}+a_{12}A_{12}+a_{13}A_{13}$$

称为三阶行列式**按第 1 行展开的展开式**.

根据上述推导过程,还可得到三阶行列式按其他行或列展开的展开式. 此方法可以推广到更高阶的行列式.

定理 8.1 **n 阶行列式**

$$D=\begin{vmatrix} a_{11} & a_{12} & \cdots & a_{1n} \\ a_{21} & a_{22} & \cdots & a_{2n} \\ \vdots & \vdots & & \vdots \\ a_{n1} & a_{n2} & \cdots & a_{nn} \end{vmatrix}=a_{i1}A_{i1}+a_{i2}A_{i2}+\cdots+a_{in}A_{in} \quad (i=1,2,\cdots,n)$$

或

$$D=\begin{vmatrix} a_{11} & a_{12} & \cdots & a_{1n} \\ a_{21} & a_{22} & \cdots & a_{2n} \\ \vdots & \vdots & & \vdots \\ a_{n1} & a_{n2} & \cdots & a_{nn} \end{vmatrix}=a_{1j}A_{1j}+a_{2j}A_{2j}+\cdots+a_{nj}A_{nj} \quad (j=1,2,\cdots,n),$$

即 D 等于它任一行或任一列中的所有元素与其代数余子式的乘积之和.

例 6 计算三阶行列式 $\begin{vmatrix} 3 & 1 & 2 \\ 0 & 4 & -1 \\ 2 & 5 & 7 \end{vmatrix}$.

解 在计算行列式时,若某一行或某一列的零元素较多,则可以按这一行或这一列展开行列式,这样可以使得计算简化. 于是,按第 2 行展开,得

$$\begin{aligned} \begin{vmatrix} 3 & 1 & 2 \\ 0 & 4 & -1 \\ 2 & 5 & 7 \end{vmatrix} &= (-1)^{2+1}\cdot 0\cdot\begin{vmatrix} 1 & 2 \\ 5 & 7 \end{vmatrix}+(-1)^{2+2}\cdot 4\cdot\begin{vmatrix} 3 & 2 \\ 2 & 7 \end{vmatrix}+(-1)^{2+3}\cdot(-1)\cdot\begin{vmatrix} 3 & 1 \\ 2 & 5 \end{vmatrix} \\ &= 4\cdot 17+1\cdot 13=81. \end{aligned}$$

例 7　计算下列行列式：

(1) $\begin{vmatrix} -1 & 2 & 1 & 0 \\ 3 & 1 & 3 & -1 \\ 2 & 0 & 0 & 1 \\ 1 & -4 & 3 & -2 \end{vmatrix}$；　　(2) $\begin{vmatrix} -2 & -4 & -3 & 5 \\ 3 & 1 & 4 & -2 \\ -7 & 2 & 5 & 3 \\ -4 & -3 & -2 & 6 \end{vmatrix}$.

解　(1) 行列式第 3 行中有较多零元素，可以将其按第 3 行展开，但如果把第 3 行中两个非零元素中的一个也化为 0，会使得计算更加简便. 按某行展开时，若要将该行中某非零元素化为 0，则需要利用列变换. 同理，按某列展开时，若要将该列中某非零元素化为 0，则需要利用行变换.

$$\begin{vmatrix} -1 & 2 & 1 & 0 \\ 3 & 1 & 3 & -1 \\ 2 & 0 & 0 & 1 \\ 1 & -4 & 3 & -2 \end{vmatrix} \xlongequal{c_1+(-2)c_4} \begin{vmatrix} -1 & 2 & 1 & 0 \\ 5 & 1 & 3 & -1 \\ 0 & 0 & 0 & 1 \\ 5 & -4 & 3 & -2 \end{vmatrix}$$

$$\xlongequal{\text{按第 3 行展开}} (-1)^{3+4}\cdot 1\cdot \begin{vmatrix} -1 & 2 & 1 \\ 5 & 1 & 3 \\ 5 & -4 & 3 \end{vmatrix} \xlongequal{r_3+(-1)r_2} -\begin{vmatrix} -1 & 2 & 1 \\ 5 & 1 & 3 \\ 0 & -5 & 0 \end{vmatrix}$$

$$\xlongequal{\text{按第 3 行展开}} -(-1)^{3+2}\cdot(-5)\cdot \begin{vmatrix} -1 & 1 \\ 5 & 3 \end{vmatrix} = 40.$$

(2) 虽然此行列式没有零元素，但可以先利用位于第 2 行第 2 列的元素 1 将第 2 行的其余元素化为 0，再按第 2 行展开. 围绕元素 1 来进行变换是行列式恒等变换的重要技巧之一.

$$\begin{vmatrix} -2 & -4 & -3 & 5 \\ 3 & 1 & 4 & -2 \\ -7 & 2 & 5 & 3 \\ -4 & -3 & -2 & 6 \end{vmatrix} \xlongequal[c_4+2c_2]{\substack{c_1+(-3)c_2 \\ c_3+(-4)c_2}} \begin{vmatrix} 10 & -4 & 13 & -3 \\ 0 & 1 & 0 & 0 \\ -13 & 2 & -3 & 7 \\ 5 & -3 & 10 & 0 \end{vmatrix}$$

$$\xlongequal{\text{按第 2 行展开}} (-1)^{2+2}\cdot 1\cdot \begin{vmatrix} 10 & 13 & -3 \\ -13 & -3 & 7 \\ 5 & 10 & 0 \end{vmatrix}$$

$$\xlongequal{c_2+(-2)c_1} \begin{vmatrix} 10 & -7 & -3 \\ -13 & 23 & 7 \\ 5 & 0 & 0 \end{vmatrix}$$

$$\xlongequal{\text{按第 3 行展开}} (-1)^{3+1}\cdot 5\cdot \begin{vmatrix} -7 & -3 \\ 23 & 7 \end{vmatrix} = 100.$$

8.1.5　克拉默法则

在 8.1.1 小节介绍了利用二阶行列式解二元一次方程组的方法，这一小节我们将介绍利用 n 阶行列式解 n 元线性方程组的方法 —— 克拉默法则，这也是行列式的一个重要应用.

定理 8.2(克拉默法则) 对于含有n个未知量、n个线性方程组成的线性方程组,即n元线性方程组

$$\begin{cases} a_{11}x_1 + a_{12}x_2 + \cdots + a_{1n}x_n = b_1, \\ a_{21}x_1 + a_{22}x_2 + \cdots + a_{2n}x_n = b_2, \\ \quad\cdots\cdots \\ a_{n1}x_1 + a_{n2}x_2 + \cdots + a_{nn}x_n = b_n, \end{cases} \tag{8.1}$$

由未知量的系数构成的行列式称为系数行列式,记作D,即

$$D = \begin{vmatrix} a_{11} & a_{12} & \cdots & a_{1n} \\ a_{21} & a_{22} & \cdots & a_{2n} \\ \vdots & \vdots & & \vdots \\ a_{n1} & a_{n2} & \cdots & a_{nn} \end{vmatrix}.$$

如果$D \neq 0$,则此线性方程组有唯一解

$$x_1 = \frac{D_1}{D}, \quad x_2 = \frac{D_2}{D}, \quad \cdots, \quad x_n = \frac{D_n}{D},$$

其中$D_j (j = 1,2,\cdots,n)$是把D中第j列的元素$a_{1j}, a_{2j}, \cdots, a_{nj}$换成常数项$b_1, b_2, \cdots, b_n$所得到的行列式.

例 8 解线性方程组

$$\begin{cases} 2x_1 + x_2 - 5x_3 + x_4 = 8, \\ x_1 - 3x_2 - 6x_4 = 9, \\ 2x_2 - x_3 + 2x_4 = -5, \\ x_1 + 4x_2 - 7x_3 + 6x_4 = 0. \end{cases}$$

解 由于

$$D = \begin{vmatrix} 2 & 1 & -5 & 1 \\ 1 & -3 & 0 & -6 \\ 0 & 2 & -1 & 2 \\ 1 & 4 & -7 & 6 \end{vmatrix} = 27 \neq 0,$$

$$D_1 = \begin{vmatrix} 8 & 1 & -5 & 1 \\ 9 & -3 & 0 & -6 \\ -5 & 2 & -1 & 2 \\ 0 & 4 & -7 & 6 \end{vmatrix} = 81, \quad D_2 = \begin{vmatrix} 2 & 8 & -5 & 1 \\ 1 & 9 & 0 & -6 \\ 0 & -5 & -1 & 2 \\ 1 & 0 & -7 & 6 \end{vmatrix} = -108,$$

$$D_3 = \begin{vmatrix} 2 & 1 & 8 & 1 \\ 1 & -3 & 9 & -6 \\ 0 & 2 & -5 & 2 \\ 1 & 4 & 0 & 6 \end{vmatrix} = -27, \quad D_4 = \begin{vmatrix} 2 & 1 & -5 & 8 \\ 1 & -3 & 0 & 9 \\ 0 & 2 & -1 & -5 \\ 1 & 4 & -7 & 0 \end{vmatrix} = 27,$$

因此方程组有唯一解

$$x_1 = \frac{D_1}{D} = 3, \quad x_2 = \frac{D_2}{D} = -4, \quad x_3 = \frac{D_3}{D} = -1, \quad x_4 = \frac{D_4}{D} = 1.$$

当 n 元线性方程组(8.1)的常数项 $b_1,b_2,\cdots,b_n$ 全为0时,即

$$\begin{cases} a_{11}x_1+a_{12}x_2+\cdots+a_{1n}x_n=0, \\ a_{21}x_1+a_{22}x_2+\cdots+a_{2n}x_n=0, \\ \qquad\cdots\cdots \\ a_{n1}x_1+a_{n2}x_2+\cdots+a_{nn}x_n=0, \end{cases} \tag{8.2}$$

此时称方程组(8.2)为**齐次线性方程组**.当常数项不全为0时,则称方程组(8.1)为**非齐次线性方程组**.

显然,齐次线性方程组(8.2)一定有零解 $x_j=0(j=1,2,\cdots,n)$.根据定理8.2,我们可以得到以下推论.

推论3　对于齐次线性方程组(8.2),如果有

(1) 系数行列式 $D\neq 0$,则此齐次线性方程组仅有零解,即无非零解;

(2) 系数行列式 $D=0$,则此齐次线性方程组有非零解.

例9　已知齐次线性方程组

$$\begin{cases} 3x_1-6x_2+4x_3=0, \\ x_1\qquad\quad+2x_3=0, \\ x_1-3x_2+\ x_3=0, \end{cases}$$

判别其有无非零解.

解　由于系数行列式

$$D=\begin{vmatrix} 3 & -6 & 4 \\ 1 & 0 & 2 \\ 1 & -3 & 1 \end{vmatrix}=0,$$

所以此齐次线性方程组有非零解.

§8.2　矩　　阵

8.2.1　矩阵的概念

【案例8.2】　某文具商店在一周内所售出的文具如表8-1所示,周末盘点结账,计算该店每天的售货收入(单位:元)及一周的售货总账(单位:元).

表 8-1

		星期						单价/元
		一	二	三	四	五	六	
文具	橡皮/个	15	8	5	1	12	20	0.3
	直尺/把	15	20	18	16	8	25	0.5
	胶水/瓶	20	0	12	15	4	3	1

显然,表 8-1 涉及比较多的数据,要解决这个问题,就需要提取表中相关数据分别运算.那么,能不能针对整个表格数据进行统一运算呢?为此,我们引入矩阵的定义.

定义 8.3 由 $m\times n$ 个数 $a_{ij}(i=1,2,\cdots,m;j=1,2,\cdots,n)$ 排成的 m 行 n 列的数表

$$\begin{matrix} a_{11} & a_{12} & \cdots & a_{1n} \\ a_{21} & a_{22} & \cdots & a_{2n} \\ \vdots & \vdots & & \vdots \\ a_{m1} & a_{m2} & \cdots & a_{mn} \end{matrix}$$

称为 m **行** n **列矩阵**,简称 $m\times n$ **矩阵**.为表示它是一个整体,总是加一个括号,并用大写的英文字母 $\boldsymbol{A},\boldsymbol{B},\boldsymbol{C},\cdots$ 表示,记作

$$\boldsymbol{A}=\begin{pmatrix} a_{11} & a_{12} & \cdots & a_{1n} \\ a_{21} & a_{22} & \cdots & a_{2n} \\ \vdots & \vdots & & \vdots \\ a_{m1} & a_{m2} & \cdots & a_{mn} \end{pmatrix}.$$

矩阵内的每一个数称为矩阵的**元素**,a_{ij} 是该矩阵第 i 行第 j 列的元素.一个 $m\times n$ 矩阵 $\boldsymbol{A}$ 也可简记为

$$\boldsymbol{A}_{m\times n}=(a_{ij})_{m\times n} \quad 或 \quad \boldsymbol{A}=(a_{ij}).$$

当两个矩阵的行数、列数都相等时,称它们为**同型矩阵**.

下面介绍几种常见的特殊矩阵.

所有元素全为 0 的矩阵称为**零矩阵**,记作 $\boldsymbol{O}_{m\times n}$ 或 $\boldsymbol{O}$.例如,$\begin{pmatrix} 0 & 0 & 0 \\ 0 & 0 & 0 \end{pmatrix}$ 是一个 2×3 零矩阵,可以记作 $\boldsymbol{O}_{2\times 3}$.

矩阵 $\boldsymbol{A}$ 的所有元素都乘以 -1 而得到的矩阵称为 $\boldsymbol{A}$ 的**负矩阵**,记作 $-\boldsymbol{A}$.例如,$\boldsymbol{A}=\begin{pmatrix} 2 & 1 & 4 \\ -2 & 0 & 3 \end{pmatrix}$,则 $-\boldsymbol{A}=\begin{pmatrix} -2 & -1 & -4 \\ 2 & 0 & -3 \end{pmatrix}$.

如果一个矩阵的行数和列数相同,则称其为**方阵**.对于矩阵 $\boldsymbol{A}_{m\times n}$,当 $m=n$,即行数和列数都为 n 时,则称其为 n **阶矩阵**或 n **阶方阵**.例如,$\boldsymbol{A}=\begin{pmatrix} 7 & 1 & 0 \\ -1 & 9 & 11 \\ 10 & -3 & 8 \end{pmatrix}$ 为一个三阶矩阵.

只有一列的矩阵称为**列矩阵**或**列向量**;只有一行的矩阵称为**行矩阵**或**行向量**.对于向量而言,称其元素为**分量**,分量的个数称为向量的**维数**.

例如，$\begin{pmatrix}7\\-2\\1\end{pmatrix}$与(7，−2，1)分别是三维列向量与三维行向量.

主对角线以外的元素全为0的n阶矩阵称为**对角矩阵**，常记作$\boldsymbol{\Lambda}$. 特别地，主对角线上的元素全相等的对角矩阵称为**数量矩阵**.

例如，$\begin{pmatrix}3 & & \\ & 3 & \\ & & 3\end{pmatrix}$既是对角矩阵，也是数量矩阵(其中未标的元素都为0).

主对角线上的元素全为1的n阶数量矩阵称为**n阶单位矩阵**，记作$\boldsymbol{E}_n$或$\boldsymbol{I}_n$，简记为$\boldsymbol{E}$或$\boldsymbol{I}$. 例如，$\begin{pmatrix}1 & & \\ & 1 & \\ & & 1\end{pmatrix}$是一个三阶单位矩阵，记作$\boldsymbol{E}_3$或$\boldsymbol{I}_3$.

注 矩阵与行列式是完全不同的概念. 行列式展开后是一个数；而矩阵只是一个数表，不能展开. 在形式上，行列式的行数和列数相同，两边是竖线；而矩阵的行数和列数不一定相同，两边是括号.

例如，二阶矩阵$\begin{pmatrix}3 & 1\\-2 & 4\end{pmatrix}$只是一个数表，而二阶行列式$\begin{vmatrix}3 & 1\\-2 & 4\end{vmatrix}$是一个数，其值是14.

现实中的很多事物都可以表示为矩阵的形式，从而能更清晰、理性地展现出事物之间的内在联系. 例如，某企业生产三种产品X，Y和Z，其在一年四个季度的产量可以用矩阵表示如下：

$$\begin{pmatrix}20 & 35 & 30 & 28\\25 & 42 & 35 & 36\\28 & 39 & 42 & 32\end{pmatrix},$$

其中行数据分别表示产品X，Y和Z在四个季度的产量，列数据分别表示在春、夏、秋、冬四个季度产品X，Y和Z的产量. 那么，矩阵中的元素39对应为产品Z在夏季的产量.

8.2.2 矩阵的运算

尽管矩阵不是数，但用矩阵处理问题时往往要进行矩阵运算. 本小节将介绍矩阵运算的规则及一些相关的概念和性质.

1. 矩阵相等

定义 8.4 如果两个矩阵$\boldsymbol{A}$与$\boldsymbol{B}$满足以下条件：

(1) 两个矩阵是同型矩阵，即行数相同、列数相同，

(2) 对应元素都相等，

则称矩阵$\boldsymbol{A}$与$\boldsymbol{B}$**相等**，记作$\boldsymbol{A}=\boldsymbol{B}$.

例如，设矩阵

$$\boldsymbol{A}=\begin{pmatrix}a_{11} & a_{12} & a_{13}\\a_{21} & a_{22} & a_{23}\end{pmatrix},\quad \boldsymbol{B}=\begin{pmatrix}1 & 3 & 2\\7 & -2 & 4\end{pmatrix}.$$

如果 $\boldsymbol{A}=\boldsymbol{B}$,那么只能有

$$a_{11}=1,\quad a_{12}=3,\quad a_{13}=2,$$
$$a_{21}=7,\quad a_{22}=-2,\quad a_{23}=4.$$

注 不要将方阵相等与行列式相等的概念混淆.例如:

(1) 矩阵 $\begin{pmatrix}3&2\\5&4\end{pmatrix}$ 与矩阵 $\begin{pmatrix}4&5\\2&3\end{pmatrix}$ 不相等;

(2) 行列式 $\begin{vmatrix}3&2\\5&4\end{vmatrix}$ 与行列式 $\begin{vmatrix}4&5\\2&3\end{vmatrix}$ 相等(值都等于 2).

2. 矩阵的加法与减法

定义 8.5 设有同型矩阵

$$\boldsymbol{A}=\begin{pmatrix}a_{11}&a_{12}&\cdots&a_{1n}\\a_{21}&a_{22}&\cdots&a_{2n}\\\vdots&\vdots&&\vdots\\a_{m1}&a_{m2}&\cdots&a_{mn}\end{pmatrix},\quad \boldsymbol{B}=\begin{pmatrix}b_{11}&b_{12}&\cdots&b_{1n}\\b_{21}&b_{22}&\cdots&b_{2n}\\\vdots&\vdots&&\vdots\\b_{m1}&b_{m2}&\cdots&b_{mn}\end{pmatrix}.$$

(1) 称 $m\times n$ 矩阵

$$\begin{pmatrix}a_{11}+b_{11}&a_{12}+b_{12}&\cdots&a_{1n}+b_{1n}\\a_{21}+b_{21}&a_{22}+b_{22}&\cdots&a_{2n}+b_{2n}\\\vdots&\vdots&&\vdots\\a_{m1}+b_{m1}&a_{m2}+b_{m2}&\cdots&a_{mn}+b_{mn}\end{pmatrix}$$

为矩阵 $\boldsymbol{A}$ 与 $\boldsymbol{B}$ 的和,记作 $\boldsymbol{A}+\boldsymbol{B}$;

(2) 称 $m\times n$ 矩阵

$$\begin{pmatrix}a_{11}-b_{11}&a_{12}-b_{12}&\cdots&a_{1n}-b_{1n}\\a_{21}-b_{21}&a_{22}-b_{22}&\cdots&a_{2n}-b_{2n}\\\vdots&\vdots&&\vdots\\a_{m1}-b_{m1}&a_{m2}-b_{m2}&\cdots&a_{mn}-b_{mn}\end{pmatrix}$$

为矩阵 $\boldsymbol{A}$ 与 $\boldsymbol{B}$ 的差,记作 $\boldsymbol{A}-\boldsymbol{B}$.

定义 8.5 表明,只有同型矩阵才可进行加、减运算,两个同型矩阵的和与差就是它们对应位置元素相加、相减所得到的矩阵.

例如,设矩阵

$$\boldsymbol{A}=\begin{pmatrix}3&1&4\\-5&0&2\end{pmatrix},\quad \boldsymbol{B}=\begin{pmatrix}7&4&1\\5&8&-2\end{pmatrix},$$

则

$$\boldsymbol{A}+\boldsymbol{B}=\begin{pmatrix}3+7&1+4&4+1\\-5+5&0+8&2+(-2)\end{pmatrix}=\begin{pmatrix}10&5&5\\0&8&0\end{pmatrix},$$

$$\boldsymbol{A}-\boldsymbol{B}=\begin{pmatrix}3-7&1-4&4-1\\-5-5&0-8&2-(-2)\end{pmatrix}=\begin{pmatrix}-4&-3&3\\-10&-8&4\end{pmatrix}.$$

3. 矩阵的数乘

定义 8.6　设 k 是一个数,矩阵

$$A=\begin{pmatrix} a_{11} & a_{12} & \cdots & a_{1n} \\ a_{21} & a_{22} & \cdots & a_{2n} \\ \vdots & \vdots & & \vdots \\ a_{m1} & a_{m2} & \cdots & a_{mn} \end{pmatrix},$$

称 $m\times n$ 矩阵

$$\begin{pmatrix} ka_{11} & ka_{12} & \cdots & ka_{1n} \\ ka_{21} & ka_{22} & \cdots & ka_{2n} \\ \vdots & \vdots & & \vdots \\ ka_{m1} & ka_{m2} & \cdots & ka_{mn} \end{pmatrix}$$

为**数 k 与矩阵 A 的乘积**,简称**矩阵的数乘**,记作 kA.

由定义 8.6 可知,kA 就是用数 k 去乘矩阵 A 的每一个元素. 例如,设矩阵 $A=\begin{pmatrix} 1 & 3 \\ 4 & 2 \end{pmatrix}$,则 $3A=\begin{pmatrix} 3 & 9 \\ 12 & 6 \end{pmatrix}$.

特别地,当 $k=-1$ 时,-1 与矩阵 A 的乘积就是矩阵 A 的负矩阵,即 $(-1)A=-A$. 由此可知,矩阵的减法 $A-B$ 可看作 $A+(-B)$.

注　一个数与一个方阵的乘积和一个数与一个行列式的乘积是有区别的. 例如,设矩阵 $A=\begin{pmatrix} 3 & 1 \\ 2 & 5 \end{pmatrix}$,行列式 $D=\begin{vmatrix} 3 & 1 \\ 2 & 5 \end{vmatrix}$,则

$$2A=\begin{pmatrix} 2\cdot 3 & 2\cdot 1 \\ 2\cdot 2 & 2\cdot 5 \end{pmatrix}=\begin{pmatrix} 6 & 2 \\ 4 & 10 \end{pmatrix},$$

而根据行列式的性质,有

$$2D=\begin{vmatrix} 2\cdot 3 & 2\cdot 1 \\ 2 & 5 \end{vmatrix}=\begin{vmatrix} 3 & 1 \\ 2\cdot 2 & 2\cdot 5 \end{vmatrix}=\begin{vmatrix} 2\cdot 3 & 1 \\ 2\cdot 2 & 5 \end{vmatrix}=\begin{vmatrix} 3 & 2\cdot 1 \\ 2 & 2\cdot 5 \end{vmatrix}$$

$$=2\begin{vmatrix} 3 & 1 \\ 2 & 5 \end{vmatrix}=2\cdot 13=26.$$

矩阵的加法和数乘运算统称为矩阵的**线性运算**. 设 A,B,C 为同型矩阵,k,l 为两个数,则矩阵的线性运算满足以下规律:

(1) $A+B=B+A$;

(2) $(A+B)+C=A+(B+C)$;

(3) $A+O=A$;

(4) $A+(-A)=O$;

(5) $1A=A$;

(6) $(kl)A=k(lA)$;

(7) $k(\boldsymbol{A}+\boldsymbol{B})=k\boldsymbol{A}+k\boldsymbol{B}$;

(8) $(k+l)\boldsymbol{A}=k\boldsymbol{A}+l\boldsymbol{A}$.

例 1 设矩阵

$$\boldsymbol{A}=\begin{pmatrix}-1 & 1 & 2\\ 4 & -2 & 3\end{pmatrix},\quad \boldsymbol{B}=\begin{pmatrix}3 & 4 & 5\\ -4 & 6 & 2\end{pmatrix},$$

求 $2\boldsymbol{A}-3\boldsymbol{B}$.

解 $2\boldsymbol{A}-3\boldsymbol{B}=\begin{pmatrix}-2 & 2 & 4\\ 8 & -4 & 6\end{pmatrix}-\begin{pmatrix}9 & 12 & 15\\ -12 & 18 & 6\end{pmatrix}=\begin{pmatrix}-11 & -10 & -11\\ 20 & -22 & 0\end{pmatrix}$.

例 2 设 $\boldsymbol{X},\boldsymbol{A},\boldsymbol{B}$ 都是三阶矩阵,已知

$$\boldsymbol{A}=\begin{pmatrix}5 & 1 & 4\\ -1 & -3 & -2\\ 3 & 0 & 1\end{pmatrix},\quad \boldsymbol{B}=\begin{pmatrix}3 & 1 & 2\\ -1 & 3 & -4\\ 5 & 7 & 1\end{pmatrix},$$

且 $\frac{1}{3}\boldsymbol{X}+\boldsymbol{B}=\boldsymbol{A}$,求矩阵 $\boldsymbol{X}$.

解 因为 $\frac{1}{3}\boldsymbol{X}+\boldsymbol{B}=\boldsymbol{A}$,所以 $\boldsymbol{X}=3(\boldsymbol{A}-\boldsymbol{B})$,于是

$$\boldsymbol{X}=3(\boldsymbol{A}-\boldsymbol{B})=3\left(\begin{pmatrix}5 & 1 & 4\\ -1 & -3 & -2\\ 3 & 0 & 1\end{pmatrix}-\begin{pmatrix}3 & 1 & 2\\ -1 & 3 & -4\\ 5 & 7 & 1\end{pmatrix}\right)$$

$$=3\begin{pmatrix}2 & 0 & 2\\ 0 & -6 & 2\\ -2 & -7 & 0\end{pmatrix}=\begin{pmatrix}6 & 0 & 6\\ 0 & -18 & 6\\ -6 & -21 & 0\end{pmatrix}.$$

4. 矩阵的乘法

定义 8.7 设 $\boldsymbol{A}$ 是一个 $m\times n$ 矩阵,$\boldsymbol{B}$ 是一个 $n\times s$ 矩阵,即

$$\boldsymbol{A}=\begin{pmatrix}a_{11} & a_{12} & \cdots & a_{1n}\\ a_{21} & a_{22} & \cdots & a_{2n}\\ \vdots & \vdots & & \vdots\\ a_{m1} & a_{m2} & \cdots & a_{mn}\end{pmatrix},\quad \boldsymbol{B}=\begin{pmatrix}b_{11} & b_{12} & \cdots & b_{1s}\\ b_{21} & b_{22} & \cdots & b_{2s}\\ \vdots & \vdots & & \vdots\\ b_{n1} & b_{n2} & \cdots & b_{ns}\end{pmatrix},$$

称 $m\times s$ 矩阵

$$\boldsymbol{C}=\begin{pmatrix}c_{11} & c_{12} & \cdots & c_{1s}\\ c_{21} & c_{22} & \cdots & c_{2s}\\ \vdots & \vdots & & \vdots\\ c_{m1} & c_{m2} & \cdots & c_{ms}\end{pmatrix}$$

为矩阵 $\boldsymbol{A}$ 与矩阵 $\boldsymbol{B}$ 的乘积,记作 $\boldsymbol{AB}$,即 $\boldsymbol{C}=\boldsymbol{AB}$,其中

$$c_{ij}=a_{i1}b_{1j}+a_{i2}b_{2j}+\cdots+a_{in}b_{nj}=\sum_{k=1}^{n}a_{ik}b_{kj}\quad(i=1,2,\cdots,m;j=1,2,\cdots,s).$$

注　(1) 只有左边矩阵的列数与右边矩阵的行数相同时，两个矩阵才能相乘.

(2) 矩阵 $\boldsymbol{A}$ 与矩阵 $\boldsymbol{B}$ 的乘积 $\boldsymbol{AB}$ 的第 i 行第 j 列的元素等于 $\boldsymbol{A}$ 的第 i 行元素与 $\boldsymbol{B}$ 的第 j 列对应元素的乘积之和.

(3) 两个矩阵的乘积，其行数与左边矩阵的行数相同，列数与右边矩阵的列数相同.

例 3　设矩阵

$$\boldsymbol{A}=\begin{pmatrix}4&1&2\\2&3&-1\\0&-3&6\end{pmatrix},\quad \boldsymbol{B}=\begin{pmatrix}2&0&1\\4&-1&5\end{pmatrix}.$$

问:$\boldsymbol{AB}$ 与 $\boldsymbol{BA}$ 哪个有意义？并计算其中有意义的一个.

解　对于 $\boldsymbol{AB}$，由于左边矩阵 $\boldsymbol{A}$ 的列数为 3，右边矩阵 $\boldsymbol{B}$ 的行数为 2，两者不相同，故 $\boldsymbol{AB}$ 没有意义.

对于 $\boldsymbol{BA}$，由于左边矩阵 $\boldsymbol{B}$ 的列数为 3，右边矩阵 $\boldsymbol{A}$ 的行数为 3，两者相同，故 $\boldsymbol{BA}$ 有意义. 于是

$$\begin{aligned}\boldsymbol{BA}&=\begin{pmatrix}2&0&1\\4&-1&5\end{pmatrix}\begin{pmatrix}4&1&2\\2&3&-1\\0&-3&6\end{pmatrix}\\&=\begin{pmatrix}2\cdot4+0\cdot2+1\cdot0&2\cdot1+0\cdot3+1\cdot(-3)&2\cdot2+0\cdot(-1)+1\cdot6\\4\cdot4+(-1)\cdot2+5\cdot0&4\cdot1+(-1)\cdot3+5\cdot(-3)&4\cdot2+(-1)\cdot(-1)+5\cdot6\end{pmatrix}\\&=\begin{pmatrix}8&-1&10\\14&-14&39\end{pmatrix}.\end{aligned}$$

例 4　设矩阵

$$\boldsymbol{A}=\begin{pmatrix}-3&3\\1&-1\end{pmatrix},\quad \boldsymbol{B}=\begin{pmatrix}1&0\\1&0\end{pmatrix},$$

求 $\boldsymbol{AB},\boldsymbol{BA}$.

解　$$\boldsymbol{AB}=\begin{pmatrix}-3&3\\1&-1\end{pmatrix}\begin{pmatrix}1&0\\1&0\end{pmatrix}=\begin{pmatrix}(-3)\cdot1+3\cdot1&(-3)\cdot0+3\cdot0\\1\cdot1+(-1)\cdot1&1\cdot0+(-1)\cdot0\end{pmatrix}=\begin{pmatrix}0&0\\0&0\end{pmatrix},$$

$$\boldsymbol{BA}=\begin{pmatrix}1&0\\1&0\end{pmatrix}\begin{pmatrix}-3&3\\1&-1\end{pmatrix}=\begin{pmatrix}1\cdot(-3)+0\cdot1&1\cdot3+0\cdot(-1)\\1\cdot(-3)+0\cdot1&1\cdot3+0\cdot(-1)\end{pmatrix}=\begin{pmatrix}-3&3\\-3&3\end{pmatrix}.$$

从例 4 可以得出两条重要的结论：

(1) 两个非零矩阵的乘积可能为零矩阵；

(2) 对于矩阵 $\boldsymbol{A}$ 与矩阵 $\boldsymbol{B}$，当乘积 $\boldsymbol{AB}$ 与 $\boldsymbol{BA}$ 都有意义时，$\boldsymbol{AB}$ 与 $\boldsymbol{BA}$ 不一定相等.

矩阵的乘法虽然一般不满足交换律，但满足以下运算规律：

(1) 结合律　$(\boldsymbol{AB})\boldsymbol{C}=\boldsymbol{A}(\boldsymbol{BC})$；

(2) 分配律　$\boldsymbol{A}(\boldsymbol{B}+\boldsymbol{C})=\boldsymbol{AB}+\boldsymbol{AC}$，$(\boldsymbol{B}+\boldsymbol{C})\boldsymbol{A}=\boldsymbol{BA}+\boldsymbol{CA}$；

(3) 数乘结合律　$k(\boldsymbol{AB})=(k\boldsymbol{A})\boldsymbol{B}=\boldsymbol{A}(k\boldsymbol{B})$.

例 5　设矩阵

$$E=\begin{pmatrix}1&0&0\\0&1&0\\0&0&1\end{pmatrix},\quad A=\begin{pmatrix}3&1&4\\-1&2&1\end{pmatrix},\quad B=\begin{pmatrix}4&1\\2&0\\3&-4\end{pmatrix},$$

求 AE,EB.

解 $$AE=\begin{pmatrix}3&1&4\\-1&2&1\end{pmatrix}\begin{pmatrix}1&0&0\\0&1&0\\0&0&1\end{pmatrix}=\begin{pmatrix}3&1&4\\-1&2&1\end{pmatrix},$$

$$EB=\begin{pmatrix}1&0&0\\0&1&0\\0&0&1\end{pmatrix}\begin{pmatrix}4&1\\2&0\\3&-4\end{pmatrix}=\begin{pmatrix}4&1\\2&0\\3&-4\end{pmatrix}.$$

由例 5 可以看出,$AE=A,EB=B$. 这不是巧合,实际上有以下一般结论:

(1) $A_{m\times n}E_n=A_{m\times n},E_nA_{n\times m}=A_{n\times m}$;

(2) 若 A 是 n 阶矩阵,E 是 n 阶单位矩阵,则有 $AE=EA$.

由此可得,在矩阵乘法中的单位矩阵与数的乘法中的数字 1 有类似的作用.

5. 方阵的乘幂

由于方阵的列数与行数相同,故一个方阵可自乘任意有限次.

定义 8.8 设 A 是 n 阶矩阵,k 为正整数,称 k 个 A 的连乘为 A 的 k **次幂**,记为 A^k,即

$$A^k=\underbrace{A\cdot A\cdot\cdots\cdot A}_{k个}.$$

特别地,有 $A^0=E$.

对于方阵 A,若 k,l 为正整数,则满足如下运算规律:

(1) $A^k\cdot A^l=A^{k+l}$;

(2) $(A^k)^l=A^{kl}$.

由于矩阵的乘法一般不满足交换律,因此对于 n 阶方阵 A,B,当整数 $k\geqslant 2$ 时,一般地,有

$$(AB)^k\neq A^kB^k.$$

例 6 已知矩阵 $A=\begin{pmatrix}2&1\\0&-1\end{pmatrix}$,求 A^3.

解 $$A^2=A\cdot A=\begin{pmatrix}2&1\\0&-1\end{pmatrix}\begin{pmatrix}2&1\\0&-1\end{pmatrix}=\begin{pmatrix}4&1\\0&1\end{pmatrix},$$

$$A^3=A^2\cdot A=\begin{pmatrix}4&1\\0&1\end{pmatrix}\begin{pmatrix}2&1\\0&-1\end{pmatrix}=\begin{pmatrix}8&3\\0&-1\end{pmatrix}.$$

6. 矩阵的转置

定义 8.9 设 $m\times n$ 矩阵

$$A=\begin{pmatrix}a_{11}&a_{12}&\cdots&a_{1n}\\a_{21}&a_{22}&\cdots&a_{2n}\\\vdots&\vdots&&\vdots\\a_{m1}&a_{m2}&\cdots&a_{mn}\end{pmatrix},$$

称 $n \times m$ 矩阵

$$\begin{pmatrix} a_{11} & a_{21} & \cdots & a_{m1} \\ a_{12} & a_{22} & \cdots & a_{m2} \\ \vdots & \vdots & & \vdots \\ a_{1n} & a_{2n} & \cdots & a_{mn} \end{pmatrix}$$

为 $\boldsymbol{A}$ 的**转置矩阵**，记作$\boldsymbol{A}^{\mathrm{T}}$.

由定义 8.9 知，将矩阵 $\boldsymbol{A}$ 的第 1 行变为第 1 列，…，第 m 行变为第 m 列(或第 1 列变为第 1 行，…，第 n 列变为第 n 行)，且不改变原来各元素的顺序，这样得到的矩阵就是 $\boldsymbol{A}$ 的转置矩阵.

例如，设矩阵 $\boldsymbol{A} = \begin{pmatrix} 3 & 2 & 1 \\ 2 & 7 & 5 \\ 0 & -4 & 2 \\ 5 & -3 & 9 \end{pmatrix}$，则$\boldsymbol{A}^{\mathrm{T}} = \begin{pmatrix} 3 & 2 & 0 & 5 \\ 2 & 7 & -4 & -3 \\ 1 & 5 & 2 & 9 \end{pmatrix}$.

矩阵的转置满足下列运算规律：

(1) 对于 $m \times n$ 矩阵 $\boldsymbol{A}$，$n \times s$ 矩阵 $\boldsymbol{B}$，有$(\boldsymbol{AB})^{\mathrm{T}} = \boldsymbol{B}^{\mathrm{T}}\boldsymbol{A}^{\mathrm{T}}$；

(2) $(\boldsymbol{A}^{\mathrm{T}})^{\mathrm{T}} = \boldsymbol{A}$；

(3) $(k\boldsymbol{A})^{\mathrm{T}} = k\boldsymbol{A}^{\mathrm{T}}$(其中 k 是一个数)；

(4) 对于同型矩阵 $\boldsymbol{A}, \boldsymbol{B}$，有$(\boldsymbol{A}+\boldsymbol{B})^{\mathrm{T}} = \boldsymbol{A}^{\mathrm{T}} + \boldsymbol{B}^{\mathrm{T}}$.

特别地，对角矩阵

$$\boldsymbol{\Lambda} = \begin{pmatrix} a_{11} & & & \\ & a_{22} & & \\ & & \ddots & \\ & & & a_{nn} \end{pmatrix}$$

的转置矩阵 $\boldsymbol{\Lambda}^{\mathrm{T}} = \boldsymbol{\Lambda}$，即对角矩阵转置前后相等. 例如，单位矩阵 $\boldsymbol{E}$ 的转置 $\boldsymbol{E}^{\mathrm{T}} = \boldsymbol{E}$.

学习完矩阵的运算后，我们来解决案例 8.2 中的问题.

解　由表 8-1 中的数据，设矩阵

$$\boldsymbol{A} = \begin{pmatrix} 15 & 8 & 5 & 1 & 12 & 20 \\ 15 & 20 & 18 & 16 & 8 & 25 \\ 20 & 0 & 12 & 15 & 4 & 3 \end{pmatrix}, \quad \boldsymbol{B} = \begin{pmatrix} 0.3 \\ 0.5 \\ 1 \end{pmatrix},$$

则每天的售货收入为

$$\boldsymbol{A}^{\mathrm{T}}\boldsymbol{B} = \begin{pmatrix} 15 & 15 & 20 \\ 8 & 20 & 0 \\ 5 & 18 & 12 \\ 1 & 16 & 15 \\ 12 & 8 & 4 \\ 20 & 25 & 3 \end{pmatrix} \begin{pmatrix} 0.3 \\ 0.5 \\ 1 \end{pmatrix} = \begin{pmatrix} 32 \\ 12.4 \\ 22.5 \\ 23.3 \\ 11.6 \\ 21.5 \end{pmatrix}.$$

所以，每天的售货收入相加得一周的售货总账，即

$$32+12.4+22.5+23.3+11.6+21.5=123.3(\text{元}).$$

7. 方阵的行列式

定义 8.10 由 n 阶矩阵 $\boldsymbol{A}$ 的元素所构成的行列式(各元素的位置不变),称为**方阵 $\boldsymbol{A}$ 的行列式**,记作 $|\boldsymbol{A}|$.

设 $\boldsymbol{A},\boldsymbol{B}$ 为 n 阶矩阵,λ 为实数,k 为正整数,则方阵的行列式满足下列运算规律:

(1) $|\boldsymbol{A}^{\mathrm{T}}|=|\boldsymbol{A}|$;

(2) $|\lambda\boldsymbol{A}|=\lambda^n|\boldsymbol{A}|$;

(3) $|\boldsymbol{AB}|=|\boldsymbol{A}||\boldsymbol{B}|$;

(4) $|\boldsymbol{A}^k|=|\boldsymbol{A}|^k$.

例 7 已知 $\boldsymbol{A}$ 为三阶矩阵,且行列式 $|\boldsymbol{A}|=4$,求下列行列式的值:

(1) $|2\boldsymbol{A}^{\mathrm{T}}|$; (2) $|-\boldsymbol{A}|$; (3) $|\boldsymbol{A}^3|$.

解 (1) $|2\boldsymbol{A}^{\mathrm{T}}|=2^3|\boldsymbol{A}^{\mathrm{T}}|=2^3|\boldsymbol{A}|=8\cdot 4=32$.

(2) $|-\boldsymbol{A}|=(-1)^3|\boldsymbol{A}|=(-1)\cdot 4=-4$.

(3) $|\boldsymbol{A}^3|=|\boldsymbol{A}|^3=4^3=64$.

8.2.3 逆矩阵

在初等代数中,当 $a\neq 0$ 时,方程 $ax=b$ 的解为 $x=a^{-1}b$. 那么,对于矩阵方程 $\boldsymbol{AX}=\boldsymbol{B}$(其中 $\boldsymbol{A},\boldsymbol{B},\boldsymbol{X}$ 都是矩阵),能否也可得出 $\boldsymbol{X}=\boldsymbol{A}^{-1}\boldsymbol{B}$ 呢? 如果能得出类似结果,那么矩阵 $\boldsymbol{A}^{-1}$ 的含义是什么? 如何求 $\boldsymbol{A}^{-1}$ 呢? 为此引入逆矩阵的定义.

定义 8.11 对于 n 阶矩阵 $\boldsymbol{A}$,如果存在 n 阶矩阵 $\boldsymbol{B}$,使得

$$\boldsymbol{AB}=\boldsymbol{BA}=\boldsymbol{E},$$

则称 $\boldsymbol{A}$ 为**可逆矩阵**,简称 $\boldsymbol{A}$ **可逆**,而称 $\boldsymbol{B}$ 为 $\boldsymbol{A}$ 的**逆矩阵**,记作 $\boldsymbol{A}^{-1}$,即 $\boldsymbol{B}=\boldsymbol{A}^{-1}$.

由此定义可提出三个问题:

(1) 什么样的矩阵存在逆矩阵?

(2) 矩阵如果存在逆矩阵,有几个?

(3) 如何求逆矩阵?

下面通过两个定理来回答问题(1) 和(2). 问题(3) 将在接下来所讲的内容中回答.

定理 8.3 **矩阵 $\boldsymbol{A}$ 可逆的充要条件是 $|\boldsymbol{A}|\neq 0$,此时称 $\boldsymbol{A}$ 为非奇异矩阵.**

定理 8.4 **如果矩阵 $\boldsymbol{A}$ 是可逆的,则 $\boldsymbol{A}$ 的逆矩阵唯一.**

下面我们只证明定理 8.4.

证 设矩阵 $\boldsymbol{B}$ 和矩阵 $\boldsymbol{C}$ 满足

$$\boldsymbol{AB}=\boldsymbol{BA}=\boldsymbol{E},\quad \boldsymbol{AC}=\boldsymbol{CA}=\boldsymbol{E},$$

则

$$\boldsymbol{B}=\boldsymbol{BE}=\boldsymbol{B}(\boldsymbol{AC})=(\boldsymbol{BA})\boldsymbol{C}=\boldsymbol{EC}=\boldsymbol{C}.$$

可逆矩阵与其逆矩阵有以下重要性质.

性质 8.7 若矩阵 $\boldsymbol{A}$ 可逆，则其逆矩阵 $\boldsymbol{A}^{-1}$ 也可逆，且 $(\boldsymbol{A}^{-1})^{-1}=\boldsymbol{A}$.

性质 8.8 若矩阵 $\boldsymbol{A}$ 可逆，实数 $\lambda\neq 0$，则 $\lambda\boldsymbol{A}$ 也可逆，且 $(\lambda\boldsymbol{A})^{-1}=\dfrac{1}{\lambda}\boldsymbol{A}^{-1}$.

性质 8.9 若 $\boldsymbol{A},\boldsymbol{B}$ 是同阶可逆矩阵，则 $\boldsymbol{AB}$ 可逆，且 $(\boldsymbol{AB})^{-1}=\boldsymbol{B}^{-1}\boldsymbol{A}^{-1}$.

性质 8.10 若矩阵 $\boldsymbol{A}$ 可逆，则其转置矩阵 $\boldsymbol{A}^{\mathrm{T}}$ 也可逆，且 $(\boldsymbol{A}^{\mathrm{T}})^{-1}=(\boldsymbol{A}^{-1})^{\mathrm{T}}$.

例 8 当 a 为何值时，二阶矩阵 $\begin{pmatrix}1 & 3\\ -1 & a\end{pmatrix}$ 可逆？

解 计算得 $\begin{vmatrix}1 & 3\\ -1 & a\end{vmatrix}=a+3$，则由矩阵可逆的充要条件可知，当 $a+3\neq 0$，即 $a\neq -3$ 时，二阶矩阵 $\begin{pmatrix}1 & 3\\ -1 & a\end{pmatrix}$ 可逆.

8.2.4 伴随矩阵

本小节将介绍一种求逆矩阵的方法——利用伴随矩阵求逆矩阵.

定义 8.12 设矩阵

$$\boldsymbol{A}=\begin{pmatrix}a_{11} & a_{12} & \cdots & a_{1n}\\ a_{21} & a_{22} & \cdots & a_{2n}\\ \vdots & \vdots & & \vdots\\ a_{n1} & a_{n2} & \cdots & a_{nn}\end{pmatrix},$$

且 a_{ij} 的代数余子式为 A_{ij}，称矩阵

$$\begin{pmatrix}A_{11} & A_{21} & \cdots & A_{n1}\\ A_{12} & A_{22} & \cdots & A_{n2}\\ \vdots & \vdots & & \vdots\\ A_{1n} & A_{2n} & \cdots & A_{nn}\end{pmatrix}$$

为 $\boldsymbol{A}$ 的**伴随矩阵**，记作 $\boldsymbol{A}^{*}$.

注 伴随矩阵 $\boldsymbol{A}^{*}$ 中的第 i 列元素是矩阵 $\boldsymbol{A}$ 中第 i 行各元素的代数余子式.

可以证明，伴随矩阵具有如下重要性质.

性质 8.11 $\boldsymbol{AA}^{*}=\boldsymbol{A}^{*}\boldsymbol{A}=|\boldsymbol{A}|\boldsymbol{E}$.

定理 8.5 当矩阵 $\boldsymbol{A}$ 可逆时，有

$$\boldsymbol{A}^{-1}=\frac{\boldsymbol{A}^{*}}{|\boldsymbol{A}|}.$$

证 因为 $\boldsymbol{A}$ 可逆，故 $|\boldsymbol{A}|\neq 0$. 又由 $\boldsymbol{AA}^{*}=\boldsymbol{A}^{*}\boldsymbol{A}=|\boldsymbol{A}|\boldsymbol{E}$，得

$$\boldsymbol{A}\frac{\boldsymbol{A}^{*}}{|\boldsymbol{A}|}=\frac{\boldsymbol{A}^{*}}{|\boldsymbol{A}|}\boldsymbol{A}=\boldsymbol{E},$$

故

$$\boldsymbol{A}^{-1}=\frac{\boldsymbol{A}^{*}}{|\boldsymbol{A}|}.$$

例 9 判断二阶矩阵 $\boldsymbol{A}=\begin{pmatrix}2&3\\4&5\end{pmatrix}$ 是否可逆，若可逆，求 $\boldsymbol{A}^{-1}$.

解 由于 $|\boldsymbol{A}|=\begin{vmatrix}2&3\\4&5\end{vmatrix}=-2\neq0$，故 $\boldsymbol{A}$ 可逆. 又 $|\boldsymbol{A}|$ 中各元素的代数余子式分别为

$$A_{11}=(-1)^{1+1}\cdot5=5,\quad A_{12}=(-1)^{1+2}\cdot4=-4,$$
$$A_{21}=(-1)^{2+1}\cdot3=-3,\quad A_{22}=(-1)^{2+2}\cdot2=2,$$

于是 $\boldsymbol{A}$ 的伴随矩阵为

$$\boldsymbol{A}^*=\begin{pmatrix}A_{11}&A_{21}\\A_{12}&A_{22}\end{pmatrix}=\begin{pmatrix}5&-3\\-4&2\end{pmatrix},$$

则

$$\boldsymbol{A}^{-1}=\frac{\boldsymbol{A}^*}{|\boldsymbol{A}|}=-\frac{1}{2}\begin{pmatrix}5&-3\\-4&2\end{pmatrix}=\begin{pmatrix}-\frac{5}{2}&\frac{3}{2}\\2&-1\end{pmatrix}.$$

注 一般地，对于二阶矩阵 $\boldsymbol{A}=\begin{pmatrix}a&b\\c&d\end{pmatrix}$，若 $|\boldsymbol{A}|=ad-bc\neq0$，则

$$\boldsymbol{A}^{-1}=\frac{1}{ad-bc}\begin{pmatrix}d&-b\\-c&a\end{pmatrix}.$$

例 10 已知三阶矩阵

$$\boldsymbol{A}=\begin{pmatrix}1&2&1\\1&3&2\\1&2&4\end{pmatrix},$$

求其伴随矩阵 $\boldsymbol{A}^*$ 和逆矩阵 $\boldsymbol{A}^{-1}$.

解 行列式

$$|\boldsymbol{A}|=\begin{vmatrix}1&2&1\\1&3&2\\1&2&4\end{vmatrix}=12+4+2-3-8-4=3.$$

计算行列式 $|\boldsymbol{A}|$ 中各元素的代数余子式，可得

$$A_{11}=(-1)^{1+1}\begin{vmatrix}3&2\\2&4\end{vmatrix}=8,\quad A_{12}=(-1)^{1+2}\begin{vmatrix}1&2\\1&4\end{vmatrix}=-2,\quad A_{13}=(-1)^{1+3}\begin{vmatrix}1&3\\1&2\end{vmatrix}=-1,$$

$$A_{21}=(-1)^{2+1}\begin{vmatrix}2&1\\2&4\end{vmatrix}=-6,\quad A_{22}=(-1)^{2+2}\begin{vmatrix}1&1\\1&4\end{vmatrix}=3,\quad A_{23}=(-1)^{2+3}\begin{vmatrix}1&2\\1&2\end{vmatrix}=0,$$

$$A_{31}=(-1)^{3+1}\begin{vmatrix}2&1\\3&2\end{vmatrix}=1,\quad A_{32}=(-1)^{3+2}\begin{vmatrix}1&1\\1&2\end{vmatrix}=-1,\quad A_{33}=(-1)^{3+3}\begin{vmatrix}1&2\\1&3\end{vmatrix}=1,$$

故 $\boldsymbol{A}$ 的伴随矩阵为

$$\boldsymbol{A}^*=\begin{pmatrix}A_{11}&A_{21}&A_{31}\\A_{12}&A_{22}&A_{32}\\A_{13}&A_{23}&A_{33}\end{pmatrix}=\begin{pmatrix}8&-6&1\\-2&3&-1\\-1&0&1\end{pmatrix},$$

则

$$A^{-1}=\frac{A^*}{|A|}=\frac{1}{3}\begin{pmatrix}8&-6&1\\-2&3&-1\\-1&0&1\end{pmatrix}.$$

8.2.5 矩阵的初等变换

8.2.4小节介绍了利用伴随矩阵求逆矩阵，本小节将介绍另一种求逆矩阵的方法——利用矩阵的初等变换求逆矩阵.

定义 8.13 **矩阵的初等行变换**是指：

(1) 交换矩阵的两行(交换 i,j 两行，记作 $r_i\leftrightarrow r_j$)；

(2) 以一个非零数乘矩阵的某一行(第 i 行乘以非零数 k，记作 kr_i)；

(3) 矩阵的某一行乘以一个数后加到另一行上(第 j 行乘以数 k 后加到第 i 行，记作 r_i+kr_j).

定义 8.14 **矩阵的初等列变换**是指：

(1) 交换矩阵的两列(交换 i,j 两列，记作 $c_i\leftrightarrow c_j$)；

(2) 以一个非零数乘矩阵的某一列(第 i 列乘以非零数 k，记作 kc_i)；

(3) 矩阵的某一列乘以一个数后加到另一列上(第 j 列乘以数 k 后加到第 i 列，记作 c_i+kc_j).

矩阵的初等行变换和初等列变换统称为**矩阵的初等变换**.

由于在解线性方程组时用的是矩阵的初等行变换，而不用初等列变换，故我们主要讨论矩阵的初等行变换.

定理 8.6 **任何一个可逆矩阵，经过一系列初等行变换可化为单位矩阵.**

定理 8.7 **设 A 为 n 阶可逆矩阵，E 为 n 阶单位矩阵，对 $n\times 2n$ 矩阵 (A,E) 做一系列初等行变换，将它化为 $n\times 2n$ 矩阵 (E,B)，则**

$$B=A^{-1}.$$

例 11 设二阶矩阵 $A=\begin{pmatrix}1&2\\3&4\end{pmatrix}$，利用矩阵的初等行变换求 A^{-1}.

解
$$(A,E)=\begin{pmatrix}1&2&1&0\\3&4&0&1\end{pmatrix}\xrightarrow{r_2+(-3)r_1}\begin{pmatrix}1&2&1&0\\0&-2&-3&1\end{pmatrix}$$
$$\xrightarrow{\left(-\frac{1}{2}\right)r_2}\begin{pmatrix}1&2&1&0\\0&1&\frac{3}{2}&-\frac{1}{2}\end{pmatrix}\xrightarrow{r_1+(-2)r_2}\begin{pmatrix}1&0&-2&1\\0&1&\frac{3}{2}&-\frac{1}{2}\end{pmatrix},$$

则

$$A^{-1}=\begin{pmatrix}-2&1\\\frac{3}{2}&-\frac{1}{2}\end{pmatrix}=-\frac{1}{2}\begin{pmatrix}4&-2\\-3&1\end{pmatrix}.$$

例 12 设三阶矩阵

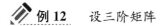

$$A=\begin{pmatrix}1 & 1 & 0\\ 3 & 2 & 1\\ 5 & -3 & -8\end{pmatrix},$$

利用矩阵的初等行变换求 A^{-1}.

解 $$\begin{pmatrix}1 & 1 & 0 & 1 & 0 & 0\\ 3 & 2 & 1 & 0 & 1 & 0\\ 5 & -3 & -8 & 0 & 0 & 1\end{pmatrix}\xrightarrow[r_3+(-5)r_1]{r_2+(-3)r_1}\begin{pmatrix}1 & 1 & 0 & 1 & 0 & 0\\ 0 & -1 & 1 & -3 & 1 & 0\\ 0 & -8 & -8 & -5 & 0 & 1\end{pmatrix}$$

$$\xrightarrow[\left(-\frac{1}{8}\right)r_3]{(-1)r_2}\begin{pmatrix}1 & 1 & 0 & 1 & 0 & 0\\ 0 & 1 & -1 & 3 & -1 & 0\\ 0 & 1 & 1 & \frac{5}{8} & 0 & -\frac{1}{8}\end{pmatrix}$$

$$\xrightarrow{r_3+(-1)r_2}\begin{pmatrix}1 & 1 & 0 & 1 & 0 & 0\\ 0 & 1 & -1 & 3 & -1 & 0\\ 0 & 0 & 2 & -\frac{19}{8} & 1 & -\frac{1}{8}\end{pmatrix}$$

$$\xrightarrow{\frac{1}{2}r_3}\begin{pmatrix}1 & 1 & 0 & 1 & 0 & 0\\ 0 & 1 & -1 & 3 & -1 & 0\\ 0 & 0 & 1 & -\frac{19}{16} & \frac{1}{2} & -\frac{1}{16}\end{pmatrix}$$

$$\xrightarrow{r_1+(-1)r_2}\begin{pmatrix}1 & 0 & 1 & -2 & 1 & 0\\ 0 & 1 & -1 & 3 & -1 & 0\\ 0 & 0 & 1 & -\frac{19}{16} & \frac{1}{2} & -\frac{1}{16}\end{pmatrix}$$

$$\xrightarrow[r_2+r_3]{r_1+(-1)r_3}\begin{pmatrix}1 & 0 & 0 & -\frac{13}{16} & \frac{1}{2} & \frac{1}{16}\\ 0 & 1 & 0 & \frac{29}{16} & -\frac{1}{2} & -\frac{1}{16}\\ 0 & 0 & 1 & -\frac{19}{16} & \frac{1}{2} & -\frac{1}{16}\end{pmatrix},$$

则

$$A^{-1}=\begin{pmatrix}-\frac{13}{16} & \frac{1}{2} & \frac{1}{16}\\ \frac{29}{16} & -\frac{1}{2} & -\frac{1}{16}\\ -\frac{19}{16} & \frac{1}{2} & -\frac{1}{16}\end{pmatrix}=\frac{1}{16}\begin{pmatrix}-13 & 8 & 1\\ 29 & -8 & -1\\ -19 & 8 & -1\end{pmatrix}.$$

利用逆矩阵可以求解一类特殊的线性方程组. 对于含有 n 个未知量、n 个线性方程的线性方程组

$$\begin{cases} a_{11}x_1+a_{12}x_2+\cdots+a_{1n}x_n=b_1, \\ a_{21}x_1+a_{22}x_2+\cdots+a_{2n}x_n=b_2, \\ \cdots\cdots \\ a_{n1}x_1+a_{n2}x_2+\cdots+a_{nn}x_n=b_n, \end{cases}$$

可以表示为矩阵形式

$$\boldsymbol{AX}=\boldsymbol{B},$$

其中

$$\boldsymbol{A}=\begin{pmatrix} a_{11} & a_{12} & \cdots & a_{1n} \\ a_{21} & a_{22} & \cdots & a_{2n} \\ \vdots & \vdots & & \vdots \\ a_{n1} & a_{n2} & \cdots & a_{nn} \end{pmatrix}, \quad \boldsymbol{X}=\begin{pmatrix} x_1 \\ x_2 \\ \vdots \\ x_n \end{pmatrix}, \quad \boldsymbol{B}=\begin{pmatrix} b_1 \\ b_2 \\ \vdots \\ b_n \end{pmatrix}.$$

若系数矩阵 $\boldsymbol{A}$ 可逆,则上述方程组的解可表示为

$$\boldsymbol{X}=\boldsymbol{A}^{-1}\boldsymbol{B}.$$

例 13　解线性方程组

$$\begin{cases} x+y=1, \\ 3x+2y+z=-3, \\ 5x-3y-8z=0. \end{cases}$$

解　方程组的矩阵形式为

$$\begin{pmatrix} 1 & 1 & 0 \\ 3 & 2 & 1 \\ 5 & -3 & -8 \end{pmatrix}\begin{pmatrix} x \\ y \\ z \end{pmatrix}=\begin{pmatrix} 1 \\ -3 \\ 0 \end{pmatrix}.$$

由例 12 可知,系数矩阵的逆矩阵为

$$\begin{pmatrix} 1 & 1 & 0 \\ 3 & 2 & 1 \\ 5 & -3 & -8 \end{pmatrix}^{-1}=\frac{1}{16}\begin{pmatrix} -13 & 8 & 1 \\ 29 & -8 & -1 \\ -19 & 8 & -1 \end{pmatrix},$$

则

$$\begin{pmatrix} x \\ y \\ z \end{pmatrix}=\begin{pmatrix} 1 & 1 & 0 \\ 3 & 2 & 1 \\ 5 & -3 & -8 \end{pmatrix}^{-1}\begin{pmatrix} 1 \\ -3 \\ 0 \end{pmatrix}=\frac{1}{16}\begin{pmatrix} -13 & 8 & 1 \\ 29 & -8 & -1 \\ -19 & 8 & -1 \end{pmatrix}\begin{pmatrix} 1 \\ -3 \\ 0 \end{pmatrix}=\frac{1}{16}\begin{pmatrix} -37 \\ 53 \\ -43 \end{pmatrix},$$

即

$$x=-\frac{37}{16}, \quad y=\frac{53}{16}, \quad z=-\frac{43}{16}.$$

例 14　解矩阵方程

$$\boldsymbol{X}\begin{pmatrix} 3 & 1 \\ 4 & 2 \end{pmatrix}=\begin{pmatrix} -1 & 5 \\ 2 & 6 \end{pmatrix}.$$

解 令 $\boldsymbol{A}=\begin{pmatrix}3&1\\4&2\end{pmatrix}$, $\boldsymbol{B}=\begin{pmatrix}-1&5\\2&6\end{pmatrix}$. 由于 $|\boldsymbol{A}|=6-4=2\neq 0$, 故

$$\boldsymbol{A}^{-1}=\frac{1}{2}\begin{pmatrix}2&-1\\-4&3\end{pmatrix}=\begin{pmatrix}1&-\frac{1}{2}\\-2&\frac{3}{2}\end{pmatrix}.$$

由题意可知 $\boldsymbol{XA}=\boldsymbol{B}$, 则 $\boldsymbol{XAA}^{-1}=\boldsymbol{BA}^{-1}$, 即

$$\boldsymbol{X}=\boldsymbol{BA}^{-1}=\begin{pmatrix}-1&5\\2&6\end{pmatrix}\begin{pmatrix}1&-\frac{1}{2}\\-2&\frac{3}{2}\end{pmatrix}=\begin{pmatrix}-11&8\\-10&8\end{pmatrix}.$$

8.2.6 分块矩阵

【案例 8.3】 求矩阵

$$\boldsymbol{A}=\begin{pmatrix}2&0&0&0&0\\0&-1&0&0&0\\0&0&1&1&-1\\0&0&2&1&0\\0&0&1&-1&0\end{pmatrix}$$

的逆矩阵.

分析:由于矩阵 $\boldsymbol{A}$ 为 5×5 矩阵,如果利用之前所学的初等行变换方法求解,计算量很大. 那么,此题是否有更简便的解法呢?

我们知道微积分中求曲边梯形的面积,是利用"化整为零"的思想将大曲边梯形分割为小曲边梯形,再将小曲边梯形近似看成矩形,从而得到曲边梯形面积的近似值. 对于行数和列数较高的矩阵,为了简化运算,也可以利用"化整为零"的思想,将矩阵分为小块,再将每一小块看成矩阵的元素,依照前面学过的运算法则来计算,从而达到简化计算的目的.

矩阵分块的具体做法是:将矩阵用若干条纵线和横线分成许多个小矩阵,每一个小矩阵称为矩阵的**子块**,以子块为元素的矩阵称为**分块矩阵**. 显然,同一个矩阵既可用普通意义上的元素表示,又可用子块为元素来表示. 例如,矩阵

$$\boldsymbol{A}=\begin{pmatrix}1&2&3\\1&0&0\\0&1&0\end{pmatrix}$$

可以按行进行分块,写成 3×1 分块矩阵

$$\boldsymbol{A}=\begin{pmatrix}\boldsymbol{A}_{11}\\\boldsymbol{A}_{21}\\\boldsymbol{A}_{31}\end{pmatrix},$$

其中元素

$$\boldsymbol{A}_{11}=(1,2,3),\quad \boldsymbol{A}_{21}=(1,0,0),\quad \boldsymbol{A}_{31}=(0,1,0).$$

矩阵 $\boldsymbol{A}$ 也可以按列进行分块，写成 1×3 分块矩阵

$$\boldsymbol{A}=(\boldsymbol{A}_{11},\boldsymbol{A}_{12},\boldsymbol{A}_{13}),$$

其中元素

$$\boldsymbol{A}_{11}=\begin{pmatrix}1\\1\\0\end{pmatrix},\quad \boldsymbol{A}_{12}=\begin{pmatrix}2\\0\\1\end{pmatrix},\quad \boldsymbol{A}_{13}=\begin{pmatrix}3\\0\\0\end{pmatrix}.$$

矩阵 $\boldsymbol{A}$ 还可以按如下方式进行分块：

$$\boldsymbol{A}=\left(\begin{array}{cc:c}1&2&3\\ \hdashline 1&0&0\\0&1&0\end{array}\right),$$

写成 2×2 分块矩阵

$$\boldsymbol{A}=\begin{pmatrix}\boldsymbol{A}_{11}&\boldsymbol{A}_{12}\\\boldsymbol{A}_{21}&\boldsymbol{A}_{22}\end{pmatrix},$$

其中元素

$$\boldsymbol{A}_{11}=(1,2),\quad \boldsymbol{A}_{12}=(3),\quad \boldsymbol{A}_{21}=\begin{pmatrix}1&0\\0&1\end{pmatrix}=\boldsymbol{E}_2,\quad \boldsymbol{A}_{22}=\begin{pmatrix}0\\0\end{pmatrix}=\boldsymbol{O}_{2\times 1}.$$

分块矩阵的运算规则和普通矩阵的运算规则相类似.

(1) 如果矩阵 $\boldsymbol{A}$ 和矩阵 $\boldsymbol{B}$ 的行数相同、列数相同，且采用相同的分块法，则 $\boldsymbol{A}+\boldsymbol{B}$ 的每个分块是 $\boldsymbol{A}$ 和 $\boldsymbol{B}$ 中对应分块之和. 类似地，一个数乘一个分块矩阵，则需要这个数乘该分块矩阵的每一个子块. 例如，若有

$$\boldsymbol{A}=\begin{pmatrix}\boldsymbol{A}_{11}&\boldsymbol{A}_{12}\\\boldsymbol{A}_{21}&\boldsymbol{A}_{22}\end{pmatrix},\quad \boldsymbol{B}=\begin{pmatrix}\boldsymbol{B}_{11}&\boldsymbol{B}_{12}\\\boldsymbol{B}_{21}&\boldsymbol{B}_{22}\end{pmatrix},$$

其中 $\boldsymbol{A}_{ij}$ 与 $\boldsymbol{B}_{ij}\,(i,j=1,2)$ 的行数相同、列数相同，那么

$$\boldsymbol{A}+\boldsymbol{B}=\begin{pmatrix}\boldsymbol{A}_{11}+\boldsymbol{B}_{11}&\boldsymbol{A}_{12}+\boldsymbol{B}_{12}\\\boldsymbol{A}_{21}+\boldsymbol{B}_{21}&\boldsymbol{A}_{22}+\boldsymbol{B}_{22}\end{pmatrix},\quad \lambda\boldsymbol{A}=\begin{pmatrix}\lambda\boldsymbol{A}_{11}&\lambda\boldsymbol{A}_{12}\\\lambda\boldsymbol{A}_{21}&\lambda\boldsymbol{A}_{22}\end{pmatrix}\quad(\lambda\text{ 为实数}).$$

(2) 分块矩阵的乘法按照普通的矩阵的乘法法则，把子块当作元素一样处理. 对于乘积 $\boldsymbol{AB}$，$\boldsymbol{A}$ 的列划分必须和 $\boldsymbol{B}$ 的行划分一致.

例 15　设矩阵

$$\boldsymbol{A}=\left(\begin{array}{ccc:cc}2&-3&1&0&-4\\1&5&-2&3&-1\\ \hdashline 0&-4&-2&7&-1\end{array}\right)=\begin{pmatrix}\boldsymbol{A}_{11}&\boldsymbol{A}_{12}\\\boldsymbol{A}_{21}&\boldsymbol{A}_{22}\end{pmatrix},\quad \boldsymbol{B}=\left(\begin{array}{cc}6&4\\-2&1\\-3&7\\ \hdashline -1&3\\5&2\end{array}\right)=\begin{pmatrix}\boldsymbol{B}_1\\\boldsymbol{B}_2\end{pmatrix},$$

求 $\boldsymbol{AB}$.

解　由题设可知，$\boldsymbol{A}$ 的 5 列被分成了两部分，分别是 3 列和 2 列，$\boldsymbol{B}$ 的 5 行也类似地被分成两部分，分别是 3 行和 2 行，则 $\boldsymbol{A}$ 和 $\boldsymbol{B}$ 的划分满足分块矩阵的乘法，从而

$$\boldsymbol{AB}=\begin{pmatrix}\boldsymbol{A}_{11} & \boldsymbol{A}_{12}\\ \boldsymbol{A}_{21} & \boldsymbol{A}_{22}\end{pmatrix}\begin{pmatrix}\boldsymbol{B}_1\\ \boldsymbol{B}_2\end{pmatrix}=\begin{pmatrix}\boldsymbol{A}_{11}\boldsymbol{B}_1+\boldsymbol{A}_{12}\boldsymbol{B}_2\\ \boldsymbol{A}_{21}\boldsymbol{B}_1+\boldsymbol{A}_{22}\boldsymbol{B}_2\end{pmatrix}=\begin{pmatrix}-5 & 4\\ -6 & 2\\ 2 & 1\end{pmatrix}.$$

例 16 设矩阵

$$\boldsymbol{A}=\begin{pmatrix}1 & -1 & 0 & 0\\ 2 & 3 & 0 & 0\\ 0 & 1 & 0 & 0\\ 0 & 0 & 1 & 4\end{pmatrix},\quad \boldsymbol{B}=\begin{pmatrix}1 & 0 & 0\\ -2 & 0 & 0\\ 0 & 3 & 2\\ 0 & 4 & 3\end{pmatrix},$$

求 $\boldsymbol{AB}$.

解 将矩阵 $\boldsymbol{A}$ 划分为

$$\boldsymbol{A}=\left(\begin{array}{cc:cc}1 & -1 & 0 & 0\\ 2 & 3 & 0 & 0\\ 0 & 1 & 0 & 0\\ \hdashline 0 & 0 & 1 & 4\end{array}\right)=\begin{pmatrix}\boldsymbol{A}_1 & \boldsymbol{O}\\ \boldsymbol{O} & \boldsymbol{A}_2\end{pmatrix},$$

将矩阵 $\boldsymbol{B}$ 划分为

$$\boldsymbol{B}=\left(\begin{array}{c:cc}1 & 0 & 0\\ -2 & 0 & 0\\ \hdashline 0 & 3 & 2\\ 0 & 4 & 3\end{array}\right)=\begin{pmatrix}\boldsymbol{B}_1 & \boldsymbol{O}\\ \boldsymbol{O} & \boldsymbol{B}_2\end{pmatrix},$$

则

$$\boldsymbol{AB}=\begin{pmatrix}\boldsymbol{A}_1\boldsymbol{B}_1 & \boldsymbol{O}\\ \boldsymbol{O} & \boldsymbol{A}_2\boldsymbol{B}_2\end{pmatrix}=\begin{pmatrix}3 & 0 & 0\\ -4 & 0 & 0\\ -2 & 0 & 0\\ 0 & 19 & 14\end{pmatrix}.$$

(3) 设分块矩阵 $\boldsymbol{A}=\begin{pmatrix}\boldsymbol{A}_{11} & \cdots & \boldsymbol{A}_{1r}\\ \vdots & & \vdots\\ \boldsymbol{A}_{s1} & \cdots & \boldsymbol{A}_{sr}\end{pmatrix}$,则 $\boldsymbol{A}$ 的转置矩阵

$$\boldsymbol{A}^{\mathrm{T}}=\begin{pmatrix}\boldsymbol{A}_{11}^{\mathrm{T}} & \cdots & \boldsymbol{A}_{s1}^{\mathrm{T}}\\ \vdots & & \vdots\\ \boldsymbol{A}_{1r}^{\mathrm{T}} & \cdots & \boldsymbol{A}_{sr}^{\mathrm{T}}\end{pmatrix}.$$

(4) 设 $\boldsymbol{A}$ 为 n 阶矩阵,若 $\boldsymbol{A}$ 的分块矩阵只有在主对角线上有非零子块,其余子块都为零矩阵,且在主对角线上的子块都是方阵,即

$$\boldsymbol{A}=\begin{pmatrix}\boldsymbol{A}_1 & & & \\ & \boldsymbol{A}_2 & & \\ & & \ddots & \\ & & & \boldsymbol{A}_s\end{pmatrix},$$

其中$\boldsymbol{A}_i(i=1,2,\cdots,s)$都是方阵，那么称$\boldsymbol{A}$为**分块对角矩阵**.

分块对角矩阵$\boldsymbol{A}=\begin{pmatrix}\boldsymbol{A}_1 & & & \\ & \boldsymbol{A}_2 & & \\ & & \ddots & \\ & & & \boldsymbol{A}_s\end{pmatrix}$的行列式具有如下性质：

$$|\boldsymbol{A}|=|\boldsymbol{A}_1||\boldsymbol{A}_2|\cdots|\boldsymbol{A}_s|.$$

由此性质可知，若$|\boldsymbol{A}_i|\neq 0(i=1,2,\cdots,s)$，则$|\boldsymbol{A}|\neq 0$，且有

$$\boldsymbol{A}^{-1}=\begin{pmatrix}\boldsymbol{A}_1^{-1} & & & \\ & \boldsymbol{A}_2^{-1} & & \\ & & \ddots & \\ & & & \boldsymbol{A}_s^{-1}\end{pmatrix}.$$

例 17　设矩阵$\boldsymbol{A}=\begin{pmatrix}2 & 0 & 0\\ 0 & 4 & 3\\ 0 & 3 & 2\end{pmatrix}$，求$\boldsymbol{A}^{-1}$.

解　将$\boldsymbol{A}$分块为$\boldsymbol{A}=\left(\begin{array}{c:cc}2 & 0 & 0\\ \hdashline 0 & 4 & 3\\ 0 & 3 & 2\end{array}\right)=\begin{pmatrix}\boldsymbol{A}_1 & \boldsymbol{O}\\ \boldsymbol{O} & \boldsymbol{A}_2\end{pmatrix}$，其中$\boldsymbol{A}_1=(2)$，$\boldsymbol{A}_2=\begin{pmatrix}4 & 3\\ 3 & 2\end{pmatrix}$，则

$$\boldsymbol{A}_1^{-1}=\left(\frac{1}{2}\right),\quad \boldsymbol{A}_2^{-1}=\frac{1}{-1}\begin{pmatrix}2 & -3\\ -3 & 4\end{pmatrix}=\begin{pmatrix}-2 & 3\\ 3 & -4\end{pmatrix}.$$

故

$$\boldsymbol{A}^{-1}=\begin{pmatrix}\boldsymbol{A}_1^{-1} & \boldsymbol{O}\\ \boldsymbol{O} & \boldsymbol{A}_2^{-1}\end{pmatrix}=\begin{pmatrix}\frac{1}{2} & 0 & 0\\ 0 & -2 & 3\\ 0 & 3 & -4\end{pmatrix}.$$

根据以上求分块对角矩阵的逆矩阵的方法，下面来解决案例 8.3 中的问题.

解　令$\boldsymbol{A}=\begin{pmatrix}\boldsymbol{A}_1 & \boldsymbol{O}\\ \boldsymbol{O} & \boldsymbol{A}_2\end{pmatrix}$，其中

$$\boldsymbol{A}_1=\begin{pmatrix}2 & 0\\ 0 & -1\end{pmatrix},\quad \boldsymbol{A}_2=\begin{pmatrix}1 & 1 & -1\\ 2 & 1 & 0\\ 1 & -1 & 0\end{pmatrix},$$

则

$$\boldsymbol{A}_1^{-1}=\begin{pmatrix}\frac{1}{2} & 0\\ 0 & -1\end{pmatrix},\quad \boldsymbol{A}_2^{-1}=\begin{pmatrix}0 & \frac{1}{3} & \frac{1}{3}\\ 0 & \frac{1}{3} & -\frac{2}{3}\\ -1 & \frac{2}{3} & -\frac{1}{3}\end{pmatrix}.$$

故

$$A^{-1}=\begin{pmatrix}A_1^{-1} & O\\ O & A_2^{-1}\end{pmatrix}=\begin{pmatrix}\frac{1}{2} & 0 & 0 & 0 & 0\\ 0 & -1 & 0 & 0 & 0\\ 0 & 0 & 0 & \frac{1}{3} & \frac{1}{3}\\ 0 & 0 & 0 & \frac{1}{3} & -\frac{2}{3}\\ 0 & 0 & -1 & \frac{2}{3} & -\frac{1}{3}\end{pmatrix}.$$

§8.3 线性方程组

线性方程组在科学技术、实际生产及数学的许多领域中都会经常遇到，它是代数学研究的基本对象之一. 在 §8.1 和 §8.2 中，我们分别介绍了用克拉默法则和逆矩阵求解一类特殊线性方程组的方法. 这类方程组有两个特点：一是未知量的个数与方程的个数相同，二是方程组的系数矩阵可逆. 在这一节中，我们将介绍一般线性方程组的解法，以及如何判断一个线性方程组是否有解、有多少解，以及当一个线性方程组的解不止一个时这些解之间的关系等重要知识.

8.3.1 消元法

消元法是解线性方程组的一个简洁有效的方法. 当未知量与方程个数相同时，不管方程组的系数矩阵是否可逆，或当未知量与方程个数不相同时，都可以使用消元法.

先看一个简单的例子.

例 1 解三元线性方程组

$$\begin{cases}3x_1+2x_2+2x_3=0,\\ x_1+x_2=1,\\ x_1+\frac{3}{2}x_2-\frac{1}{2}x_3=1.\end{cases}\tag{8.3}$$

解 第 1 步，为避免分数运算，把方程组(8.3)的第 3 个方程两边同乘以 2，得

$$\begin{cases}3x_1+2x_2+2x_3=0,\\ x_1+x_2=1,\\ 2x_1+3x_2-x_3=2.\end{cases}\tag{8.4}$$

第 2 步，为了便于消元，把方程组(8.4)的第 1 个方程与第 2 个方程交换位置，得

$$\begin{cases} x_1 + x_2 = 1, \\ 3x_1 + 2x_2 + 2x_3 = 0, \\ 2x_1 + 3x_2 - x_3 = 2. \end{cases} \tag{8.5}$$

第 3 步，把方程组(8.5) 的第 1 个方程乘以 -3 加到第 2 个方程，把第 1 个方程乘以 -2 加到第 3 个方程，得

$$\begin{cases} x_1 + x_2 = 1, \\ -x_2 + 2x_3 = -3, \\ x_2 - x_3 = 0. \end{cases} \tag{8.6}$$

第 4 步，把方程组(8.6) 的第 2 个方程加到第 3 个方程，得

$$\begin{cases} x_1 + x_2 = 1, \\ -x_2 + 2x_3 = -3, \\ x_3 = -3. \end{cases} \tag{8.7}$$

第 5 步，把方程组(8.7) 的第 3 个方程乘以 -2 加到第 2 个方程，得

$$\begin{cases} x_1 + x_2 = 1, \\ -x_2 = 3, \\ x_3 = -3. \end{cases} \tag{8.8}$$

第 6 步，把方程组(8.8) 的第 2 个方程加到第 1 个方程，得

$$\begin{cases} x_1 = 4, \\ -x_2 = 3, \\ x_3 = -3. \end{cases} \tag{8.9}$$

第 7 步，把方程组(8.9) 的第 2 个方程两边同乘以 -1，得

$$\begin{cases} x_1 = 4, \\ x_2 = -3, \\ x_3 = -3. \end{cases} \tag{8.10}$$

(8.10) 式就是方程组(8.3) 的解.

从例 1 的求解过程看出，在对线性方程组进行消元法时，只是对方程组中未知量的系数和常数项进行运算，而未知量并未参与运算. 因此，在用消元法解线性方程组时，为了简便起见，可以只写出全部系数和常数项（按原来的排列次序）构成的矩阵，称该矩阵为方程组(8.3) 的**增广矩阵**，记作$\overline{A}$，再对它施以相应的初等行变换即可，即

(1) 方程组中的某一个方程两边同乘以一个非零数，对应于增广矩阵的某一行乘以一个非零数；

(2) 交换方程组中的某两个方程的位置，对应于增广矩阵的某两行交换位置；

(3) 方程组中某一个方程乘以一个数加到另一个方程，对应于增广矩阵的某一行乘以一个数加到另一行上.

下面再按上述初等行变换将例 1 的消元法重新实施一次.

解　对线性方程组的增广矩阵进行初等行变换，得

$$\begin{pmatrix}3&2&2&0\\1&1&0&1\\1&\frac{3}{2}&-\frac{1}{2}&1\end{pmatrix}\xrightarrow{2r_3}\begin{pmatrix}3&2&2&0\\1&1&0&1\\2&3&-1&2\end{pmatrix}\xrightarrow{r_1\leftrightarrow r_2}\begin{pmatrix}1&1&0&1\\3&2&2&0\\2&3&-1&2\end{pmatrix}$$

$$\xrightarrow[r_3+(-2)r_1]{r_2+(-3)r_1}\begin{pmatrix}1&1&0&1\\0&-1&2&-3\\0&1&-1&0\end{pmatrix}\xrightarrow{r_3+r_2}\begin{pmatrix}1&1&0&1\\0&-1&2&-3\\0&0&1&-3\end{pmatrix}$$

$$\xrightarrow{r_2+(-2)r_3}\begin{pmatrix}1&1&0&1\\0&-1&0&3\\0&0&1&-3\end{pmatrix}\xrightarrow{r_1+r_2}\begin{pmatrix}1&0&0&4\\0&-1&0&3\\0&0&1&-3\end{pmatrix}$$

$$\xrightarrow{(-1)r_2}\begin{pmatrix}1&0&0&4\\0&1&0&-3\\0&0&1&-3\end{pmatrix}.$$

最后一个矩阵表明方程组(8.3)的解为

$$\begin{cases}x_1=4,\\x_2=-3,\\x_3=-3.\end{cases}$$

我们看到消元法可以通过矩阵的初等行变换来进行，进一步研究还会发现，在此过程中需要把矩阵化为某种特殊的形状，下面给出这种矩阵的一般定义.

定义 8.15 满足以下条件的矩阵称为**行阶梯形矩阵**：

(1) 如果有零行(元素全为 0 的行)，则零行在矩阵最下方；

(2) 首非零元(非零行的第一个不为 0 的元素)的列标随着行标的增加而严格增加.

例如，矩阵

$$\begin{pmatrix}0&4&5&3&-1&7\\0&0&-3&1&0&-5\\0&0&0&0&9&3\\0&0&0&0&0&0\\0&0&0&0&0&0\end{pmatrix}$$

是一个行阶梯形矩阵. 这是因为，第 4,5 两行是零行，符合零行在矩阵最下方的条件；第 1 行的首非零元 4 在第 2 列，第 2 行的首非零元 -3 在第 3 列，第 3 行的首非零元 9 在第 5 列，符合首非零元的列标随着行标的增加而严格增加的条件.

行阶梯形矩阵可以没有零行，如

$$\begin{pmatrix}5&2&0&1&4\\0&4&1&-2&8\\0&0&0&-3&2\end{pmatrix}$$

也是一个行阶梯形矩阵.

定义 8.16　如果一个行阶梯形矩阵满足以下两个条件：

(1) 非零行的首非零元都是 1，

(2) 所有首非零元所在列的其余元素都是 0，

则称该行阶梯形矩阵为**行简化阶梯形矩阵**.

例如,矩阵

$$\begin{pmatrix} 0 & 1 & 0 & -3 & 0 & 5 \\ 0 & 0 & 1 & 2 & 0 & 3 \\ 0 & 0 & 0 & 0 & 1 & 4 \\ 0 & 0 & 0 & 0 & 0 & 0 \\ 0 & 0 & 0 & 0 & 0 & 0 \end{pmatrix},\quad \begin{pmatrix} 1 & 0 & 3 & 0 & -4 \\ 0 & 1 & 0 & 0 & 5 \\ 0 & 0 & 0 & 1 & -7 \end{pmatrix}$$

都是行简化阶梯形矩阵.

关于矩阵的初等行变换有以下重要结论：

(1) 任一矩阵都可以经过一系列初等行变换化成行阶梯形矩阵；

(2) 任一矩阵都可以经过一系列初等行变换化成行简化阶梯形矩阵.

例 2　解线性方程组

$$\begin{cases} 2x_1 - 3x_2 + x_3 + 5x_4 = -5, \\ -3x_1 + x_2 + 2x_3 - 4x_4 = 18, \\ -x_1 - 2x_2 + 3x_3 + x_4 = 13. \end{cases}$$

解　$$\overline{\boldsymbol{A}} = \begin{pmatrix} 2 & -3 & 1 & 5 & -5 \\ -3 & 1 & 2 & -4 & 18 \\ -1 & -2 & 3 & 1 & 13 \end{pmatrix} \xrightarrow{r_1 \leftrightarrow r_3} \begin{pmatrix} -1 & -2 & 3 & 1 & 13 \\ -3 & 1 & 2 & -4 & 18 \\ 2 & -3 & 1 & 5 & -5 \end{pmatrix}$$

$$\xrightarrow[r_3 + 2r_1]{r_2 + (-3)r_1} \begin{pmatrix} -1 & -2 & 3 & 1 & 13 \\ 0 & 7 & -7 & -7 & -21 \\ 0 & -7 & 7 & 7 & 21 \end{pmatrix} \xrightarrow{r_3 + r_2} \begin{pmatrix} -1 & -2 & 3 & 1 & 13 \\ 0 & 7 & -7 & -7 & -21 \\ 0 & 0 & 0 & 0 & 0 \end{pmatrix}$$

$$\xrightarrow[\frac{1}{7}r_2]{(-1)r_1} \begin{pmatrix} 1 & 2 & -3 & -1 & -13 \\ 0 & 1 & -1 & -1 & -3 \\ 0 & 0 & 0 & 0 & 0 \end{pmatrix} \xrightarrow{r_1 + (-2)r_2} \begin{pmatrix} 1 & 0 & -1 & 1 & -7 \\ 0 & 1 & -1 & -1 & -3 \\ 0 & 0 & 0 & 0 & 0 \end{pmatrix}.$$

最后一个矩阵是行简化阶梯形矩阵,它所对应的线性方程组为

$$\begin{cases} x_1 - x_3 + x_4 = -7, \\ x_2 - x_3 - x_4 = -3, \end{cases}$$

由此得

$$\begin{cases} x_1 = x_3 - x_4 - 7, \\ x_2 = x_3 + x_4 - 3. \end{cases} \tag{8.11}$$

当未知量 x_3, x_4 取任意一组值并代入(8.11)式,可求得 x_1 与 x_2 的值.这样得到的 x_1, x_2, x_3, x_4 的一组值就是原方程组的一个解,于是原方程组有无穷多组解.

我们称(8.11)式中等号右边的未知量 x_3, x_4 为原方程组的一组**自由未知量**,将(8.11)式称为原方程组的**一般解**.

例 3 解线性方程组

$$\begin{cases} 2x_1 - 3x_2 + x_3 + 5x_4 = -5, \\ -3x_1 + x_2 + 2x_3 - 4x_4 = 18, \\ -x_1 - 2x_2 + 3x_3 + x_4 = 12. \end{cases}$$

解 $$\overline{\mathbf{A}} = \begin{pmatrix} 2 & -3 & 1 & 5 & -5 \\ -3 & 1 & 2 & -4 & 18 \\ -1 & -2 & 3 & 1 & 12 \end{pmatrix} \xrightarrow{r_1 \leftrightarrow r_3} \begin{pmatrix} -1 & -2 & 3 & 1 & 12 \\ -3 & 1 & 2 & -4 & 18 \\ 2 & -3 & 1 & 5 & -5 \end{pmatrix}$$

$$\xrightarrow[r_3 + 2r_1]{r_2 + (-3)r_1} \begin{pmatrix} -1 & -2 & 3 & 1 & 12 \\ 0 & 7 & -7 & -7 & -18 \\ 0 & -7 & 7 & 7 & 19 \end{pmatrix} \xrightarrow{r_3 + r_2} \begin{pmatrix} -1 & -2 & 3 & 1 & 12 \\ 0 & 7 & -7 & -7 & -18 \\ 0 & 0 & 0 & 0 & 1 \end{pmatrix}.$$

最后一个矩阵是行阶梯形矩阵,它所对应的线性方程组为

$$\begin{cases} -x_1 - 2x_2 + 3x_3 + x_4 = 12, \\ 7x_2 - 7x_3 - 7x_4 = -18, \\ 0 = 1. \end{cases} \tag{8.12}$$

显然,无论 x_1, x_2, x_3, x_4 取哪一组值,都不能满足方程组(8.12)的第 3 个方程(该方程称为矛盾方程),因此方程组(8.12)无解,从而原方程组无解.

由上面的讨论易得解线性方程组的一般步骤:

$\overline{\mathbf{A}} \xrightarrow{\text{初等行变换}}$ 行阶梯形矩阵 $\xrightarrow{\text{没有矛盾方程}}$ 行简化阶梯形矩阵 $\rightarrow$ 还原方程组并求一般解.

自由未知量的选取原则:取首非零元所在列(基准列)对应的未知量为**基本未知量**,其余的未知量为自由未知量.

由于在对线性方程组利用消元法时,只需对其增广矩阵施以初等行变换化成行简化阶梯形矩阵,而齐次线性方程组的常数项全部为 0,因此在利用消元法解齐次线性方程组时,只需对其系数矩阵施以相应的初等行变换化成行简化阶梯形矩阵即可.

例 4 解齐次线性方程组

$$\begin{cases} 2x_1 - 3x_2 + x_3 + 5x_4 = 0, \\ -3x_1 + x_2 + 2x_3 - 4x_4 = 0, \\ -x_1 - 2x_2 + 3x_3 + x_4 = 0. \end{cases}$$

解 $$\mathbf{A} = \begin{pmatrix} 2 & -3 & 1 & 5 \\ -3 & 1 & 2 & -4 \\ -1 & -2 & 3 & 1 \end{pmatrix} \xrightarrow{r_1 \leftrightarrow r_3} \begin{pmatrix} -1 & -2 & 3 & 1 \\ -3 & 1 & 2 & -4 \\ 2 & -3 & 1 & 5 \end{pmatrix}$$

$$\xrightarrow[r_3 + 2r_1]{r_2 + (-3)r_1} \begin{pmatrix} -1 & -2 & 3 & 1 \\ 0 & 7 & -7 & -7 \\ 0 & -7 & 7 & 7 \end{pmatrix} \xrightarrow{r_3 + r_2} \begin{pmatrix} -1 & -2 & 3 & 1 \\ 0 & 7 & -7 & -7 \\ 0 & 0 & 0 & 0 \end{pmatrix}$$

$$\xrightarrow[\frac{1}{7}r_2]{(-1)r_1}\begin{pmatrix}1&2&-3&-1\\0&1&-1&-1\\0&0&0&0\end{pmatrix}\xrightarrow{r_1+(-2)r_2}\begin{pmatrix}1&0&-1&1\\0&1&-1&-1\\0&0&0&0\end{pmatrix}.$$

最后的行简化阶梯形矩阵对应的齐次线性方程组为

$$\begin{cases}x_1\quad\;\; -x_3+x_4=0,\\ \quad\; x_2-x_3-x_4=0,\end{cases}$$

由此得

$$\begin{cases}x_1=x_3-x_4,\\ x_2=x_3+x_4,\end{cases}$$

其中 x_3,x_4 为自由未知量. 当未知量 x_3,x_4 取任意一组值时,代入上式可求得 x_1 与 x_2 的值. 这样得到的 x_1,x_2,x_3,x_4 的一组值就是原方程组的一个解,于是原齐次线性方程组有无穷多组解.

8.3.2 矩阵的秩

矩阵的秩是线性代数中一个非常有用的概念,它反映了矩阵的各元素之间的关联程度,对讨论线性方程组的解的情况有着重要的作用.

定义 8.17 矩阵 $\boldsymbol{A}$ 的行阶梯形矩阵的非零行的行数称为矩阵 $\boldsymbol{A}$ 的**秩**,记作 $\mathrm{R}(\boldsymbol{A})$.

定理 8.8 **矩阵的初等变换不改变矩阵的秩.**

定义 8.18 对于 n 阶矩阵 $\boldsymbol{A}$,若 $\mathrm{R}(\boldsymbol{A})=n$,则称 $\boldsymbol{A}$ 为**满秩矩阵**.

定理 8.9 **任何一个满秩矩阵都能通过初等行变换化为单位矩阵.**

例 5 求下列矩阵的秩:

(1) $\boldsymbol{A}=\begin{pmatrix}3&4&0&-1&5\\0&0&-2&6&7\\0&0&0&1&5\\0&0&0&0&0\end{pmatrix}$;　(2) $\boldsymbol{B}=\begin{pmatrix}2\\0\\3\end{pmatrix}$;

(3) $\boldsymbol{C}=\begin{pmatrix}0&0&0&0\\0&0&0&0\end{pmatrix}$;　(4) $\boldsymbol{E}_n=\begin{pmatrix}1&0&\cdots&0\\0&1&\cdots&0\\\vdots&\vdots&&\vdots\\0&0&\cdots&1\end{pmatrix}$.

解 (1) $\boldsymbol{A}$ 是行阶梯形矩阵,因此可直接判断 $\mathrm{R}(\boldsymbol{A})=3$.

(2) $\boldsymbol{B}$ 是列矩阵,它的行阶梯形矩阵为 $\begin{pmatrix}2\\0\\0\end{pmatrix}$,显然有 $\mathrm{R}(\boldsymbol{B})=1$.

(3) $\boldsymbol{C}$ 是零矩阵,故 $\mathrm{R}(\boldsymbol{C})=0$.

(4) $\boldsymbol{E}_n$ 是 n 阶单位矩阵,已是行阶梯形矩阵,故 $\mathrm{R}(\boldsymbol{E}_n)=n$,$\boldsymbol{E}_n$ 是满秩矩阵.

例 6 设矩阵 $\boldsymbol{A}=\begin{pmatrix}1&3&-1&-2\\2&-1&2&3\\3&2&1&1\end{pmatrix}$，求 $\boldsymbol{A}$ 和 $\boldsymbol{A}^{\mathrm{T}}$ 的秩.

解 对 $\boldsymbol{A}$ 和 $\boldsymbol{A}^{\mathrm{T}}$ 不能直接判断它们的秩，可先对它们实施初等行变换化为行阶梯形矩阵，再做判断，即

$$\boldsymbol{A}=\begin{pmatrix}1&3&-1&-2\\2&-1&2&3\\3&2&1&1\end{pmatrix}\xrightarrow[r_3+(-3)r_1]{r_2+(-2)r_1}\begin{pmatrix}1&3&-1&-2\\0&-7&4&7\\0&-7&4&7\end{pmatrix}\xrightarrow{r_3+(-1)r_2}\begin{pmatrix}1&3&-1&-2\\0&-7&4&7\\0&0&0&0\end{pmatrix},$$

$$\boldsymbol{A}^{\mathrm{T}}=\begin{pmatrix}1&2&3\\3&-1&2\\-1&2&1\\-2&3&1\end{pmatrix}\xrightarrow[\substack{r_3+r_1\\r_4+2r_1}]{r_2+(-3)r_1}\begin{pmatrix}1&2&3\\0&-7&-7\\0&4&4\\0&7&7\end{pmatrix}\xrightarrow[r_4+r_2]{r_3+\frac{4}{7}r_2}\begin{pmatrix}1&2&3\\0&-7&-7\\0&0&0\\0&0&0\end{pmatrix},$$

所以 $\mathrm{R}(\boldsymbol{A})=2,\mathrm{R}(\boldsymbol{A}^{\mathrm{T}})=2$.

由例 6 可知，矩阵 $\boldsymbol{A}$ 和它的转置矩阵 $\boldsymbol{A}^{\mathrm{T}}$ 的秩相等，即 $\mathrm{R}(\boldsymbol{A})=\mathrm{R}(\boldsymbol{A}^{\mathrm{T}})$，可以证明这一结论具有一般性.

8.3.3 线性方程组的解的判定

对于非齐次线性方程组

$$\begin{cases}a_{11}x_1+a_{12}x_2+\cdots+a_{1n}x_n=b_1,\\a_{21}x_1+a_{22}x_2+\cdots+a_{2n}x_n=b_2,\\\qquad\cdots\cdots\\a_{m1}x_1+a_{m2}x_2+\cdots+a_{mn}x_n=b_m\end{cases}\tag{8.13}$$

的解的判定，根据系数矩阵 $\boldsymbol{A}$ 的秩与增广矩阵 $\overline{\boldsymbol{A}}$ 的秩之间的关系，有以下重要定理.

定理 8.10 **非齐次线性方程组**(8.13) **有唯一解的充要条件是**

$$\mathrm{R}(\boldsymbol{A})=\mathrm{R}(\overline{\boldsymbol{A}})=\text{未知量的个数 } n.$$

定理 8.11 **非齐次线性方程组**(8.13) **有无穷多组解的充要条件是**

$$\mathrm{R}(\boldsymbol{A})=\mathrm{R}(\overline{\boldsymbol{A}})<\text{未知量的个数 } n.$$

定理 8.12 **非齐次线性方程组**(8.13) **无解的充要条件是**

$$\mathrm{R}(\boldsymbol{A})\neq\mathrm{R}(\overline{\boldsymbol{A}}).$$

由于齐次线性方程组的增广矩阵的最后一列元素全为 0，在对其增广矩阵实施初等行变换时，最后一列元素始终保持不变，因此对于齐次线性方程组，将系数矩阵和增广矩阵化为行阶梯形矩阵后，它们的非零行的行数必定相同，即它们的秩一定相等.

对于齐次线性方程组

$$\begin{cases}a_{11}x_1+a_{12}x_2+\cdots+a_{1n}x_n=0,\\a_{21}x_1+a_{22}x_2+\cdots+a_{2n}x_n=0,\\\qquad\cdots\cdots\\a_{m1}x_1+a_{m2}x_2+\cdots+a_{mn}x_n=0,\end{cases}\tag{8.14}$$

若记其系数矩阵为 $\mathbf{A}$，根据定理 8.10 和定理 8.11，可得到以下定理.

定理 8.13　齐次线性方程组(8.14)只有零解的充要条件是

$$R(\mathbf{A}) = \text{未知量的个数 } n.$$

定理 8.14　齐次线性方程组(8.14)有非零解的充要条件是

$$R(\mathbf{A}) < \text{未知量的个数 } n.$$

例 7　求解线性方程组

$$\begin{cases} 2x_1 + 3x_2 + x_3 = 4, \\ x_1 - 2x_2 + 4x_3 = -5, \\ 3x_1 + 8x_2 - 2x_3 = 13. \end{cases}$$

解　$$\overline{\mathbf{A}} = \begin{pmatrix} 2 & 3 & 1 & 4 \\ 1 & -2 & 4 & -5 \\ 3 & 8 & -2 & 13 \end{pmatrix} \xrightarrow{r_1 \leftrightarrow r_2} \begin{pmatrix} 1 & -2 & 4 & -5 \\ 2 & 3 & 1 & 4 \\ 3 & 8 & -2 & 13 \end{pmatrix}$$

$$\xrightarrow[r_3 + (-3)r_1]{r_2 + (-2)r_1} \begin{pmatrix} 1 & -2 & 4 & -5 \\ 0 & 7 & -7 & 14 \\ 0 & 14 & -14 & 28 \end{pmatrix} \xrightarrow{r_3 + (-2)r_2} \begin{pmatrix} 1 & -2 & 4 & -5 \\ 0 & 7 & -7 & 14 \\ 0 & 0 & 0 & 0 \end{pmatrix}$$

$$\xrightarrow{\frac{1}{7}r_2} \begin{pmatrix} 1 & -2 & 4 & -5 \\ 0 & 1 & -1 & 2 \\ 0 & 0 & 0 & 0 \end{pmatrix} \xrightarrow{r_1 + 2r_2} \begin{pmatrix} 1 & 0 & 2 & -1 \\ 0 & 1 & -1 & 2 \\ 0 & 0 & 0 & 0 \end{pmatrix}.$$

因为 $R(\mathbf{A}) = R(\overline{\mathbf{A}}) = 2 < 3$，所以原方程组有无穷多组解. 最后的行简化阶梯形矩阵对应的线性方程组为

$$\begin{cases} x_1 \qquad + 2x_3 = -1, \\ \qquad x_2 - x_3 = 2. \end{cases}$$

于是，原方程组的一般解为

$$\begin{cases} x_1 = -2x_3 - 1, \\ x_2 = x_3 + 2, \end{cases}$$

其中 x_3 为自由未知量.

例 8　设有线性方程组

$$\begin{cases} ax_1 + x_2 + x_3 = a^2, \\ x_1 + ax_2 + x_3 = a, \\ x_1 + x_2 + ax_3 = 1. \end{cases}$$

问：当 a 分别为何值时，方程组有唯一解，有无穷多组解，无解？

解　$$\overline{\mathbf{A}} = \begin{pmatrix} a & 1 & 1 & a^2 \\ 1 & a & 1 & a \\ 1 & 1 & a & 1 \end{pmatrix} \xrightarrow{r_1 \leftrightarrow r_3} \begin{pmatrix} 1 & 1 & a & 1 \\ 1 & a & 1 & a \\ a & 1 & 1 & a^2 \end{pmatrix} \xrightarrow[r_3 + (-a)r_1]{r_2 + (-1)r_1} \begin{pmatrix} 1 & 1 & a & 1 \\ 0 & a-1 & 1-a & a-1 \\ 0 & 1-a & 1-a^2 & a^2-a \end{pmatrix}$$

$$\xrightarrow{r_3+r_2}\begin{pmatrix}1 & 1 & a & 1\\ 0 & a-1 & 1-a & a-1\\ 0 & 0 & (a+2)(1-a) & (a+1)(a-1)\end{pmatrix}. \tag{8.15}$$

(1) 当 $a \neq 1$ 且 $a \neq -2$ 时，行阶梯形矩阵(8.15)有3个非零行，故 $\mathrm{R}(\boldsymbol{A}) = \mathrm{R}(\overline{\boldsymbol{A}}) = 3$，从而方程组有唯一解.

(2) 当 $a = 1$ 时，行阶梯形矩阵(8.15)为

$$\begin{pmatrix}1 & 1 & 1 & 1\\ 0 & 0 & 0 & 0\\ 0 & 0 & 0 & 0\end{pmatrix},$$

故 $\mathrm{R}(\boldsymbol{A}) = \mathrm{R}(\overline{\boldsymbol{A}}) = 1 < 3$，从而方程组有无穷多组解.

(3) 当 $a = -2$ 时，行阶梯形矩阵(8.15)为

$$\begin{pmatrix}1 & 1 & -2 & 1\\ 0 & -3 & 3 & -3\\ 0 & 0 & 0 & 3\end{pmatrix},$$

故 $\mathrm{R}(\overline{\boldsymbol{A}}) = 3$，$\mathrm{R}(\boldsymbol{A}) = 2$，$\mathrm{R}(\boldsymbol{A}) \neq \mathrm{R}(\overline{\boldsymbol{A}})$，从而方程组无解.

8.3.4 投入产出模型

投入产出分析是经济学家里昂惕夫(Leontief)于20世纪30年代首先提出的，他利用线性代数的理论和方法，研究一个经济系统(企业、地区、国家等)的各部门之间错综复杂的联系，建立起相应的数学模型(投入产出模型)，用于经济分析和预测. 这种分析方法已在世界各地广泛应用. 里昂惕夫也因提出投入产出分析方法于1973年获得了诺贝尔经济学奖.

1. 投入产出表

在经济系统中，一个部门由于受自然资源和历史条件的限制，不一定能生产本部门所需要的全部产品，因此来自部门之外的输入和本部门对外界的输出，在经济系统中占有重要的地位.

定义 8.19 若一个经济系统中共有 n 个部门，这 n 个部门之间相互依存的数量关系按一定的顺序排在一张表内，则称此表为**投入产出表**.

设一个经济系统可以分为 n 个部门，第 i 个部门只生产一种产品 i，并且没有联合生产，即产品 i 仅由第 i 个部门生产. 一方面，每一个部门将自己的产品分配给其他部门作为生产资料或满足社会的非生产性消费需要，并提供积累. 另一方面，每一个部门在其生产过程中也要消耗其他部门的产品，因此各部门之间形成了一个复杂的互相交错的关系，这一关系可以用投入产出表来表示.

投入产出表可以按实物形式编制，也可以按价值形式编制，本小节仅讨论价值型的投入产出表. 因此，后面所提到的"产品量""单位产品量""总产品""最终产品"等，分别是指"产品的价值量""单位产品的价值量""总产品的价值量""最终产品的价值量"等.

为了方便说明，记

(1) $x_i(i=1,2,\cdots,n)$ 表示第 i 个部门的总产品；

(2) $y_i(i=1,2,\cdots,n)$ 表示第 i 个部门的最终产品；

(3) $x_{ij}(i,j=1,2,\cdots,n)$ 表示第 i 个部门分配给第 j 个部门的产品量，或第 j 个部门消耗第 i 个部门的产品量；

(4) $z_j(j=1,2,\cdots,n)$ 表示第 j 个部门的新投入.

如表 8－2 所示为价值型投入产出表.

表 8－2

		消耗部门				最终产品	总产品
		1	2	$\cdots$	n		
生产部门	1	x_{11}	x_{12}	$\cdots$	x_{1n}	y_1	x_1
	2	x_{21}	x_{22}	$\cdots$	x_{2n}	y_2	x_2
	$\vdots$	$\vdots$	$\vdots$		$\vdots$	$\vdots$	$\vdots$
	n	x_{n1}	x_{n2}	$\cdots$	x_{nn}	y_n	x_n
新投入		z_1	z_2	$\cdots$	z_n		
总产品		x_1	x_2	$\cdots$	x_n		

2. 平衡方程组

从投入产出表的水平方向来看，我们可以得到如下方程组：

$$\begin{cases} x_1 = x_{11} + x_{12} + \cdots + x_{1n} + y_1, \\ x_2 = x_{21} + x_{22} + \cdots + x_{2n} + y_2, \\ \quad\cdots\cdots \\ x_n = x_{n1} + x_{n2} + \cdots + x_{nn} + y_n, \end{cases}$$

即

$$x_i = \sum_{j=1}^{n} x_{ij} + y_i \quad (i=1,2,\cdots,n).$$

这个方程组称为投入产出表的**产出平衡方程组**，表明每一个部门作为生产部门，它所生产的产品的价值量等于它分配给其他部门用于生产消耗的产品的价值量与它向社会提供的最终产品的价值量的总和.

从竖直方向来看，我们又可得到如下方程组：

$$\begin{cases} x_1 = x_{11} + x_{21} + \cdots + x_{n1} + z_1, \\ x_2 = x_{12} + x_{22} + \cdots + x_{n2} + z_2, \\ \quad\cdots\cdots \\ x_n = x_{1n} + x_{2n} + \cdots + x_{nn} + z_n, \end{cases}$$

即

$$x_j = \sum_{i=1}^{n} x_{ij} + z_j \quad (j=1,2,\cdots,n).$$

这个方程组称为投入产出表的**投入平衡方程组**，表明每一个部门作为消耗部门，它所生产的产品的价值量等于各部门为它提供的用于生产消耗的产品的价值量与它本身所投入的产品的价值量的总和.

由投入产出表得出的两个平衡方程组称为**投入产出数学模型**.

3. 直接消耗系数

定义 8.20 第 j 个部门生产单位价值产品所直接消耗第 i 个部门的产品的价值量，称为第 j 个部门对第 i 个部门的**直接消耗系数**，记作 a_{ij}，即

$$a_{ij}=\frac{x_{ij}}{x_j}\quad (i,j=1,2,\cdots,n).$$

由各部门间的直接消耗系数构成的矩阵

$$\boldsymbol{A}=\begin{pmatrix} a_{11} & a_{12} & \cdots & a_{1n} \\ a_{21} & a_{22} & \cdots & a_{2n} \\ \vdots & \vdots & & \vdots \\ a_{n1} & a_{n2} & \cdots & a_{nn} \end{pmatrix}$$

称为**直接消耗系数矩阵**.

直接消耗系数是由生产技术条件决定的，因而是相对稳定的，a_{ij} 的值越大，表明第 j 个部门与第 i 个部门的联系越密切.

直接消耗系数具有以下三个性质：

(1) $0\leqslant a_{ij}<1(i,j=1,2,\cdots,n)$；

(2) $\sum\limits_{i=1}^{n}a_{ij}<1(j=1,2,\cdots,n)$；

(3) 对于直接消耗系数矩阵 $\boldsymbol{A}$，矩阵 $\boldsymbol{E}-\boldsymbol{A}$ 可逆.

将 $x_{ij}=a_{ij}x_j$ 代入产出平衡方程组，得

$$x_i=\sum_{j=1}^{n}a_{ij}x_j+y_i\quad (i=1,2,\cdots,n).$$

若记 $\boldsymbol{X}=(x_1,x_2,\cdots,x_n)^{\mathrm{T}}$，$\boldsymbol{Y}=(y_1,y_2,\cdots,y_n)^{\mathrm{T}}$，则产出平衡方程组可表示为

$$\boldsymbol{X}=\boldsymbol{AX}+\boldsymbol{Y},$$

即

$$(\boldsymbol{E}-\boldsymbol{A})\boldsymbol{X}=\boldsymbol{Y}.$$

由于矩阵 $\boldsymbol{E}-\boldsymbol{A}$ 可逆，因此可求得总产品向量

$$\boldsymbol{X}=(\boldsymbol{E}-\boldsymbol{A})^{-1}\boldsymbol{Y},$$

其中$(\boldsymbol{E}-\boldsymbol{A})^{-1}$ 称为**里昂惕夫逆矩阵**.

4. 完全消耗系数

在实际生产中，有时候仅考虑直接消耗是不够的，还需要考虑间接消耗. 由此我们给出间接消耗和完全消耗的概念.

定义 8.21 第 j 个部门通过其他部门对第 i 个部门产品的消耗称为**间接消耗**；直接消耗和间接消耗之和称为**完全消耗**.

例如，在生产汽车的过程中要用到电，这是直接消耗. 此外，在生产汽车的过程中要用到钢、塑料等其他原料，而生产这些原料时也要用到电，这些电也是生产汽车的过程对电的消耗，但不是直接消耗，而是间接消耗. 对电的直接消耗加上对电的全部的间接消耗就是生产汽车的过程对电的完全消耗.

定义 8.22 第 j 个部门生产单位价值产品时，需完全消耗第 i 个部门的产品的价值量，称为第 j 个部门对第 i 个部门的**完全消耗系数**，记作 $c_{ij}\,(i,j=1,2,\cdots,n)$. 由各个部门的完全消耗系数构成的矩阵

$$\boldsymbol{C}=\begin{pmatrix} c_{11} & c_{12} & \cdots & c_{1n} \\ c_{21} & c_{22} & \cdots & c_{2n} \\ \vdots & \vdots & & \vdots \\ c_{n1} & c_{n2} & \cdots & c_{nn} \end{pmatrix}$$

称为**完全消耗系数矩阵**.

完全消耗系数反映了部门之间的完全消耗，它等于生产单位价值产品 j 对产品 i 的直接消耗 a_{ij} 与生产单位价值产品 j 对产品 i 的全部间接消耗 $\sum\limits_{k=1}^{n} c_{ik}a_{kj}$，即

$$c_{ij}=a_{ij}+\sum_{k=1}^{n} c_{ik}a_{kj}\quad (i,j=1,2,\cdots,n),$$

用矩阵可表示为 $\boldsymbol{C}=\boldsymbol{A}+\boldsymbol{CA}$，即

$$\boldsymbol{C}=\boldsymbol{A}(\boldsymbol{E}-\boldsymbol{A})^{-1}.$$

为方便计算，$\boldsymbol{C}=\boldsymbol{A}(\boldsymbol{E}-\boldsymbol{A})^{-1}$ 还可以表示为

$$\boldsymbol{C}=[\boldsymbol{E}-(\boldsymbol{E}-\boldsymbol{A})](\boldsymbol{E}-\boldsymbol{A})^{-1}=(\boldsymbol{E}-\boldsymbol{A})^{-1}-\boldsymbol{E}.$$

例 9 已知一个经济系统包括三个部门，报告期的投入产出平衡表如表 8－3 所示.

表 8－3

		消耗部门			最终产品	总产品
		1	2	3		
生产部门	1	30	40	15	215	300
	2	30	20	30	120	200
	3	30	20	30	70	150
新投入		210	120	75		
总产品		300	200	150		

求报告期的直接消耗系数矩阵 $\boldsymbol{A}$.

解 根据直接消耗系数的定义，得到报告期的直接消耗系数矩阵

$$A=\begin{pmatrix}\frac{30}{300} & \frac{40}{200} & \frac{15}{150}\\ \frac{30}{300} & \frac{20}{200} & \frac{30}{150}\\ \frac{30}{300} & \frac{20}{200} & \frac{30}{150}\end{pmatrix}=\begin{pmatrix}0.1 & 0.2 & 0.1\\ 0.1 & 0.1 & 0.2\\ 0.1 & 0.1 & 0.2\end{pmatrix}.$$

例 10 已知一个经济系统包括三个部门，在报告期内的直接消耗系数矩阵

$$A=\begin{pmatrix}0.2 & 0.1 & 0.2\\ 0.1 & 0.2 & 0.2\\ 0.1 & 0.1 & 0.1\end{pmatrix}.$$

若各部门在报告期内的最终产品为 $y_1=185, y_2=50, y_3=135$，试预测各部门在报告期内的总产品 x_1, x_2, x_3.

解 写出总产品矩阵 X 与最终产品矩阵 Y，有

$$X=\begin{pmatrix}x_1\\ x_2\\ x_3\end{pmatrix},\quad Y=\begin{pmatrix}185\\ 50\\ 135\end{pmatrix}.$$

容易得到矩阵

$$E-A=\begin{pmatrix}1 & 0 & 0\\ 0 & 1 & 0\\ 0 & 0 & 1\end{pmatrix}-\begin{pmatrix}0.2 & 0.1 & 0.2\\ 0.1 & 0.2 & 0.2\\ 0.1 & 0.1 & 0.1\end{pmatrix}=\begin{pmatrix}0.8 & -0.1 & -0.2\\ -0.1 & 0.8 & -0.2\\ -0.1 & -0.1 & 0.9\end{pmatrix},$$

解线性方程组

$$(E-A)X=Y,$$

对增广矩阵

$$\begin{pmatrix}0.8 & -0.1 & -0.2 & 185\\ -0.1 & 0.8 & -0.2 & 50\\ -0.1 & -0.1 & 0.9 & 135\end{pmatrix}$$

进行初等行变换，直至化为行简化阶梯形矩阵，有

$$\begin{pmatrix}0.8 & -0.1 & -0.2 & 185\\ -0.1 & 0.8 & -0.2 & 50\\ -0.1 & -0.1 & 0.9 & 135\end{pmatrix}\xrightarrow[(-10)r_3]{\substack{(-10)r_1\\(-10)r_2}}\begin{pmatrix}-8 & 1 & 2 & -1\,850\\ 1 & -8 & 2 & -500\\ 1 & 1 & -9 & -1\,350\end{pmatrix}$$

$$\xrightarrow{r_1\leftrightarrow r_3}\begin{pmatrix}1 & 1 & -9 & -1\,350\\ 1 & -8 & 2 & -500\\ -8 & 1 & 2 & -1\,850\end{pmatrix}$$

$$\xrightarrow[r_3+8r_1]{r_2+(-1)r_1}\begin{pmatrix}1 & 1 & -9 & -1\,350\\ 0 & -9 & 11 & 850\\ 0 & 9 & -70 & -12\,650\end{pmatrix}$$

$$\xrightarrow{r_3+r_2}\begin{pmatrix}1 & 1 & -9 & -1\,350\\0 & -9 & 11 & 850\\0 & 0 & -59 & -11\,800\end{pmatrix}$$

$$\xrightarrow{\left(-\frac{1}{59}\right)r_3}\begin{pmatrix}1 & 1 & -9 & -1\,350\\0 & -9 & 11 & 850\\0 & 0 & 1 & 200\end{pmatrix}$$

$$\xrightarrow[r_2+(-11)r_3]{r_1+9r_3}\begin{pmatrix}1 & 1 & 0 & 450\\0 & -9 & 0 & -1\,350\\0 & 0 & 1 & 200\end{pmatrix}$$

$$\xrightarrow{\left(-\frac{1}{9}\right)r_2}\begin{pmatrix}1 & 1 & 0 & 450\\0 & 1 & 0 & 150\\0 & 0 & 1 & 200\end{pmatrix}\xrightarrow{r_1+(-1)r_2}\begin{pmatrix}1 & 0 & 0 & 300\\0 & 1 & 0 & 150\\0 & 0 & 1 & 200\end{pmatrix},$$

则该线性方程组的解为

$$\begin{cases}x_1=300,\\x_2=150,\\x_3=200,\end{cases}$$

即各部门在报告期内总产品的预测值为$x_1=300$，$x_2=150$，$x_3=200$.这个结果说明，若各部门在报告期内向市场提供的最终产品为$y_1=185$，$y_2=50$，$y_3=135$，则各部门应下达生产计划指标为$x_1=300$，$x_2=150$，$x_3=200$.

习　题　8

1.计算下列二阶行列式：

(1) $\begin{vmatrix}3 & -2\\5 & 7\end{vmatrix}$；　(2) $\begin{vmatrix}1\,000 & 1\,001\\1\,002 & 1\,003\end{vmatrix}$；　(3) $\begin{vmatrix}\sin^2\alpha & \cos^2\alpha\\\cos^2\alpha & \sin^2\alpha\end{vmatrix}$.

2.用行列式的定义计算下列三阶行列式：

(1) $\begin{vmatrix}3 & 1 & 0\\1 & -1 & 2\\4 & 2 & 1\end{vmatrix}$；　(2) $\begin{vmatrix}4 & 3 & 1\\1 & 2 & -2\\0 & 3 & 2\end{vmatrix}$；　(3) $\begin{vmatrix}a & 0 & 0\\0 & b & c\\d & 0 & e\end{vmatrix}$.

3.观察下列行列式的特点，利用行列式的性质立即得出其值：

(1) $\begin{vmatrix}4 & 5 & -2 & 6\\7 & 1 & 0 & 2\\4 & 5 & -2 & 6\\5 & -6 & -3 & 9\end{vmatrix}$；　(2) $\begin{vmatrix}3 & 1 & -6 & 2\\6 & 5 & -12 & 5\\-2 & 7 & 4 & 7\\4 & 0 & -8 & -4\end{vmatrix}$；　(3) $\begin{vmatrix}1 & 2 & 5 & 17\\0 & 4 & 6 & 235\\0 & 0 & 3 & -68\\0 & 0 & 0 & -5\end{vmatrix}$.

4. 计算下列行列式：

(1) $\begin{vmatrix} 1 & 1 & 2 \\ -2 & 2 & 6 \\ 3 & -5 & 1 \end{vmatrix}$；　(2) $\begin{vmatrix} 2 & 1 & 3 \\ 1 & 4 & 3 \\ -3 & -2 & 1 \end{vmatrix}$；　(3) $\begin{vmatrix} 1 & 2 & 3 \\ 2 & 3 & 1 \\ 3 & 1 & 2 \end{vmatrix}$；

(4) $\begin{vmatrix} 5 & -3 & 4 \\ 2 & 0 & -2 \\ -6 & 7 & 9 \end{vmatrix}$；　(5) $\begin{vmatrix} -1 & 0 & 3 & -2 \\ 1 & 2 & 0 & 5 \\ -2 & 0 & 1 & 6 \\ 2 & 0 & -4 & 1 \end{vmatrix}$；　(6) $\begin{vmatrix} -4 & 3 & 0 & 1 \\ 5 & -1 & 1 & -2 \\ 3 & 3 & 2 & -5 \\ -1 & 1 & 2 & 3 \end{vmatrix}$；

(7) $\begin{vmatrix} 0 & 3 & 2 & 5 \\ 2 & -1 & 1 & 0 \\ -2 & 9 & -9 & 3 \\ 3 & 0 & 1 & 2 \end{vmatrix}$.

5. 证明下列等式成立：

(1) $\begin{vmatrix} 1 & x & x^2 \\ 1 & y & y^2 \\ 1 & z & z^2 \end{vmatrix} = (y-x)(z-x)(z-y)$；

(2) $\begin{vmatrix} x-2 & -2 & 2 \\ -2 & x-5 & 4 \\ 2 & 4 & x-5 \end{vmatrix} = (x-1)^2(x-10)$.

6. 用克拉默法则解下列线性方程组：

(1) $\begin{cases} x+y-2z=-3, \\ 5x-2y+7z=22, \\ 2x-5y+4z=4; \end{cases}$

(2) $\begin{cases} x_1+x_2+x_3+x_4=5, \\ x_1+2x_2-x_3=2, \\ 2x_1-3x_2-x_3-5x_4=-2, \\ 3x_1+x_2+2x_3+11x_4=0. \end{cases}$

7. 判断齐次线性方程组

$$\begin{cases} 2x_1+2x_2-x_3=0, \\ x_1-2x_2+4x_3=0, \\ 5x_1+8x_2-2x_3=0 \end{cases}$$

是否有非零解.

8. 回答下列问题：

(1) 如果一个矩阵中一行或一列的元素全为 0，那么这个矩阵一定是零矩阵吗？

(2) 设 $\boldsymbol{A}$ 是 $m\times n$ 矩阵($m,n\geqslant 2$)，若互换 $\boldsymbol{A}$ 的任意两行或两列的位置，则 $\boldsymbol{A}$ 将变为其负矩阵 $-\boldsymbol{A}$ 吗？

(3) 设 $\boldsymbol{A}$ 是 $m\times n$ 矩阵($m,n\geqslant 2$),若把 $\boldsymbol{A}$ 的某一行或某一列的倍数加到另一行或另一列上,则矩阵 $\boldsymbol{A}$ 不变吗?

(4) 下列等式一般成立吗?

$$\begin{pmatrix} a_{11} & a_{12} & a_{13} \\ a_{21}+b_{21} & a_{22}+b_{22} & a_{23}+b_{23} \\ a_{31} & a_{32} & a_{33} \end{pmatrix}=\begin{pmatrix} a_{11} & a_{12} & a_{13} \\ a_{21} & a_{22} & a_{23} \\ a_{31} & a_{32} & a_{33} \end{pmatrix}+\begin{pmatrix} a_{11} & a_{12} & a_{13} \\ b_{21} & b_{22} & b_{23} \\ a_{31} & a_{32} & a_{33} \end{pmatrix}.$$

(5) 数 0 与任意矩阵相乘一定是零矩阵吗?

(6) 设 $\boldsymbol{A}$ 是 $m\times n$ 矩阵,$\boldsymbol{B}$ 是 $n\times s$ 矩阵,若 $\boldsymbol{A}$ 与 $\boldsymbol{B}$ 有一个是零矩阵,则 $\boldsymbol{AB}$ 一定是零矩阵吗?

9. 设矩阵

$$\boldsymbol{A}=\begin{pmatrix} 4 & 1 & 0 & -3 \\ 5 & -7 & 6 & 9 \\ 7 & -2 & 11 & 2 \end{pmatrix},\quad \boldsymbol{B}=\begin{pmatrix} 5 & 2 & 1 & -2 \\ 3 & 1 & -3 & 5 \\ 4 & 12 & -7 & 6 \end{pmatrix}.$$

(1) 求 $\boldsymbol{A}+\boldsymbol{B}$;

(2) 求 $\boldsymbol{A}-\boldsymbol{B}$;

(3) 求 $3\boldsymbol{B}-2\boldsymbol{A}$;

(4) 若矩阵 $\boldsymbol{X}$ 满足 $2\boldsymbol{A}+\boldsymbol{X}=\boldsymbol{B}$,求 $\boldsymbol{X}$;

(5) 若矩阵 $\boldsymbol{Y}$ 满足 $3(\boldsymbol{A}-\boldsymbol{Y})+4(\boldsymbol{B}-\boldsymbol{Y})=\boldsymbol{O}$,求 $\boldsymbol{Y}$;

(6) 问:$\boldsymbol{A}$ 与 $\boldsymbol{B}$ 能做乘法运算吗?

10. 某工厂在一年的四个季度生产两种类型的产品 Ⅰ,Ⅱ. 四个季度生产的数量(单位:件)用矩阵 $\boldsymbol{M}$ 表示;两种产品每件的成分 A,B 的含量(单位:千克)用矩阵 $\boldsymbol{N}$ 表示,即

$$\boldsymbol{M}=\underset{\text{Ⅰ}\qquad\quad\text{Ⅱ}}{\begin{pmatrix} m_{11} & m_{12} \\ m_{21} & m_{22} \\ m_{31} & m_{32} \\ m_{41} & m_{42} \end{pmatrix}}\begin{matrix}\text{一}\\ \text{二}\\ \text{三}\\ \text{四}\end{matrix},\quad \boldsymbol{N}=\underset{\text{A}\qquad\text{B}}{\begin{pmatrix} n_{11} & n_{12} \\ n_{21} & n_{22} \end{pmatrix}}\begin{matrix}\text{Ⅰ}\\ \text{Ⅱ}\end{matrix},$$

试用矩阵表示每个季度所生产的产品中成分 A,B 各自的总含量.

11. 计算:

(1) $\begin{pmatrix} 2 & 1 \\ -3 & 4 \\ 5 & 0 \end{pmatrix}\begin{pmatrix} 3 & -1 \\ -2 & 5 \end{pmatrix}$;　　(2) $\begin{pmatrix} 3 & 1 \\ 7 & 5 \end{pmatrix}\begin{pmatrix} 0 & 1 \\ 1 & 0 \end{pmatrix}$;

(3) $\begin{pmatrix} 0 & 1 \\ 1 & 0 \end{pmatrix}\begin{pmatrix} -5 & 4 \\ 7 & 6 \end{pmatrix}$;　　(4) $\begin{pmatrix} \frac{3}{5} & \frac{1}{5} & -\frac{2}{5} \\ -\frac{2}{5} & \frac{3}{5} & \frac{1}{5} \\ \frac{3}{5} & -\frac{1}{5} & \frac{2}{5} \end{pmatrix}\begin{pmatrix} -\frac{1}{6} & \frac{5}{6} & \frac{1}{6} \\ \frac{7}{6} & -\frac{7}{6} & \frac{1}{6} \\ \frac{5}{6} & \frac{5}{6} & -\frac{7}{6} \end{pmatrix}$;

(5) $(1,3,-1,2)\begin{pmatrix}4\\6\\-5\\-2\end{pmatrix}$； (6) $\begin{pmatrix}2\\4\\-3\\5\end{pmatrix}(1,0,-2,4)$.

12. 设 $\boldsymbol{A},\boldsymbol{B}$ 是同阶方阵，问：下列等式一般是否成立？为什么？

(1) $\boldsymbol{A}^2-\boldsymbol{B}^2=(\boldsymbol{A}-\boldsymbol{B})(\boldsymbol{A}+\boldsymbol{B})$；

(2) $(\boldsymbol{A}+\boldsymbol{B})^2=\boldsymbol{A}^2+2\boldsymbol{AB}+\boldsymbol{B}^2$.

13. 已知矩阵 $\boldsymbol{A}$ 为四阶矩阵，且行列式 $|\boldsymbol{A}|=3$，求下列行列式的值：

(1) $|-\boldsymbol{A}|$； (2) $|3\boldsymbol{A}|$； (3) $|\boldsymbol{AA}^{\mathrm{T}}|$； (4) $|\boldsymbol{A}^4|$.

14. 求下列矩阵的逆矩阵：

(1) $\begin{pmatrix}6&2\\4&1\end{pmatrix}$； (2) $\begin{pmatrix}0&0&1\\2&1&-1\\1&0&2\end{pmatrix}$； (3) $\begin{pmatrix}1&0&-1\\3&4&-1\\0&-4&1\end{pmatrix}$； (4) $\begin{pmatrix}3&-2&-5\\1&-1&-3\\-4&0&1\end{pmatrix}$.

15. 解下列矩阵方程：

(1) $\begin{pmatrix}1&2\\5&8\end{pmatrix}\boldsymbol{X}=\begin{pmatrix}3&7\\-2&6\end{pmatrix}$； (2) $\boldsymbol{X}\begin{pmatrix}1&2\\5&8\end{pmatrix}=\begin{pmatrix}3&7\\-2&6\end{pmatrix}$；

(3) $\begin{pmatrix}3&-5\\1&-2\end{pmatrix}\boldsymbol{X}\begin{pmatrix}2&0\\0&1\end{pmatrix}=\begin{pmatrix}3&1\\-5&-4\end{pmatrix}$.

16. 设有线性方程组

$$\begin{cases}x_1+2x_2+3x_3=4,\\2x_1+2x_2+5x_3=7,\\3x_1+5x_2+x_3=4.\end{cases}$$

(1) 问：该方程组的系数矩阵是否可逆？

(2) 若该方程组的系数矩阵可逆，试用逆矩阵法解该方程组.

17. 问：a 为何值时矩阵 $\begin{pmatrix}a&1&1\\1&a&1\\1&1&a\end{pmatrix}$ 可逆？

18. 设矩阵 $\boldsymbol{A}$ 满足 $\boldsymbol{A}^2-\boldsymbol{A}-2\boldsymbol{E}=\boldsymbol{O}$，证明：$\boldsymbol{A}$ 及 $\boldsymbol{A}+2\boldsymbol{E}$ 都可逆.

19. 若矩阵 $\boldsymbol{A}$ 满足 $\boldsymbol{A}^3=\boldsymbol{O}$，证明：$(\boldsymbol{E}-\boldsymbol{A})^{-1}=\boldsymbol{E}+\boldsymbol{A}+\boldsymbol{A}^2$.

20. 求下列线性方程组的一般解：

(1) $\begin{cases}x_1-x_2+x_3=1,\\x_1+2x_2+4x_3=7;\end{cases}$ (2) $\begin{cases}x_1-3x_2+2x_3+x_4=0,\\-x_1+2x_2-x_3+2x_4=-1,\\x_1-2x_2+3x_3-2x_4=1.\end{cases}$

21. 当 λ 取何值时，线性方程组

$$\begin{cases}x_1+x_2+x_3=1,\\2x_1+x_2-4x_3=\lambda,\\-x_1+5x_3=1\end{cases}$$

有解？并求其一般解.

22. 当 a,b 分别为何值时，线性方程组

$$\begin{cases} 2x_1 - x_2 + 3x_3 = 0, \\ x_1 - 3x_2 + 4x_3 = 0, \\ -x_1 + 2x_2 + ax_3 = b \end{cases}$$

有唯一解，有无穷多组解，无解？

23. 若你是一个建筑师，某小区要建设一栋公寓，现在有一个模块构造方案需要你来设计，根据基本建筑面积每个楼层可以有三种户型设计方案，如表8-4所示. 如果要设计出含有136套一居室，74套两居室，66套三居室的公寓，该设计方案是否可行？设计方案是否唯一？

表 8-4

方案	一居室/套	两居室/套	三居室/套
A	8	7	3
B	8	4	4
C	9	3	5

24. 某城市有两组单行道，构成了一个包含四个节点A,B,C,D的十字路口，如图8-2所示，在交通繁忙时段的汽车从外部进出此十字路口的流量（每小时的车流数）已标于图8-2上. 问：每两个节点之间路段上的交通流量 x_1,x_2,x_3,x_4 分别为多少？

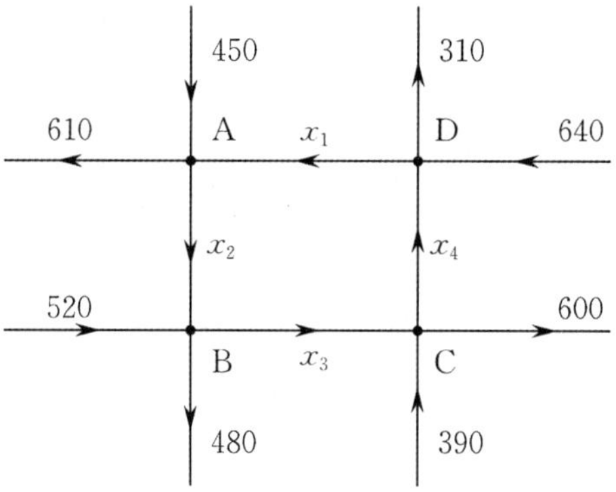

图 8-2

25. 假设100只鸡吃100把草，每3只小鸡吃1把草，每只母鸡吃3把草，每只公鸡吃7把草，求小鸡、母鸡和公鸡的只数.

26. 某汽车工厂生产A,B,C三款汽车，其售价分别为10,12,18(单位：万元/辆)，现在这三款汽车共售出120台，总收入为1 600万元，试利用矩阵的相关知识来分析A,B,C三款汽车的销售数量之间的关系.

27. 已知一个经济系统包括三个部门，在报告期内的直接消耗系数矩阵为

$$\boldsymbol{A} = \begin{pmatrix} 0.6 & 0.1 & 0.1 \\ 0.1 & 0.6 & 0.1 \\ 0.1 & 0.1 & 0.6 \end{pmatrix}.$$

若各部门在报告期内的最终产品为 $y_1 = 30, y_2 = 40, y_3 = 30$，试预测各部门在报告期内的总产品 x_1,x_2,x_3.

习题参考答案

习 题 1

1.(1) $(2,6]$； (2) $[0,+\infty)$； (3) $(-3,3)$； (4) $[-1,7]$.

2.定义域为$(-\infty,+\infty)$,值域为$[-1,1]$.

3.(1) 不相同； (2) 不相同； (3) 相同. 理由略.

4.(1) $(-\infty,1)\cup(1,+\infty)$； (2) $\left[-\frac{2}{3},+\infty\right)$； (3) $(-\infty,2)$；
(4) $(-\infty,-2]\cup[2,+\infty)$； (5) $[-2,-1)\cup(-1,1)\cup(1,+\infty)$；
(6) $(3,+\infty)$； (7) $[3,5]$.

5.$2,\sqrt{5},\sqrt{4+\frac{1}{a^2}},\sqrt{4+(x+1)^2},\sqrt{8+x^2}$.

6.$\frac{1}{2},\frac{\sqrt{2}}{2},\frac{\sqrt{2}}{2},0$. 图形略.

7.$f(x)=\begin{cases}(x-1)^2, & 1\leqslant x\leqslant 2,\\ 2(x-1), & 2<x\leqslant 3.\end{cases}$

8.(1) 偶函数； (2) 奇函数； (3) 偶函数； (4) 偶函数； (5) 非奇非偶函数；
(6) 偶函数.

9.略.

10.(1) 单调递减； (2) 单调递增； (3) 单调递增.

11.$f(1)<f\left(-\frac{1}{2}\right)<f(2)$.

12.(1) $f(x)=\begin{cases}x-2, & x\geqslant 3,\\ 4-x, & x<3;\end{cases}$ (2) $f(x)=\begin{cases}4x+1, & x\geqslant-\frac{1}{2},\\ -1, & x<-\frac{1}{2}.\end{cases}$

13.略.

14.(1) $f^{-1}(x)=\frac{1}{5}(x+1)$； (2) $f^{-1}(x)=\log_3\frac{x}{1-x}$；
(3) $f^{-1}(x)=\frac{3x-5}{x-2}$； (4) $f^{-1}(x)=\mathrm{e}^{x-1}+3$.

15.$g(x)=\frac{2x+1}{x+2}$.

16.(1) 由 $y=\mathrm{e}^u,u=3x$ 复合构成； (2) 由 $y=\sqrt{u},u=1-x^2$ 复合构成；
(3) 由 $y=u^2,u=\ln x$ 复合构成；(4) 由 $y=u^4,u=2x+1$ 复合构成；

(5) 由 $y=\lg u, u=\cos v, v=4x$ 复合构成；

(6) 由 $y=\arctan u, u=e^{v}, v=\cot x$ 复合构成；

(7) 由 $y=f(u), u=\sin v, v=x^{2}$ 复合构成；

(8) 由 $y=\ln u, u=\ln v, v=\ln x$ 复合构成；

(9) 由 $y=u^{2}, u=\sin v, v=\sqrt[3]{w}, w=\tan t, t=e^{x}$ 复合构成.

17. $y=\begin{cases}150x, & x\leqslant 800,\\ 120x+24\,000, & 800<x\leqslant 1\,600.\end{cases}$

18. $L=-1.5x^{2}+249x, x\in(0,100]$ 且 $x\in\mathbf{N}_{+}$.

习　题　2

1. (1) 1；(2) $n=5$.

2. (1) 0；(2) 1；(3) 极限不存在；(4) 0；(5) $+\infty$；(6) 0.

3. (1) 略；(2) 不能.

4. (1) 8；(2) $\frac{17}{3}$；(3) 2；(4) 0.　　图形略.

5. 提示：$\lim\limits_{x\to 0^{-}}\frac{-x}{x}=-1, \lim\limits_{x\to 0^{+}}\frac{x}{x}=1, \lim\limits_{x\to 0^{-}}\frac{-x}{x}\neq\lim\limits_{x\to 0^{+}}\frac{x}{x}$.

6. $\lim\limits_{x\to -1}f(x)=-1, \lim\limits_{x\to 1}f(x)=1, \lim\limits_{x\to 0}f(x)=0$.

7. (1),(3),(4),(5),(6).

8. (1),(2),(4),(5).

9. (1) 0；(2) 0.

10. (1) -9；　(2) 0；　(3) $+\infty$；

(4) 0；　(5) $\frac{1}{2}$；　(6) $2x$；

(7) 2；　(8) ∞；　(9) 1；

(10) 0；　(11) $\frac{2}{3}$；　(12) $\frac{1}{3}$；

(13) 2；　(14) $\frac{1}{2}$；　(15) $\frac{1}{5}$；

(16) ∞；　(17) 1.

11. 92.

12. (1) k；　(2) 2；　(3) $\frac{1}{9}$；

(4) $\frac{1}{2}$；　(5) $\frac{4}{3}$；　(6) 1；

(7) e^{2}；　(8) e；　(9) $e^{-\frac{1}{2}}$；

(10) e^{6}；　(11) $e^{-\frac{3}{2}}$；　(12) e^{-1}.

13. 134 985.88 元.

14. (1) $k=3$； (2) $k=1$； (3) $k=2$； (4) $k=3$.

15. (1) $\frac{6}{5}$； (2) 2； (3) 2； (4) $\frac{1}{3}$； (5) $\frac{2}{3}$； (6) 2.

16. (1) 连续； (2) 不连续； (3) 不连续； (4) 连续.

17. (1) $a=2,b=1$； (2) $a=-\frac{1}{4},b=4$.

18. 不连续.

19. 略.

* 20. 略.

习　题　3

1. $f'(x)=2$.

2. 略.

3. (1) $y=x+1$； (2) $y=8x-4$； (3) $y=x-1$.

4. (1) $y'=10x+2$； (2) $y'=2+\frac{3}{2}x^{-\frac{1}{2}}$；

(3) $y'=4x+\sec x\tan x+\frac{2}{x^3}$； (4) $y'=2^x\ln 2+3e^x-\frac{1}{x}$；

(5) $y'=2x\ln x+x$； (6) $y'=\cos 2x$；

(7) $y'=-\frac{1}{x\ln^2 x}$； (8) $y'=\frac{1+x-x\ln x}{x(1+x)^2}$；

(9) $y'=2x\ln x\cos x+x\cos x-x^2\ln x\sin x$； (10) $y'=7x^6+\frac{11}{2}x^{\frac{9}{2}}-5x^4$；

(11) $y'=\frac{1}{2\sqrt{x}}$； (12) $y'=\frac{1}{x}$.

5. (1) $y'=18(3+2x)^8$； (2) $y'=-60x^2(1-x^3)^{19}$；

(3) $y'=3\sin(4-3x)$； (4) $y'=\frac{8x^3}{1+2x^4}$；

(5) $y'=2x\sec^2 x^2$； (6) $y'=-6xe^{-3x^2}$；

(7) $y'=-\frac{x}{\sqrt{1-x^2}}$； (8) $y'=6x\sin^2(1+x^2)\cos(1+x^2)$；

(9) $y'=-\frac{e^x\cos e^x}{\sin^2 e^x}$； (10) $y'=\frac{6\ln^2(\arctan 2x)}{(1+4x^2)\arctan 2x}$；

(11) $y'=-(2\cot 2x\cos 3x+3\sin 3x)\csc 2x$； (12) $y'=-\frac{x}{(x^2-1)\sqrt{x^2-2}}$.

6. (1) $y'=\frac{2x}{1+3y^2}$； (2) $y'=\frac{3x^2-2xy}{e^y+x^2}$； (3) $y'=\frac{y-e^{x+y}}{e^{x+y}-x}$； (4) $y'=\frac{\sin y}{1-x\cos y}$.

7. (1) $y''=20x^3+24x$； (2) $y''=2\cos x-x\sin x$； (3) $y''=\frac{2-2\ln x}{x^2}$；

(4) $y''=9e^{3x-4}$； (5) $y''=(6x+4x^3)e^{x^2}$.

8. $f'''(0)=19\,440$.

9. (1) $2x\mathrm{d}x$; (2) $-\frac{1}{x^2}\mathrm{d}x$; (3) $\mathrm{e}^x\mathrm{d}x$; (4) $2\cos 2x\mathrm{d}x$; (5) $3\mathrm{d}x$;

(6) $2\mathrm{e}^{2x}\mathrm{d}x$; (7) $2x$; (8) $\frac{1}{4}x^4$; (9) e^x; (10) $\ln|x|$;

(11) $-\frac{1}{3}\mathrm{e}^{-3x}$; (12) $-\frac{1}{2}\cos 2x$; (13) $4\sqrt{x}$; (14) $\tan x-x$.

10. (1) $\mathrm{d}y=\left(\frac{1}{x}+\frac{1}{\sqrt{x}}\right)\mathrm{d}x$; (2) $\mathrm{d}y=(\cos 2x-2x\sin 2x)\mathrm{d}x$;

(3) $\mathrm{d}y=2x(1+x)\mathrm{e}^{2x}\mathrm{d}x$; (4) $\mathrm{d}y=\frac{-y^2}{xy+1}\mathrm{d}x$.

*11. (1) 0.874 6; (2) 1.035 5; (3) 8.944 3; (4) 0.990 0.

*12. 精确值为 30.301 m,近似值为 30 m.

习　题　4

1. 合理. 利用拉格朗日中值定理可得到,该车主在 10 点至 11 点之间至少有一时刻的速度等于 112 km/h,显然超速了.

2. (1) 函数在$(-\infty,0)$上单调递增,在$(0,+\infty)$上单调递减;

(2) 函数在$(-\infty,-1)$和$\left(\frac{1}{3},+\infty\right)$上单调递增,在$\left(-1,\frac{1}{3}\right)$内单调递减;

(3) 函数在$(0,1)$内单调递增,在$(1,2)$内单调递减;

(4) 函数在$\left(-\infty,\frac{1}{2}\right)$和$(1,+\infty)$上单调递增,在$\left(\frac{1}{2},1\right)$内单调递减;

(5) 函数在$(0,2)$内单调递减,在$(2,+\infty)$上单调递增.

3. (1) 极小值为 $f(0)=7$,极大值为 $f(-2)=11$;

(2) 没有极小值,极大值为 $f(1)=\frac{\pi}{4}-\frac{1}{2}\ln 2$;

(3) 极小值为 $f(0)=0$,没有极大值;

(4) 极小值为 $f(0)=0$,极大值为 $f(-1)=f(1)=1$;

(5) 没有极小值,极大值为 $f\left(\frac{3}{4}\right)=\frac{5}{4}$.

4. (1) 拐点为$\left(\frac{5}{3},\frac{20}{27}\right)$,在$\left(-\infty,\frac{5}{3}\right)$上是凸的,在$\left(\frac{5}{3},+\infty\right)$上是凹的;

(2) 拐点为$\left(2,\frac{2}{\mathrm{e}^2}\right)$,在$(-\infty,2)$上是凸的,在$(2,+\infty)$上是凹的;

(3) 拐点为$(-1,\ln 2)$和$(1,\ln 2)$,在$(-\infty,-1)$和$(1,+\infty)$上是凸的,在$(-1,1)$内是凹的.

5. (1) 最大值为 $f(4)=80$,最小值为 $f(-1)=-5$;

(2) 最大值为 $f(3)=11$,最小值为 $f(2)=-14$.

6. 进 300 件货，每件售价为 6.6 元时可获得最大利润，最大利润为 180 元.

7. 截去边长为 8 cm 的小正方形，能使所做的铁盒容积最大.

8. 月租金定为 1 800 元 / 套可获得最大收入.

9. (1) 价格函数(单位:元 / 条) 为 $p=20-\frac{1}{2}q$； (2) 13 元 / 条.

10. 长和宽分别为 1.5 m 和 1 m 时，窗户的面积最大，最大面积为 1.5 m^2.

11. (1) 1； (2) 2； (3) $\frac{3}{5}$； (4) $\frac{m}{n}a^{m-n}$； (5) $\frac{1}{a}$； (6) $\frac{3}{7}$； (7) $\frac{3}{2}$； (8) 0；

(9) 0； (10) $\frac{1}{2}$； (11) $\frac{1}{2}$； (12) 2； (13) $\frac{1}{2}$； (14) 1； (15) 0； (16) $\frac{1}{2}$.

*12. $K=2$.

*13. $K=2$.

习　题　5

1. (1) $x-\frac{2}{3}x^3+C$； (2) $\frac{2^x}{\ln 2}+\frac{x^3}{3}+C$；

(3) $-\frac{1}{x}+C$； (4) $\frac{x^6}{6}+3e^x-\cot x-\frac{3^x}{\ln 3}+C$；

(5) $\ln|x|-2\sin x+C$； (6) $2\sqrt{x}-\frac{2}{5}x^{\frac{5}{2}}+C$；

(7) $-\frac{1}{x}-\arctan x+C$； (8) $3\arcsin x+C$；

(9) $\frac{2}{7}x^{\frac{7}{2}}-\frac{2}{3}x^{\frac{3}{2}}+\frac{x^3}{3}-x+C$； (10) $\frac{x^3}{3}-x+\arctan x+C$；

(11) $x+\tan x+C$； (12) $\sin x-\cos x+C$；

(13) $\frac{x}{2}-\frac{1}{2}\sin x+C$； (14) $\tan x+\sec x+C$；

(15) $-\cot x-\tan x+C$； (16) $\frac{1}{2}\tan x+\frac{x}{2}+C$.

2. $y=\ln|x|+1$.

3. (1) 4； (2) $\frac{1}{2}$；

(3) $\frac{1}{2}$； (4) $-\frac{1}{5}$；

(5) 2； (6) -1；

(7) -1； (8) 1；

(9) 2； (10) $\frac{1}{3}$.

4. (1) $\frac{1}{5}(x+5)^5+C$； (2) $-\frac{1}{2}\ln|1-2x|+C$；

(3) $-\frac{2}{3}\sqrt{2-3x}+C$；

(4) $\frac{1}{2}\sin(2x+1)+C$；

(5) $-e^{-x}+C$；

(6) $\frac{1}{3}(x^2+2)^{\frac{3}{2}}+C$；

(7) $2e^{\sqrt{x}}+C$；

(8) $\frac{1}{3}e^{x^3+1}+C$；

(9) $\frac{1}{3}(\ln x)^3+C$；

(10) $\frac{x^2}{2}-x+3\ln|x+1|+C$；

(11) $\frac{1}{4}\ln\left|\frac{2x-1}{2x+1}\right|+C$；

(12) $\sin e^x+C$；

(13) $\frac{1}{\cos x}+C$；

(14) $-2\ln\left|\cos\frac{x}{2}\right|+C$；

(15) $-2\cos\sqrt{x}+C$；

(16) $\sin x-\frac{\sin^3 x}{3}+C$；

(17) $\frac{1}{2}\arctan\frac{x+1}{2}+C$；

(18) $\frac{1}{2}\ln^2\sin x+C$.

5. (1) $\frac{2}{5}(x-1)^{\frac{5}{2}}+\frac{2}{3}(x-1)^{\frac{3}{2}}+C$；

(2) $\frac{2}{3}(x-3)^{\frac{3}{2}}+6\sqrt{x-3}+C$；

(3) $2\sqrt{x}-2\arctan\sqrt{x}+C$；

(4) $-3\sqrt[3]{x}-6\sqrt[6]{x}-6\ln|\sqrt[6]{x}-1|+C$；

(5) $\frac{2}{3}(1+\ln x)^{\frac{3}{2}}+C$.

6. (1) $x\arctan x-\frac{1}{2}\ln(1+x^2)+C$；

(2) $\frac{1}{2}x^2\arctan x-\frac{1}{2}x+\frac{1}{2}\arctan x+C$；

(3) $x\sin x+\cos x+C$；

(4) $\frac{1}{2}e^x(\sin x+\cos x)+C$；

(5) $-\frac{1}{2}e^{-2x}\left(x+\frac{1}{2}\right)+C$；

(6) $2(\sqrt{x}-1)e^{\sqrt{x}}+C$；

(7) $x\ln(1+x^2)-2x+2\arctan x+C$；

(8) $\frac{1}{2}\sec x\tan x+\frac{1}{2}\ln|\sec x+\tan x|+C$.

习　题　6

1. (1) $\int_1^3(x^2+1)dx$； (2) 3，-3，$[-3,3]$.

2. (1) 正； (2) 正.

3. (1) $\geqslant$； (2) $\geqslant$； (3) $\geqslant$； (4) $\geqslant$.

4. (1) 3； (2) 18.

5. (1) $2\leqslant\int_1^2 2x^2dx\leqslant 8$； (2) $\frac{3}{e^4}\leqslant\int_{-1}^2 e^{-x^2}dx\leqslant 3$.

6. 甲一定获胜，利用定积分的性质 6.5 可说明.

7. (1) $\Phi'(x)=\cos(x+1)$； (2) $\Phi'(x)=-e^{x^2}$； (3) $\Phi'(x)=x$.

8. (1) $\frac{1}{6}$； (2) $-e$； (3) $\frac{1}{2}$.

9. (1) $\frac{1}{101}$； (2) $\frac{14}{3}$； (3) $e-1$； (4) $\frac{99}{\ln 100}$； (5) 1；

(6) $\frac{\pi}{6}$； (7) 12； (8) 2； (9) $\frac{1}{2}-\frac{\pi}{4}$.

10. (1) $\frac{1}{2}(e-1)$； (2) $\frac{1}{2}$； (3) $4-2\sqrt{2}$； (4) $\frac{1}{3}$；

(5) $\frac{\pi}{2}$； (6) $\frac{2}{3}\left(1-\ln\frac{2}{3}\right)$； (7) $4-2\ln 3$； (8) $4-2\arctan 2$；

(9) $\frac{\pi}{2}$； (10) $-\frac{\pi}{6}-\frac{1}{9}$； (11) $\frac{\pi}{2}-1$； (12) $e^{\frac{\pi}{2}}$.

11. $\bar{v}=78.5$ km/h.

12. 260.8 单位.

13. (1) $\frac{1}{2}$； (2) 发散； (3) $\frac{1}{3}$； (4) 发散； (5) 发散； (6) π.

14. (1) $\frac{32}{3}$； (2) $\frac{3}{2}-\ln 2$； (3) $\frac{1}{3}$； (4) $\frac{2}{3}$； (5) $\frac{2}{3}\pi^{\frac{3}{2}}-2$.

15. (1) 成本函数(单位:元) 为 $C(x)=0.2x^2+12x+20$；

(2) 利润函数(单位:元) 为 $L(x)=-0.2x^2+28x-20$；

(3) 每天生产 70 单位该种商品时,才能获得最大利润,最大利润为 $L(70)=960$ 元.

16. (1) 产量为 4 百台时,利润最大;(2) 利润减少了 0.5 万元. $\Big($提示:由 $C'(x)=1$ 得 $C(x)=x+1$,又由 $R'(x)=5-x$ 得 $R(x)=5x-\frac{1}{2}x^2$,则利润函数 $L(x)=R(x)-C(x)=-\frac{1}{2}x^2+4x-1.\Big)$

习　题　7

1. (1) 一阶； (2) 二阶； (3) 三阶； (4) 一阶.

2. (1) 是,通解； (2) 是,特解.

3. (1) $y=Cx$； (2) $e^{-x}+e^{y}=C$； (3) $\arcsin y=x+C$； (4) $y=4\sqrt{2}\sin x$.

4. $100\times 2^{\frac{4}{3}}$.

5. (1) $y=e^{-x}(e^{2x}+C)$； (2) $y=\cos x(-2\cos x+C)$；

(3) $y=\frac{1}{x}(e^{x}+C)$； (4) $y=x\left(-\frac{2}{x}+5\right)$.

6. (1) 线性无关； (2) 线性无关； (3) 线性相关； (4) 线性无关.

7. 略.

8. (1) $y=\frac{1}{12}x^4+C_1x+C_2$； (2) $y=\frac{1}{4}e^{2x}+C_1x+C_2$； (3) $y=-\frac{x^2}{2}-x+C_1e^{x}+C_2$；

(4) $y=C_1\ln|x|+C_2$； (5) $y=C_1e^{x}+C_2$； (6) $(1+y)e^{-y}=C_1x+C_2$.

9. (1) $y=\frac{x^2}{2}\ln x-\frac{3}{4}x^2+x-\frac{1}{4}$； (2) $y=\arcsin x$；

(3) $1-e^{-y}=x$； (4) $y=\sqrt{2x-x^2}$.

10. $y=\frac{1}{6}x^3+\frac{1}{2}x+1$.

11. (1) $y=C_1e^{3x}+C_2e^{4x}$； (2) $y=C_1e^{-3x}+C_2e^{-x}$； (3) $y=(C_1+C_2x)e^{-3x}$；

(4) $y=C_1e^{\frac{1}{2}x}+C_2e^{-\frac{1}{2}x}$； (5) $y=e^{-3x}(C_1\cos 2x+C_2\sin 2x)$；

(6) $y=C_1e^{-2x}+C_2$； (7) $x=(C_1+C_2t)e^{\frac{5}{2}t}$.

12. (1) $y=4e^x+2e^{3x}$； (2) $y=(2+x)e^{-\frac{1}{2}x}$； (3) $y=2\cos 2x+3\sin 2x$.

13. (1) $y=C_1e^{3x}+C_2e^{-x}-x+\frac{1}{3}$； (2) $y=C_1e^x+C_2e^{-x}-\frac{x}{4}(x+1)e^{-x}$.

14. $y(t)=\frac{1000\cdot 3^{\frac{1}{3}t-2}}{1+3^{\frac{1}{3}t-2}}$.

15. 9 min.

习　题　8

1. (1) 31； (2) -2； (3) $-\cos 2\alpha$.

2. (1) -8； (2) 37； (3) abe.

3. (1) 0； (2) 0； (3) -60.

4. (1) 60； (2) 40； (3) -18； (4) 144； (5) 10； (6) -62； (7) 53.

5. 略.

6. (1) $x=1,y=2,z=3$； (2) $x_1=1,x_2=2,x_3=3,x_4=-1$.

7. 没有非零解.

8. (1) 不是； (2) 不对； (3) 会发生变化； (4) 不成立； (5) 是； (6) 是.

9. (1) $\begin{pmatrix}9&3&1&-5\\8&-6&3&14\\11&10&4&8\end{pmatrix}$； (2) $\begin{pmatrix}-1&-1&-1&-1\\2&-8&9&4\\3&-14&18&-4\end{pmatrix}$； (3) $\begin{pmatrix}7&4&3&0\\-1&17&-21&-3\\-2&40&-43&14\end{pmatrix}$；

(4) $\begin{pmatrix}-3&0&1&4\\-7&15&-15&-13\\-10&16&-29&2\end{pmatrix}$； (5) $\frac{1}{7}\begin{pmatrix}32&11&4&-17\\27&-17&6&47\\37&42&5&30\end{pmatrix}$； (6) 不能.

10. $\boldsymbol{MN}$.

11. (1) $\begin{pmatrix}4&3\\-17&23\\15&-5\end{pmatrix}$； (2) $\begin{pmatrix}1&3\\5&7\end{pmatrix}$； (3) $\begin{pmatrix}7&6\\-5&4\end{pmatrix}$；

(4) $\frac{1}{15}\begin{pmatrix}7&9&-5\\14&-13&-3\\0&16&-6\end{pmatrix}$； (5) 23； (6) $\begin{pmatrix}2&0&-4&8\\4&0&-8&16\\-3&0&6&-12\\5&0&-10&20\end{pmatrix}$.

12.（1）不成立,因为一般情形下 $\boldsymbol{AB} \neq \boldsymbol{BA}$； （2）不成立,因为一般情形下 $\boldsymbol{AB} \neq \boldsymbol{BA}$.

13.（1）3； （2）243； （3）9； （4）81.

14.（1）$\begin{pmatrix} -\frac{1}{2} & 1 \\ 2 & -3 \end{pmatrix}$； （2）$\begin{pmatrix} -2 & 0 & 1 \\ 5 & 1 & -2 \\ 1 & 0 & 0 \end{pmatrix}$； （3）$\begin{pmatrix} 0 & \frac{1}{3} & \frac{1}{3} \\ -\frac{1}{4} & \frac{1}{12} & -\frac{1}{6} \\ -1 & \frac{1}{3} & \frac{1}{3} \end{pmatrix}$；

（4）$\begin{pmatrix} \frac{1}{5} & -\frac{2}{5} & -\frac{1}{5} \\ -\frac{11}{5} & \frac{17}{5} & -\frac{4}{5} \\ \frac{4}{5} & -\frac{8}{5} & \frac{1}{5} \end{pmatrix}$.

15.（1）$\boldsymbol{X} = \begin{pmatrix} -14 & -22 \\ \frac{17}{2} & \frac{29}{2} \end{pmatrix}$； （2）$\boldsymbol{X} = \begin{pmatrix} \frac{11}{2} & -\frac{1}{2} \\ 23 & -5 \end{pmatrix}$； （3）$\boldsymbol{X} = \begin{pmatrix} \frac{31}{2} & 22 \\ 9 & 13 \end{pmatrix}$.

16.（1）可逆； （2）$x_1 = 1, x_2 = 0, x_3 = 1$.

17.$a \neq 1$ 且 $a \neq -2$.

18.略.

19.略.

20.（1）$\begin{cases} x_1 = -2x_3 + 3, \\ x_2 = -x_3 + 2; \end{cases}$ （2）$\begin{cases} x_1 = 8x_4 + 3, \\ x_2 = 3x_4 + 1, \\ x_3 = 0. \end{cases}$

21.当 $\lambda = 0$ 时有解,其一般解为 $\begin{cases} x_1 = 5x_3 - 1, \\ x_2 = -6x_3 + 2. \end{cases}$

22.当 $a \neq -3$ 时,有唯一解;当 $a = -3, b = 0$ 时,有无穷多组解;当 $a = -3, b \neq 0$ 时,无解.

23.设计方案可行且唯一.设计方案为:6 层采用方案 A,2 层采用方案 B,8 层采用方案 C.

24.$\begin{cases} x_1 = x_4 + 330, \\ x_2 = x_4 + 170, \\ x_3 = x_4 + 210 \end{cases}$（$x_4$ 是自由未知量）.如果有一些车围绕十字路口的矩形区域逆时针绕行,流量 x_1, x_2, x_3, x_4 都会增加,但不影响出入十字路口的流量.这就是方程组有无穷多组解的原因.

25.设小鸡、母鸡和公鸡的只数分别为 x_1, x_2, x_3,则 $\begin{pmatrix} x_1 \\ x_2 \\ x_3 \end{pmatrix} = \begin{pmatrix} 78 \\ 20 \\ 2 \end{pmatrix}, \begin{pmatrix} 81 \\ 15 \\ 4 \end{pmatrix}, \begin{pmatrix} 84 \\ 10 \\ 6 \end{pmatrix}, \begin{pmatrix} 87 \\ 5 \\ 8 \end{pmatrix}$.

26.设 A,B,C 三款汽车的销售数量分别为 x_1, x_2, x_3,则 $\begin{cases} x_1 = 3x_3 - 80, \\ x_2 = -4x_3 + 200, \end{cases}$ 其中 $x_3 = 27, 28, \cdots, 50$.

27.$x_1 = 160, x_2 = 180, x_3 = 160$.

参 考 文 献

[1] 李心灿.高等数学[M].4版.北京:高等教育出版社,2017.

[2] 同济大学数学系.高等数学:上[M].7版.北京:高等教育出版社,2014.

[3] 葛云飞,李云友.高等数学教程[M].北京:北京交通大学出版社,2006.

[4] 刘全辉.经济数学[M].长沙:国防科技大学出版社,2008.

[5] 张顺燕.微积分的思想和方法[M].北京:中央广播电视大学出版社,2001.

[6] 胡桐春.应用高等数学[M].北京:高等教育出版社,2011.

[7] 曾亮.高等数学[M].上海:上海交通大学出版社,2018.

[8] 吴素敏,许景彦,刘绛玉.高等数学与工程数学:上[M].北京:科学出版社,2007.

[9] 方晓华.高等数学学习指导书[M].2版.北京:机械工业出版社,2010.

[10] 牛莉.高等数学:少学时[M].哈尔滨:哈尔滨工业大学出版社,2004.

[11] 方晓华.高等数学:上[M].3版.北京:机械工业出版社,2015.

[12] 沈跃云,马怀远.应用高等数学[M].3版.北京:高等教育出版社,2019.

[13] 冯翠莲,赵益坤.应用经济数学[M].北京:高等教育出版社,2008.

[14] 李晓.高等数学[M].杭州:浙江大学出版社,2004.

[15] 刘学才,周文.应用数学[M].武汉:华中科技大学出版社,2007.

[16] 姚琼,劳智.线性代数[M].武汉:武汉大学出版社,2013.

[17] 同济大学数学系.工程数学:线性代数[M].6版.北京:高等教育出版社,2014.

[18] 郝志峰.线性代数[M].北京:北京大学出版社,2019.

[19] 赵树嫄.线性代数[M].5版.北京:中国人民大学出版社,2017.

[20] 赵立军,吴奇峰,宋杰.高等数学:基础版[M].北京:北京大学出版社,2019.

图书在版编目(CIP)数据

大学数学简明教程/曾亮，李亚男，林秋红主编. —北京：北京大学出版社，2021. 7
ISBN 978-7-301-32297-0

Ⅰ. ①大… Ⅱ. ①曾… ②李… ③林… Ⅲ. ①高等数学—高等学校—教材 Ⅳ. ①O13

中国版本图书馆 CIP 数据核字(2021)第 131916 号

书　　名　大学数学简明教程
DAXUE SHUXUE JIANMING JIAOCHENG
著作责任者　曾　亮　李亚男　林秋红　主编
责 任 编 辑　班文静
标 准 书 号　ISBN 978-7-301-32297-0
出 版 发 行　北京大学出版社
地　　址　北京市海淀区成府路 205 号　100871
网　　址　http://www.pup.cn
电 子 信 箱　zpup@pup.cn
新 浪 微 博　@北京大学出版社
电　　话　邮购部 010-62752015　发行部 010-62750672　编辑部 010-62754271
印 刷 者　湖南省众鑫印务有限公司
经 销 者　新华书店
787 毫米×1092 毫米　16 开本　11.75 印张　294 千字
2021 年 7 月第 1 版　2021 年 7 月第 1 次印刷
定　　价　36.00 元